土木工程材料

● 李军卫 主编

孟 迪 李 晶 副主编

U0364076

黑龙江大学出版社
HEILONGJIANG UNIVERSITY PRESS

哈尔滨

图书在版编目（CIP）数据

土木工程材料 / 李军卫主编. -- 哈尔滨 ：黑龙江大学出版社，2020.12

ISBN 978-7-5686-0560-1

Ⅰ．①土… Ⅱ．①李… Ⅲ．①土木工程－建筑材料 Ⅳ．① TU5

中国版本图书馆 CIP 数据核字（2020）第 213626 号

土木工程材料

TUMU GONGCHENG CAILIAO

李军卫　主编　孟　迪　李　晶　副主编

责任编辑　高　媛

出版发行　黑龙江大学出版社

地　　址　哈尔滨市南岗区学府三道街 36 号

印　　刷　哈尔滨市石桥印务有限公司

开　　本　787 毫米 ×1092 毫米　1/16

印　　张　20

字　　数　403 千

版　　次　2020 年 12 月第 1 版

印　　次　2020 年 12 月第 1 次印刷

书　　号　ISBN 978-7-5686-0560-1

定　　价　56.00 元

前　　言

土木工程材料是从事土木工程类专业设计、施工、造价和管理等有关工作的重要基础课程。近年来,随着生产技术的不断更新,土木工程行业对于材料的性能要求也在不断提高,不同专业领域也相继出现了诸多新型建材。在国家推行绿色建筑的倡导下,土木工程材料的发展趋势也向着绿色环保不断迈进。本教材主要包括常用材料的基本组成与分类、技术指标与性能和试验方法,教材中所选案例,紧密联系工程实际,目的在于让学生理解工程材料的基础知识,掌握工程材料的应用现状,了解工程材料的发展方向。每章之后均附有工程案例,注重培养学生理论联系实际的能力和爱岗敬业、实事求是的工作态度。

本教材根据高等学校土木工程专业指导委员会制定的土木工程材料课程教学大纲编制,以培养应用技术型人才为出发点,在夯实理论基础的同时,培养学生解决实际问题的能力。本教材力求重点突出、构架合理,充分体现因材施教的特点。

本教材由黑龙江东方学院李军卫担任主编。编写具体分工为:绪论、第三章、第四章由黑龙江东方学院李军卫编写,约11.6万字;第一章、第六章、第九章由黑龙江东方学院孟迪编写,约10.0万字;第五章、第八章由黑龙江东方学院李晶编写,约7.4万字;第二章、第七章由哈尔滨石油学院于冰编写,约4.4万字;第十章由黑龙江东方学院李建飞编写,约6.9万字。

参加本教材编写的人员均具有多年教学、科研与工程实践经验,但由于编者水平有限,加之时间仓促,书中不妥之处在所难免,恳请读者给予批评指正。

编者

2020 年 10 月

目　　录

绪　论

一、土木工程材料的分类

土木工程材料是指构成土木工程结构物的各种材料的总称,它是一切土木工程或构筑物不可或缺的物质基础。土木工程材料种类繁多,不同种类材料的性能差别很大。根据分类方法不同,材料可分为不同种类。

按照材料来源,可分为人造材料和天然材料;按照材料的功能,可分为结构材料、防水材料、装饰材料、保温材料等。目前,土木工程材料较常用的分类方法是根据组成物质的种类和化学成分分类,具体分类结果如表1所示。

表1　土木工程材料按化学成分分类表

分类		代表材料
无机材料	金属材料	黑色金属:钢材、铁等;有色金属:铜、铝等
	非金属材料	天然石材、胶凝材料及制品、烧土制品等
有机材料	植物材料	木材、竹材等
	沥青材料	石油沥青、煤沥青及制品等
	高分子材料	塑料、涂料、合成橡胶等
复合材料	有机与无机非金属材料复合	聚合物混凝土等
	金属与无机非金属材料复合	钢纤维混凝土等

二、土木工程材料发展及趋势

从约一万年前人类用天然石材、木材建造最简单的房屋开始,到陶器、砖瓦、石灰、玻璃等材料的出现，中间经历了数千年的时间，这期间材料发展缓慢，而 19 世纪伴随着工业革命的发展，大力推动了土木工程材料的发展，一大批重要材料开始涌现，包括钢材、水泥、水泥混凝土、钢筋混凝土等。几十年来，随着科学技术、建筑工业的发展，越来越多的新型材料、复合材料不断出现并被应用于各种土木工程中。

从土木工程材料的发展历史可以看出，土木工程材料的发展与人类社会生产力和建筑技术水平的发展息息相关，它们互相影响制约又相互促进发展。不断发展的新材料促成了结构形式的变化和施工方法的改进；技术进步又促进了土木工程材料的创新和发展。人类对居住环境越来越高的要求，促使人类不断研究轻质高强的材料、新的施工方法，也正是新材料、新技术的出现和发展，使更高、更大跨的结构得以实现。

随着现代化建筑向节能、美观、舒适的方向发展，土木工程材料的发展趋势具有以下几方面特点：

（1）高性能化。研究在某方面性能更突出的材料，使其在某方面发挥更加卓越的效果。例如，研制轻质、高强、高韧性、高保温性和高耐久性的材料，对提高结构物的安全性、适用性、经济性和耐久性有着非常重要的意义。

（2）复合化、多功能化。单一材料向复合材料及制品发展。利用复合技术生产多功能材料、特殊性能材料，例如，具有高强度的耐火材料、更轻质的抗腐蚀材料等，可有效提高结构物的使用功能和施工效率。

（3）绿色化。原材料选择方面，充分利用地方资源、工业废料、废渣等代替自然资源，尽可能减少自然资源消耗，保护资源和环境；优先开发生产和使用低能耗材料及节能材料，节约能源。

（4）智能化。要求材料具有自我感知、自我调节、自我修复的功能。例如，对自身使用中出现的损伤具有自我修复功能的自愈合仿生混凝土，对内部有害应力进行监测并有消除能力的碳纤维机敏混凝土等。

三、土木工程材料检验与标准

土木工程材料及其制品必须具备一定的技术性能以满足工程的需要，而各种材料在技术性能测定时会因试验方法的不同而影响测定的数值结果。因此，必须有统一的试验方法和统一的质量要求进行评定。对于常用土木工程材料，均由专门的机构制定并发布相应的"技术标准"对其质量、规格和检验方法等做明确的说明与规定，并要求相关生产、使用、管理和研究等部门共同遵循。

《中华人民共和国标准化法》将标准分为：国家标准、行业标准、地方标准和团体标准、企业标准。

国家标准：是由国务院标准化行政主管部门制定，简称"国标"，代号 GB。若非强制性标准,可用 T 表示推荐,代号 GB/T。

　　行业标准:由国务院有关行政主管部门制定,为全国性指导技术文件,其代号由部门名称而定。如建筑工业行业标准,其代号为 JG;建材行业标准,其代号为 JC;交通运输行业标准,其代号为 JT;石油化工行业标准,其代号为 SH;等等。

　　地方标准:是由地方标准化主管部门发布的地方性指导技术文件,代号为 DB。

　　企业标准:仅适用于本企业,企业生产的产品凡没有国家标准和行业标准的,应当制定企业标准,作为组织生产的依据,并报有关部门备案,其代号为 Q。

　　除上述标准外,土木工程材料检测中还常涉及一些国外标准,如国际标准 ISO、美国材料与试验协会标准 ASTM 等。

　　标准一般由四部分组成,即标准名称、部门代号、编号和批准年份。例:《混凝土结构工程施工质量验收规范》(GB 50204—2015)、《建筑石膏》(GB/T 9776—2008)等。

　　需要注意的是某标准改版后,新版本实施则旧版本同时废止。

【案例拓展】

　　北京大兴国际机场位于中国北京市大兴区和河北省廊坊市交界处,北距天安门46 千米、北距北京首都国际机场 67 千米、南距雄安新区 55 千米、西距北京南郊机场约 640 米,为 4F 级国际枢纽机场。

　　北京大兴国际机场在建造及使用期间,分别获得全国建筑业绿色建造暨绿色施工示范工程、住建部绿色施工科技示范工程、三星级绿色建筑认证等绿色节能建筑相关荣誉。北京大兴国际机场是国内首个通过顶层设计、全过程研究实现内部建筑全面"深绿"的机场,相关指标如下:

　　(1)建筑节能:100% 采用一级能效的机电设备;航站楼节能率 30%,单位面积年能耗 <29.51 千克标准煤/平方米;

　　(2)可再生能源利用比例:≥10%;

　　(3)清洁能源车辆比例:空侧采用清洁能源通用车辆比例 100%,特种车辆 20%;

　　(4)碳排放量:减少碳排放量,≥23.6 万吨/年;

　　(5)雨水收集与回渗:雨水收集率 100%,回渗率≥40%;

　　(5)污水处理:污水处理率、油污分离、雨污分流、航空器除冰液收集率 100%;

　　(6)非传统水源利用率:≥30%;

　　(7)绿色光源:100% 采用绿色光源,在国内率先建成两条 LED 灯光跑道,LED 光源在航站楼、工作区道路照明及广告灯箱等方面广泛使用;

　　(8)节约燃煤:年单位面积能耗控制在 29.5 千克标准煤以内,每年约可节约8 850 吨标准煤。

　　方圆 27 平方公里的北京大兴国际机场被划分为六大区域,每个区域还划分出更细致的排水单元,严格分配径流量指标,因地制宜建设多种"海绵"工程。一条长达数百米的景观绿轴纵贯办公区中央,在美化景观的同时,雨水在此集蓄,通过植物根系得以净化,并下渗补充地下水,富余的雨水则顺管线汇入雨水调节池。北京大兴国际机场的高架桥拥有 15 条车道,其宽度为国内之最,是连通航站楼和外部的重要通道。高架桥不积水的奥秘,在于花箱中一根根直径 15 厘米的白色集雨管,自桥面直通花箱。小雨用以浇灌箱中植物,大雨则从箱中的溢流口排往集雨管线。下凹式绿地、集雨花箱、透水铺装、雨水花园、屋顶绿化……北京大兴国际机场里的"海绵"工程星罗棋布,成为蓄留雨水、减少径流的第一道防线。整个机场区域,分布多个大小不同的人工湖泊,它们是规模最大的"海绵"工程。大雨来临时,雨水可在此贮存,避免发生积水;云开雨散之后,再排往下游河道。北京大兴国际机场共设置了 12 个雨水调节池和 2 个景观湖,再加上其他"海绵"集雨设施,总共可蓄水超 300 万立方米,相当于 1.5 个昆明湖的容量。

北京大兴国际机场内部,将环保主题表现得淋漓尽致。整体的设计以白色的风格为主,二层以上立面幕墙、8 个 C 型柱采光顶、中央天窗共有 12 514 块玻璃,使航站楼即便无照明也确保了充足采光。采取了屋顶自然采光和自然通风设计,实施照明、空调分时控制,节省人工光源导致的资源消耗,北京大兴国际机场北跑道南侧还建设了飞行区光伏发电系统,机场货运区、停车楼、公务机楼及工作区建筑屋顶也将广泛采用光伏发电。每年向电网提供 600 万千瓦时的绿色电力,相当于每年减排 966 吨二氧化碳,并同步减少各类大气污染物排放。

第一章　土木工程材料的基本性质

学习目标：

1. 熟练掌握土木工程材料的基本状态参数。
2. 掌握土木工程材料的基本力学性质。
3. 掌握土木工程材料与水和热有关的性质。
4. 掌握土木工程材料耐久性的基本概念。

　　土木工程材料由于应用在各种不同类型、不同环境的建筑物和构筑物中，故对其各项性质都有着不同的要求。对于应用在承重结构的材料，要求其具有足够的强度和刚度；对于潮湿和水流冲刷环境，材料的抗渗性或抗冲磨性是其主要的性能指标；对于保温隔热的屋顶和墙面，要求材料有热容量大且不易传热的性质；同时建筑物在使用过程中还会长期受到复杂环境因素的影响，如大气因素引起的热胀冷缩、干湿变化、冻融循环、化学侵蚀，以及昆虫和菌类等的生物危害，因此还要求建筑材料具有与环境相适应的耐久性。

　　了解材料的各项性质，掌握如何正确选择和使用材料是保证建筑物经久耐用的关键，本章主要对各类建筑材料共同的物理性质等基本性质进行研究。

第一节　材料的基本物理性质

一、材料的密度、表观密度和堆积密度

1. 密度

密度是指材料在绝对干燥状态下单位绝对密实体积的质量，用式(1-1)表示。

$$\rho = \frac{m}{V} \tag{1-1}$$

式中:ρ——材料的密度,kg/m³;

    m——材料在绝对干燥状态下的质量,kg;

    V——绝干材料的绝对密实体积,m³。

所谓绝对密实体积,是指不包括材料孔隙在内的体积。在自然状态下,除钢材、玻璃等少数材料可近似视为密实状态,绝大多数建筑材料都含有或多或少的孔隙。有孔隙的材料,在测定材料的密度时,通常把材料磨成细粉,干燥后用李氏比重瓶测定其体积。

2.表观密度

材料在自然状态下单位体积的质量,称为表观密度,用式(1-2)表示。

$$\rho_0 = \frac{m}{V_0} \tag{1-2}$$

式中:ρ_0——材料的表观密度,kg/m³;

    m——材料在绝对干燥状态下的质量,kg;

    V_0——材料在自然状态下的体积,m³。

材料在自然状态下的体积,指包含材料内部所有孔隙的体积。材料的孔隙按尺寸大小又分为微细孔隙(孔径在0.01 mm以下)、细小孔隙即毛细孔隙(孔径在1.0 mm以下)、粗大孔隙(孔径在1.0 mm以上)。按常压下能否进水,孔隙可分为能进水的开口孔隙或连通孔隙,以及不能进水的闭口孔隙,如图1-1所示。当材料孔隙内含有水分时,其质量和体积均有所变化,故测定表观密度时,应注明其含水情况。表观密度一般是指材料在气干状态下(长期在空气中干燥)的测定值。干表观密度ρ_{0d}则是指材料在烘干状态下的测定值。

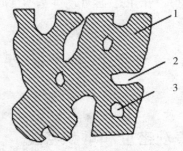

图1-1 材料内孔隙示意图
1.固体物质;2.开口孔隙;3.闭口孔隙

3.堆积密度

散粒或粉状材料(如砂、石子、水泥等),在自然堆积状态下单位体积的质量称为堆积密度，用式(1-3)表示。

$$\rho_0' = \frac{m}{V_0'} \qquad (1-3)$$

式中：ρ_0' —— 材料的堆积密度，kg/m^3；

m —— 材料的质量，kg；

V_0' —— 材料在自然堆积状态下的体积(包含材料颗粒体积和颗粒间的空隙)，m^3。

测定散粒材料的堆积密度时，通常按规定的试验方法将散粒材料堆放装入一定的容器中，则堆积体积为容器的容积。

二、材料的密实度、孔隙率和空隙率

1. 密实度

材料在自然状态下，内部固体物质的充实程度，称为材料的密实度，用式(1-4)表示。

$$D = \frac{V}{V_0} = \frac{\rho_{0d}}{\rho} \times 100\% \qquad (1-4)$$

2. 孔隙率

材料在自然状态下孔隙体积所占总体积的比例，称为材料的孔隙率，用式(1-5)表示。

$$P = \frac{V_0 - V}{V_0} = 1 - \frac{V}{V_0} = \left(1 - \frac{\rho_{0d}}{\rho}\right) \times 100\% \qquad (1-5)$$

孔隙率的大小直接反映了材料的致密程度。孔隙率大，材料的表观密度小、强度低。孔隙率和孔隙特征对材料的性质均有显著影响。开口孔隙、粗大孔隙越多，水分易于渗透，渗透性较大；闭口孔隙，不易被水分或溶液渗入，对材料的抗渗、抗侵蚀性能的影响甚微，且对抗冻性起有利作用。

3. 空隙率

散粒材料自然堆积体积中颗粒之间的空隙体积所占的比例，称为散粒材料的空隙率，用式(1-6)表示。

$$P' = \frac{V_0' - V_0}{V_0'} = 1 - \frac{V_0}{V_0'} = \left(1 - \frac{\rho_0'}{\rho_0}\right) \times 100\% \qquad (1-6)$$

空隙率的大小反映了散粒材料的颗粒互相填充的致密程度。空隙率可作为控制混凝土骨料级配与计算砂率的依据。

材料的基本物理性质主要体现在材料的密度、表观密度、堆积密度、孔隙率或空隙率这几项指标上,是认识材料、了解材料性质与应用的重要内容。常用材料的基本物理性质指标见表 1-1。

表 1-1　常用材料的密度、表观密度、堆积密度及孔隙率、空隙率指标

材料名称	密度/(g·cm^{-3})	表观密度/(g·cm^{-3})	堆积密度/(g·cm^{-3})	孔隙率/%
建筑钢材	7.85	7 850	—	0
花岗岩	2.70~3.00	2 500~2 900	—	0.5~1.0
碎石(石灰岩)	2.60	—	1 400~1 700	—
砂	2.60	2 500~2 600	1 400~1 700	35~40(空隙率)
水泥	2.80~3.10	—	1 200~1 300	50~55
普通混凝土	—	2 300~2 500	—	5~20
普通黏土砖	2.50~2.70	1 600~1 900	—	20~40
松木	1.55~1.60	400~800	—	55~75
泡沫塑料	—	20~50	—	98

第二节　材料与水有关的性质

在建造与水环境接触的建筑物或构筑物时,如挡水坝、桥墩、基础、屋顶等部位的材料会时常受到水的作用。不同的固体材料表面与水作用的情况不同,对材料性质的影响也是不同的,为了防止建筑物受到水的侵蚀而影响使用性能,有必要研究材料与水接触后的有关性质。

一、材料的亲水性与憎水性

1. 亲水性

材料能被水润湿的性质称为亲水性。具备这种性质的材料称为亲水性材料,如

砖、石、木材、混凝土等。材料具有亲水性的根本原因在于材料与水分子的亲和力大于水分子自身的内聚力。

2. 憎水性

材料不能被水润湿的性质称为憎水性。具备这种性质的材料称为憎水性材料，如石蜡、沥青、油漆、塑料等。这是因为憎水性材料与水分子的亲和力小于水分子自身的内聚力。

用于防水的材料一般应是憎水性材料。材料的亲水性与憎水性可用润湿角 θ 的大小来表示，当材料与水接触时，在材料、水、空气三相的交点处，作沿水滴表面的切线，该切线与固体、液体接触面的夹角称为润湿角 θ。当 $\theta \leqslant 90°$ 时，这种材料称为亲水性材料，如图 1-2(a)所示；当 $\theta > 90°$ 时，这种材料称为憎水性材料，如图 1-2(b)所示。

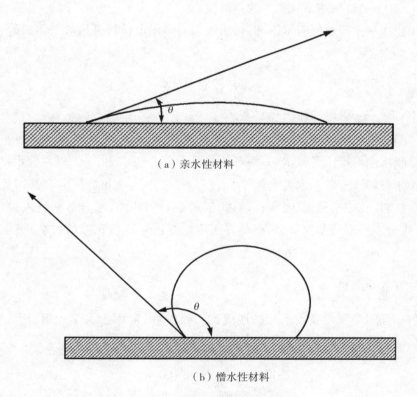

（a）亲水性材料

（b）憎水性材料

图 1-2　材料的润湿角示意图

二、材料的吸水性与吸湿性

1. 材料的吸水性

材料在水中吸收水的能力称为材料的吸水性,用吸水率表示。吸水率分为质量吸水率与体积吸水率,质量吸水率是指材料在吸水饱和后,所吸水的质量占材料绝干质量的百分比,用式(1-7)计算。

$$W_m = \frac{m_1 - m}{m} \times 100\% \tag{1-7}$$

式中:W_m——材料的质量吸水率,%;

m_1——材料吸水饱和后的质量,g;

m——材料绝干状态下的质量,g。

体积吸水率是指材料吸水饱和后,所吸水的体积占材料自然状态体积的百分比,用式(1-8)计算。

$$W_V = \frac{V_W}{V_0} \times 100\% \tag{1-8}$$

式中:W_V——材料的体积吸水率,%;

V_W——材料吸水饱和后所吸收水的体积,cm^3。

通常吸水率均指质量吸水率,两者的关系为 $W_V = \rho_0 W_m / \rho_W$。材料吸水率的大小主要取决于材料本身的亲水性与憎水性,但与孔隙率大小和特征也有密切关系。对于亲水性材料,孔隙率越大,吸水性越强,但若是封闭孔隙,水分不易进入;粗大开口的孔隙,水分不易吸满和保留;只有具有密集微细连通开口孔隙的材料,吸水率才特别大。

2. 材料的吸湿性

材料在潮湿空气中吸收水分的性质称为吸湿性,常用含水率表示,用式(1-9)计算。

$$W_h = \frac{m_h - m}{m} \times 100\% \tag{1-9}$$

式中:W_h——材料的含水率,%;

m_h——材料在吸湿状态下的质量,g;

m——材料干燥状态下的质量,g。

在空气中,某一材料的含水多少是随环境温度和空气湿度而变化的,当较干燥的材料处在较潮湿的空气中时,便会吸收空气中的水分,而较潮湿的材料处在较干燥的空气中时,便会向空气中释放水分,前者是材料的吸湿过程,后者是材料的干燥过程。在一定的温度和湿度条件下,材料与空气湿度达到平衡时的含水率称为平衡含水率。一般亲水性强的材料、含有开口孔隙多的材料,其平衡含水率高,它在空气中的质量变化也大。

一般来说,吸水性和吸湿性大均会对材料的性能产生不利影响。材料吸水或吸湿后质量增加,体积膨胀,产生变形,强度和抗冻性降低,绝热性能变差,对工程产生不利影响。例如,制作木门窗时若木材的含水率高于平衡含水率,门窗在使用过程中就会变形。但有时可利用材料的吸水性和吸湿性,例如,干燥剂是利用材料的吸湿性来除湿的,某些止水条也是靠吸水发挥作用的。

三、材料的耐水性

材料长期在水的作用下不被破坏,且其强度也不显著降低的性质称为耐水性,材料的耐水性用软化系数表示。可按式(1-10)计算:

$$K_r = \frac{f_b}{f_d} \qquad (1-10)$$

式中:K_r——材料的软化系数;

f_b——材料在吸水饱和状态下的强度,MPa;

f_d——材料在干燥状态下的强度,MPa。

材料软化系数的大小表示材料在浸水饱和后强度降低的程度。材料的软化系数越小,表示材料吸水后强度下降越多,耐水性越差,所以 K_r 可作为选择材料的重要依据。材料的软化系数主要与组成成分在水中的溶解度和材料的孔隙有关,如黏土软化系数为0,金属软化系数为1。工程中,通常将软化系数大于 0.85 的材料称为耐水性材料。经常位于水中或潮湿环境中的重要结构,其材料的 K_r 不宜低于 0.85 ~ 0.90;受潮湿较轻或次要结构,其 K_r 也不宜小于 0.75 ~ 0.85。处于干燥环境的材料可以不考虑软化系数。

四、材料的抗渗性

材料抵抗压力——水或其他液体渗透的性质称为抗渗性,用渗透系数 K 表示。可按式(1-11)计算:

$$K = \frac{Qd}{AtH} \qquad (1-11)$$

式中:K——材料的渗透系数,cm/h;

Q——渗透水量,cm^3;

d ——材料试件的厚度,cm;

A ——透水面积,cm^2;

t ——渗水时间,h;

H ——静水压力水头,cm。

渗透系数越小,表示材料的抗渗性越好。对于防潮、防水材料,如沥青、油毡、沥青混凝土、瓦等材料,常用渗透系数表示其抗渗性。

材料抗渗性的好坏主要取决于材料的亲水性和孔隙率及孔隙特征。亲水性材料内部含有较多毛细孔有利于水的渗透。绝对密实的材料或只具有闭口孔隙和微细孔隙的材料,可认为是不透水的;含有粗大孔隙和开口孔隙的材料最易渗水,因此抗渗性最差;具有细小孔隙的材料,孔隙既易被水充满,水分又易在其中流通,其抗渗性较差。地下建筑物和水工建筑物所用材料因常受到水压力的作用具有一定的抗渗性,对于防水材料则要求有较高的抗渗性或不透水性。

对于砂浆和混凝土,常用抗渗等级反映其抗渗性。即标准试验条件下,测定标准尺寸试件所能承受的最大水压力值,用"Pn"表示,其中 n 为该材料所能承受的最大水压力(MPa)的 10 倍值,如 P4、P6、P8 等分别表示材料承受 0.4 MPa、0.6 MPa、0.8 MPa 的水压力而不渗水。

五、材料的抗冻性

材料在吸水饱和状态下,能经受多次冻融循环作用而不被破坏,且强度和质量无显著降低的性能称为材料的抗冻性。材料的抗冻性常用抗冻等级 Fn 表示。Fn 表示材料标准试件在按规定方法进行冻融循环后,其质量损失不超过 5% 或强度降低不超过 25% 时,所能经受的最大冻融循环次数为 n 次,如 F50、F100 等。抗冻等级越高,材料的抗冻性越好。

一次冻融循环是指材料标准试件在 $-15\ ℃$ 的温度下冻结 4 h 后,再在 $20\ ℃$ 的水中融化 4 h 的过程。材料经过多次冻融循环作用后,表面将出现裂纹、剥落,产生质量损失,强度也将会降低。冰冻对材料的破坏作用主要是由材料孔隙内的水分结冰、体积膨胀而引起的。水结冰体积增大约 9%,当材料孔隙中充满水,并快速结冰时,材料孔隙内将产生很大的冻胀压力,使毛细管壁受到拉应力;当冰融化时,材料体积收缩,又会留下部分残余变形,且使毛细管壁受到压应力。经过多次冻融后,冻胀产生的内部应力将使材料遭到破坏。故材料抗冻性的大小,取决于材料孔隙的水饱和程度及材料自身的强度及变形能力。抗冻性良好的材料,对于抵抗温度变化、干湿交替等破坏作用的性能也较强,因此,抗冻性常作为鉴定材料耐久性的指标之一。对材料抗冻性的要求,视工程类别、结构部位、所处环境、使用条件及建筑物等级而定。处于温暖地区的外部建筑物,虽无冰冻作用,但为抵抗风、雨、雪、霜、日等大气的作用,对材料也提出了不低于 F50 的抗冻性要求。室内建筑物和大体积混凝土内部可不考虑抗冻性要求。

<h1 style="text-align:center">第三节　材料与热有关的性质</h1>

一、材料的导热性

温度不同的物质相接触后,热量将由高至低地传导,材料传导热量的能力称为材料的导热性,其大小以导热系数 λ 表示,是指厚度为 1 m 的材料,当材料两侧温度差为 1 K 时,在 1 s 时间内通过 1 m^2 面积的热量,用式(1 - 12)表示。

$$\lambda = \frac{Qd}{(T_1 - T_2)At} \qquad (1-12)$$

式中:λ ——导热系数,W/(m・K);

$\quad Q$ ——传热量,J;

$\quad d$ ——材料试件的厚度,m;

$\quad T_1 - T_2$ ——温度差,K;

$\quad A$ ——材料传热面的面积,m^2;

$\quad t$ ——传热的时间,h。

材料的导热系数越小,则材料的保温绝热性就越好。影响材料导热性的因素很多,如材料的化学组成、结构、孔隙率与孔隙特征、含水率及导热时的温度等。

对于同种材料,影响导热性的主要因素有孔隙率、孔隙特征及含水率等。材料的孔隙率越大,导热系数越小;但具有粗大和连通孔隙时,导热系数增大;具有微细或闭口孔隙时,导热系数减小;材料孔隙中的介质不同,导热系数相差也很大。水和冰的导热系数分别是静态空气导热系数的 20 倍和 80 倍以上。所以当材料的含水率增大时,其导热性也相应增加,若材料孔隙中的水分冻结成冰,材料的导热系数将增大。因而材料受潮、受冻都将严重影响其导热性,这也是在工程中对保温材料进行施工时应特别注意防水避潮的原因。大多数材料的导热系数还会随温度的升高而增大。

二、材料的热容量

材料受热时吸收热量,冷却时放出热量的能力称为材料的热容量。单位质量的材料在温度变化 1 ℃时,材料吸收或放出的热量,称为材料的比热容或热容量系数。比热容是反映材料吸热或放热能力大小的物理量。不同材料的比热容不同,即使是同一材料,由于所处的状态不同,比热容也不同。如水的比热容为 4.186 J/(g·K),结冰后比热容则为 2.093 J/(g·K),常用各种材料的比热容均小于水的比热容。

相同质量的不同材料,比热容大的,在吸收和放出较多热量时,自身的温度变化不大,对保持建筑物内部温度稳定有很大的积极作用。因此,设计中对保温隔热的材料均需要选择比热容大(即热容量大)、导热系数小的材料。

三、材料的耐燃性与耐火性

材料的耐燃性是指材料在含有氧气的环境中抵抗燃烧的能力。材料的耐火性是指材料长期抵抗高温火焰而不熔化的性能。

根据材料的耐燃能力可以分为不燃材料、难燃材料、可燃材料和易燃材料。不燃材料一般为无机非金属材料,除碳纤维、碳素材料等碳基材料以外均为不燃材料,而大部分有机高分子材料为易燃材料。值得注意的是,不燃的材料不一定是耐火材料。例如无保护层的钢筋在高温环境下 15 min 即发生变形失去承载能力。

第四节　材料的力学性质

一、材料的弹性与塑性

材料在外力的作用下,将在受力的方向上产生变形,根据变形的特点分为弹性变形和塑性变形。

1. 弹性

材料在外力作用下产生变形,当外力除去后,变形能完全恢复的性质称为弹性。这种能够完全恢复的变形称为弹性变形。具有这种性质的材料称为弹性材料。受力后材料的应力 σ 与材料的应变 ε 的比值称为材料的弹性模量 E。弹性材料的变形曲线如图 1-3 所示。

2. 塑性

材料在外力作用下产生变形,当外力除去后,仍保持变形后的形状并不破坏的性质称为塑性。这种不可恢复的变形称为塑性变形(或永久变形)。塑性材料的变形曲线如图 1-4 所示。

实际上,完全弹性材料和完全塑性材料都是没有的。大多数材料在受力不大的情况下,表现为弹性变形,但受力超过一定限度后,则表现为塑性变形。例如,建筑钢材就属于这种类型的材料,还有的材料在受力后,弹性变形及塑性变形几乎同时产生,如果取消外力则弹性变形可以恢复,而塑性变形则不能恢复,这种类型的材料称为弹塑性材料。弹塑性材料的变形曲线如图1-5所示。

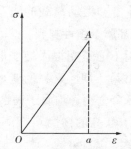

图1-3 弹性材料的变形曲线

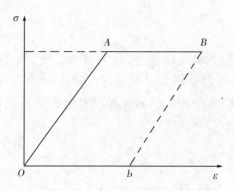

图1-4 塑性材料的变形曲线

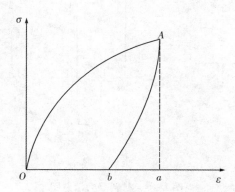

图1-5 弹塑性材料的变形曲线

二、材料的脆性与韧性

材料在外力的作用下,表现为无明显的塑性变形突然破坏的性质称为脆性。具有这种性质的材料称为脆性材料。脆性材料的抗压强度远大于抗拉强度,而达到破坏荷载时的变形值很小,承受冲击和振动荷载的能力很差,脆性材料宜作为承压构件。如石材、砖、陶瓷、混凝土等都属于脆性材料。

材料在冲击或振动荷载作用下能承受很大的变形也不致破坏的性质称为韧性。具有这种性质的材料称为韧性材料。韧性材料的变形能力大,抗拉强度接近或高于抗压强度,木材、橡胶、低碳钢、低合金钢等均属于韧性材料。在建筑工程中,吊车梁、桥梁、路面等所用的材料均应具有较高的韧性。

三、材料的强度与比强度

1.强度

材料在外力作用下抵抗破坏的能力,称为材料的强度。强度以材料受外力破坏时单位面积上所承受的外力表示。材料在建筑物上所承受的外力,主要有拉力、压力、剪力、弯力等,如图1-6所示。材料抵抗这些外力破坏的能力,分别称为抗拉强度、抗压强度、抗剪强度和抗弯强度。

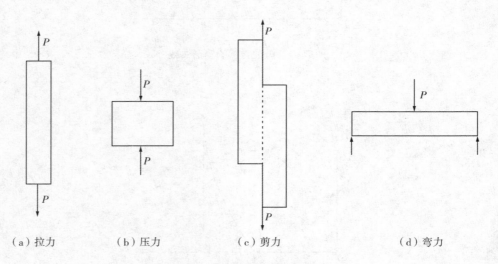

(a)拉力　　　　　(b)压力　　　　　(c)剪力　　　　　(d)弯力

图1-6　材料受力示意图

材料抗压强度、抗拉强度、抗剪强度可按式(1-13)计算。

$$f = \frac{F}{A} \qquad\qquad (1-13)$$

式中:f——材料的强度,MPa;

F——材料破坏时的最大荷载,N;

A——受力截面的面积,mm^2。

材料的抗折强度与材料的受力情况、截面形状有关。当材料受集中荷载作用折断时,其抗折强度按式(1-14)计算。

$$f = \frac{3Fl}{2bh^2} \qquad\qquad (1-14)$$

材料的强度大小与材料的组成、结构、构造及测定强度值的试验条件等有关。不同种类的材料具有不同的强度范围,如表1-2所示。内因方面:同种材料由于孔隙率及孔隙特征不同,材料的强度也有较大差异。通常随着孔隙率的增加,材料强度呈下降趋势;孔隙率低、表观密度大,材料强度就较高。外因方面:试验条件不同,影响测得的强度值大小。(1)环境温度和湿度影响,大多数材料在温度升高或含水率增加时,其强度均会降低,例如,钢材及沥青材料的强度都在温度升高时明显降低;含水率增大时,砖、木材及混凝土等材料的强度都将降低;(2)试件形状和尺寸影响,小试件由于环箍作用的影响,其抗压强度试验值高于大试件试验值,断面相同时,短试件比长试件的强度值高;(3)试件表面平整程度影响,如试件受压面上有凹凸不平或掉角等缺损时,将引起局部应力集中而降低强度试验值;(4)加荷速度影响,试验时的加荷速度较快时,材料变形的增长速度落后于应力增长速度,破坏时的强度值偏高;反之,强度测定值偏低;(5)试验装置影响,如采用刚度大的试验机进行强度测试,所得的强度值也较高。

表1-2 几种常见材料的强度范围

强度/MPa	材料					
	花岗岩	砂岩	普通混凝土	松木(顺纹方向)	普通黏土砖	建筑钢材
抗压	100~250	20~170	7.5~60	30~50	5~30	210~600
抗拉	7~25	8~40	1~3	80~120	—	210~600
抗剪	13~19	4~25	—	7.7~10	1.8~4	4~8
抗弯	10~40	—	1.5~6	60~100	1.8~4	60~110

2. 比强度

材料的比强度是材料的强度与其表观密度的比值,是衡量材料轻质高强性能的重要指标。优质的结构材料应具有较高的比强度,才能尽量以较小的截面尺寸满足强度要求,同时可以较大幅度减小结构体的自重。

四、材料的硬度与耐磨性

1. 硬度

材料的硬度反映材料的耐磨性和加工的难易程度。常用的硬度测量方法有刻划法、压入法和回弹法。刻划法用于测定天然矿物的硬度,按刻划材料的硬度递增分为10个等级,依次为滑石、石膏、方解石、萤石、磷灰石、正长石、石英、黄玉、刚玉、金刚石。

2. 耐磨性

材料表面抵抗磨损和磨耗的能力叫作材料的耐磨性。磨损即指材料与其他物体由表面摩擦作用使质量和体积减小的现象;磨耗是指材料同时受到摩擦和冲击两种作用而使质量和体积减小的现象。耐磨性的测定方法有很多种,通常以磨损前后单位表面的质量损失,即磨损率 K_w 来表示,如式(1-15)所示。

$$K_w = \frac{m_0 - m_1}{A} \qquad (1-15)$$

式中:m_0 ——试件磨损前的质量,g;

m_1 ——试件磨损后的质量,g;

A ——试件受磨的面积,cm^2。

建筑工程中的楼板地面、交通工程中的公路路面、铁路上的钢轨都要求材料具有较高的耐磨性;在水利水电工程中溢流坝的溢流面、闸墩和闸底板、隧洞的衬砌等部位经常受到夹砂高速水流的冲刷作用或水底夹带石子的冲击作用而遭受破坏,其材料要求具有抵抗磨损和磨耗的能力。

第五节　材料的耐久性

一、材料的耐久性

材料的耐久性,是指材料长期抵抗外界不利环境的破坏,在规定的时间内,不变质、不损坏,保持其原有性能的性质。耐久性可以衡量材料乃至结构在长期使用条件下的安全性能,它常以材料或结构的使用年限来表达。耐久性是一项综合指标,通常包括材料的抗渗性、抗冻性、抗腐蚀性、抗老化性、耐热性、耐磨性、抗碳化性等性质,同种材料应用在不同地区或环境时,对其耐久性的要求也不尽相同。

二、影响材料耐久性的因素

1. 外部因素

耐久性是材料的一项综合性质,材料耐久性的好坏,必须针对某种环境条件来讨论。一方面,到目前为止没有一种材料能够应对所有种类的破坏作用;另一方面,工程所处环境常常是发生一种或几种破坏作用。建筑物中材料所受的破坏作用主要有以下几种:

(1)物理破坏:材料在受到环境温度变化、干湿交换、冻融循环等作用后,会产生膨胀、收缩、裂缝、质量损失、强度降低等现象,久而久之就会使材料乃至建筑物发生破坏。

(2)化学破坏:材料在使用过程中,经受大气和环境中的酸、碱、盐等溶液的侵蚀,以及日光、紫外线等的侵蚀,使材料逐渐发生质变、老化而被破坏。

(3)机械破坏:机械破坏包括荷载的持续作用,交变荷载对材料引起的疲劳、冲磨、气蚀作用等。

(4)生物破坏:主要指菌类、昆虫等对材料的危害,导致材料发生腐朽、虫蛀等而被破坏。

不同种类的材料,容易遭受的破坏种类也不相同。如金属材料主要是由化学作用而引起锈蚀;沥青及高分子材料主要是在热、空气、阳光作用下发生氧化而老化变脆、开裂、损坏;木材、植物等有机材料,最易受生物作用而腐蚀、腐朽。再如建筑材料中的砖、石、混凝土等矿物材料,当暴露于大气中,主要是发生物理和机械破坏作用;当处于水中时,除了物理和机械作用外,还可能发生化学侵蚀作用。但几乎没有一种材料可能同时发生上述的全部破坏。所以,应在一定的环境条件下,在一定的时间内,结合材料抵抗的破坏作用,研究材料的耐久性才有实际工程意义。对材料耐久性的测定,目前通常是根据使用要求,在实验室进行如干湿循环、冻融循环、加湿与紫外线干燥循环、碳化、盐溶液浸渍与干燥循环、化学介质浸渍等快速试验,对材料的耐久性做出评判。

2. 内部因素

材料的组成与结构是影响材料耐久性的根本原因。如材料的密度小含有较多空隙,则材料内部易进入杂质,易发生腐蚀,越致密的材料通常耐久性也越好;金属材料的抗冲击韧性较好,但化学稳定性差,易发生化学腐蚀和电化学腐蚀;沥青和高分子材料的抗腐蚀性好,但因含有不饱和键,其在光、热、电的作用下,易发生老化、变脆和断裂。

　　为提高材料的耐久性,延长建筑物的使用寿命和减少维修费用,可根据实际情况和材料的特点采取相应的措施。如合理选用材料,减轻环境的破坏作用(如降低湿度,排除侵蚀性物质等),提高材料本身对外界作用的抵抗力(如提高材料的密实度,采用表面覆盖层等措施),从而达到提高材料耐久性的目的。材料的耐久性与结构的使用寿命直接相关,材料的耐久性好,就可以延长结构的使用寿命,减少维修费用,提高经济效益。

思考与练习

　　1. 材料中孔隙对材料性质的影响。

　　2. 材料密度、表观密度与堆积密度之间的区别与关系。

　　3. 材料的孔隙率与空隙率的区别及计算方法。

　　4. 材料的吸水性与吸湿性的区别是什么? 各自的计算方法是什么?

　　5. 抗冻性的定义及影响因素。

　　6. 影响材料强度的内因和外因各有哪些?

　　7. 某材料的干重为 105 g,自然状态下的体积为 40 cm^3,绝对密实状态下的体积为 33 cm^3,计算其孔隙率。

　　8. 已知碎石的表观密度为 2.63 g/cm^3,堆积密度为 1 500 kg/m^3,砂子的堆积密度为 1 550 kg/m^3,至少需要多少砂子才能填满 1.5 m^3 松散状态的碎石空隙?

【案例拓展】

　　2019 年 9 月,某城市内部立交桥上行匝道与挡墙交界处局部出现裂缝,如图 1-7 所示。现场勘查显示,该桥上行匝道挡墙出现变形、偏移等,最大外倾 9 cm 左右,路面裂缝 3 cm 至 10 cm。市政府委托第三方机构对该部位桥体裂缝进行了技术鉴定,经初步分析认为造成上行匝道病害的原因是:本段挡墙使用已达 20 年,由于多年渗水,冬季产生冻胀,尤其事发前几天,日最高温度 5 ℃ 至 7 ℃,最低温度 -10 ℃ 左右,冻融循环次数频繁,墙内土体因反复冻融进一步加剧了墙体病害,造成了墙体外倾和路面开裂。

图 1 - 7 匝道与挡墙交界处局部出现裂缝

第二章 气硬性胶凝材料

学习目标：

1. 掌握气硬性胶凝材料与水硬性胶凝材料的区别。
2. 了解石膏、石灰、水玻璃的凝结硬化原理。
3. 掌握石膏、石灰的原材料及生产、特点、区别及应用。
4. 掌握过火石灰的危害原理、产生影响及消除方法。

在土木工程材料中，把凡是经过一系列物理或化学作用后，能将散粒材料或块、片状材料等胶结成整体的并具有一定机械强度的材料，称为胶凝材料。

胶凝材料按化学组成分类，可分为无机胶凝材料和有机胶凝材料两类。常用的有机胶凝材料有沥青、橡胶、树脂等。无机胶凝材料根据硬化条件分为气硬性胶凝材料与水硬性胶凝材料。气硬性胶凝材料只能在空气中凝结硬化，并保持和发展其强度，常用的气硬性胶凝材料有石膏、石灰等；水硬性胶凝材料既能在空气中凝结硬化，也能在水中更好地凝结硬化，保持和发展其强度，常用的水硬性胶凝材料有水泥等。

第一节 石 膏

石膏是一种传统的气硬性胶凝材料，主要成分是硫酸钙。我国石膏资源丰富，分布广泛，并且其具有优良的建筑性能和简单、低能耗的制作工艺。近年来，以石膏为材料的建材制品如石膏板、石膏砌块等发展很快，它是一种具有广阔发展前景的建筑材料之一。

一、石膏的主要品种与生产

生产石膏的主要原料是含硫酸钙的天然石膏，其化学式为 $CaSO_4 \cdot 2H_2O$，又称生石膏，也可以用含有硫酸钙的工业副产品和废渣（如磷石膏、硼石膏、脱硫石膏等）。

石膏的生产主要经过破碎、煅烧与磨细三道工序。根据石膏生产煅烧时不同的压力与温度,可得到不同品种的石膏制品。

1. 建筑石膏

建筑石膏是将天然二水石膏在石膏砂锅或沸腾炉内煅烧,一般温度控制在107～170 ℃范围,脱水而成的细小晶体的 β 型半水石膏(亦称熟石膏),再经磨细制得。其化学反应方程式为见式(2－1):

$$CaSO_4 \cdot 2H_2O \xrightarrow{107\text{~}170\,℃} CaSO_4 \cdot \frac{1}{2}H_2O + \frac{3}{2}H_2O \tag{2－1}$$

在煅烧过程中加热设备与大气相通,使得煅烧后脱去的水分以蒸气排出,又因为煅烧温度不高,所含水不能完全脱去,因此生成为 β 型半水石膏。其状态为白色或灰白色粉末,密度2.6～2.75 g/cm³,堆积密度为800～1 000 kg/m³。在使用用途方面,因多用于粉刷、建筑抹灰、砌筑砂浆及各种石膏制品等,是建筑上应用最广的石膏,故称为建筑石膏。

2. 高强度石膏

高强度石膏是将天然二水石膏在0.13 MPa、124 ℃的密闭蒸压釜内蒸炼脱水,生成的 α 型半水石膏再经磨细制得。由于在较高压力下分解而形成,高强度石膏晶粒与建筑石膏相比,高强度石膏晶粒粗大,比表面积比较小,调成石膏浆体的可塑需水量很小,约为石膏干重的35%～45%,只有建筑石膏可塑需水量的50%左右。因此,石膏浆体硬化后,孔隙率小、结构密实、强度较高,硬化7天强度达15～40 MPa,故名高强度石膏。

高强度石膏密度2.6～2.8 g/cm³,堆积密度为1 000～1 200 kg/m³。因其生产成本较高,多用于要求较高的抹灰工程、装饰制品和石膏板。另外,掺防水剂后可用于高湿环境中,同有机胶结剂混合可制成无收缩的黏结剂,如加入有机材料聚乙烯醇水溶液、聚醋酸乙烯乳液等,其特点是无收缩。

3. 模型石膏

模型石膏也是 β 型半水石膏,但与建筑石膏不同的是其杂质少、颜色白。模型石膏大量用于陶瓷的制坯工艺中,部分用于制作装饰浮雕。

4. 粉刷石膏

粉刷石膏是天然二水石膏或废石膏经适当工艺加工所得到的粉状生成物,配以适当的缓凝剂、保水剂等化学外加剂而制成的抹灰用胶结料。粉刷石膏具有节省能源、凝结快、施工周期短、黏结力好、不裂、不起鼓、表面光洁、防火性能好、自动调节湿度等特点。粉刷石膏主要用在建筑物室内顶棚和各种墙面抹灰,但应注意不适用于卫生间、厨房等常与水接触的地方。

石膏的品种虽然很多,但在建筑中应用最多的仍为建筑石膏,故下面重点介绍建筑石膏的性质与技术标准。

二、建筑石膏的凝结与硬化

1. 建筑石膏的水化

建筑石膏水化的化学反应方程式见式(2-2):

$$CaSO_4 \cdot \frac{1}{2}H_2O + \frac{3}{2}H_2O \longrightarrow CaSO_4 \cdot 2H_2O \qquad (2-2)$$

建筑石膏加水并溶解于水后发生水化反应,生成二水石膏。此时生成的二水石膏虽然与生石膏分子式相同,但因结晶度和结晶形态并不同,故二者的物理力学性能存在差异。由于二水石膏的溶解度比半水石膏小很多,易出现二水石膏过饱和,故二水石膏不断从饱和溶液中析晶沉淀,同时促使新的半水石膏继续溶解和水化,直至半水石膏全部水化生成二水石膏。此过程进行很快,一般仅需 7~12 min。

2. 建筑石膏的凝结与硬化

随着建筑石膏水化反应的发展,浆体中自由水分由于水化和蒸发而不断减少,另一方面生成的二水石膏胶体微粒不断增多,且微粒更细小,比表面积很大,吸附更多的水分,从而使石膏浆体逐步失去塑性而逐渐产生凝结;随着水化不断进行,二水石膏胶体微粒凝聚并转变为晶体,使得结晶逐渐长大,晶体颗粒间相互搭接、交错、共生,从而产生强度,即浆体发生硬化,如图 2-1 所示。建筑石膏的水化和凝结硬化过程是相互交叉且连续进行的。

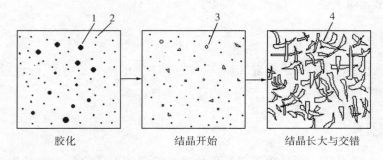

胶化 　　　　　　结晶开始 　　　　　　结晶长大与交错

图 2-1　建筑石膏凝结硬化示意图

1. 半水石膏;2. 二水石膏胶体微粒;3. 二水石膏晶体;4. 交错的晶体

三、建筑石膏的技术要求

根据《建筑石膏》（GB/T 9776—2008），建筑石膏按 2 h 强度（抗折）划分为 3.0、2.0、1.6 三个等级，各等级强度、细度、凝结时间的具体要求如表 2 - 1 所示。

表 2 - 1　建筑石膏物理力学性能（GB/T 9776—2008）

等级	细度（0.2 mm 方孔筛筛余）/%	凝结时间/min		2 h 强度/MPa	
		初凝	终凝	抗折	抗压
3.0				≥3.0	≥6.0
2.0	≤10	≥3	≤30	≥2.0	≥4.0
1.6				≥1.6	≥3.0

建筑石膏浆体从加水开始拌合至浆体刚刚开始失去可塑性，这个过程称为浆体的初凝，从加水至初凝状态所经历时间称为初凝时间；从加水开始拌合至浆体完全失去可塑性产生强度，这个过程称为浆体的终凝，从加水至终凝状态所经历的时间称为终凝时间。

四、建筑石膏的性质

建筑石膏与其他胶凝材料相比有如下特点：

1. 凝结硬化快

将建筑石膏加水拌合之后，石膏浆体在几分钟内初凝开始失去可塑性，一般半小时内可完全失去可塑性达到终凝，大约一周左右完全硬化。因为初凝时间太短，考虑满足施工需要多加入缓凝剂，如柠檬酸、硼砂等，掺量一般不超过石膏质量的 0.1%~0.5%。但需要注意的是，一般掺入缓凝剂后石膏制品的强度会有所降低。

2. 凝结硬化体积微膨胀

大部分胶凝材料（如石灰、水泥等）在凝结硬化时会出现体积收缩现象，而石膏浆体在凝结硬化时不会出现体积收缩，反而略有膨胀，这种微膨胀使得石膏制品表面光滑细腻、形体饱满，可制作出纹理细致的浮雕花饰等，是一种很好的室内装饰材料。

3. 保温和吸声性好、具有一定的调湿性

为了使石膏浆体满足施工所需可塑性要求，在拌合时需要加入建筑石膏用量的

60%～80%的水,而建筑石膏水化的理论用水量约为18.6%,多余水分在石膏浆体中以自由水形式存在,这部分自由水蒸发后,会在石膏制品内部留下大量毛细孔隙,因此导致孔隙率大、表观密度小。正是因为大量微细的毛细孔隙的存在,石膏制品才具有导热系数小、保温性好、吸声性好、吸湿性强,可调节室内的温度和湿度等特点。

4. 耐水性、抗渗性和抗冻性差

一方面,建筑石膏制品孔隙率大、吸湿性强,吸收的水分会削弱晶体粒子间的黏结力;另一方面,二水石膏晶体微溶于水,所以遇水后,两方面综合作用使其强度下降较多,软化系数仅为0.3～0.45,属不耐水材料。若石膏制品吸水饱和后受冻,会因孔隙中的水结冰而开裂崩溃。所以,建筑石膏的耐水性、抗冻性和抗渗性都较差,一般不宜用于室外工程。若想提高建筑石膏及其制品的耐水性,可以考虑在建筑石膏中掺入适量的防水剂或适量的水泥、粉煤灰等。

5. 防火性好,但耐火性差

建筑石膏制品在遇到火灾情况时,由于其导热系数小,传热慢,且二水石膏受热会脱出结晶水产生水蒸气等,可有效地减少火焰对内部结构的危害,所以其具有较好的防火性能。但另一方面,二水石膏脱水后微观结构产生分解,致使强度下降,因而其不耐火。

五、建筑石膏的应用

建筑石膏用途广泛,主要有以下几方面。

1. 室内抹灰和粉刷

建筑石膏具有的优良特性,使得它在工程中常被用于室内高级抹灰和粉刷工程方面。

将建筑石膏加水后再掺入缓凝剂、细集料等,可制成石膏浆体用于室内抹灰。其成品快硬早强、尺寸稳定,又具备表面光滑细腻、洁白美观等优点。将建筑石膏加水和缓凝剂拌合得到石膏浆体,可用作室内粉刷使用。粉刷成的墙面致密光滑,质地细腻,且施工方便、效率高。

2. 建筑石膏制品

除以上用途外,建筑石膏主要用于生产制备各种石膏板及石膏砌块等。石膏板因其轻质、隔热保温、吸声,且安装和使用方便等优点,而被广泛用作建筑物的内隔墙、吊棚及各种装饰面等。我国目前生产的石膏板按照其原材料和使用等分类,主要有纸面石膏板、纤维石膏板、装饰石膏板、吸声用穿孔石膏板及空心石膏板等。石膏砌块是一种具有自重轻、隔热保温、隔声和防火等优点的新型墙体材料,有实心、空心和夹心三种类型。

建筑石膏在运输和存储中,需要防雨防潮,存储期一般不宜超过3个月,受潮或过期的石膏,其强度显著降低,需经检验后才能使用。

第二节　生石灰

生石灰(又称石灰)是一种古老的建筑材料。由于其具有原材料分布广,生产工艺简单且成本低廉等优势,所以至今在土木工程中仍被广泛应用。

一、生石灰的生产

生产生石灰所用的原料是以碳酸钙为主要成分的天然岩石(石灰石、白云石或白垩等)。将原材料经高温煅烧可得以氧化钙为主要成分的气硬性胶凝材料,即生石灰。

生石灰的煅烧一般在立窑中进行,温度一般控制在 $900 \sim 1\,000\ ℃$。原料中的碳酸钙在高温下煅烧,得到氧化钙(即生石灰),释放出二氧化碳气体,其化学反应方程式见式(2-3)。

$$CaCO_3 \xrightarrow{900-1\,000\ ℃} CaO + CO_2 \uparrow \qquad (2-3)$$

正常温度下煅烧得到优质生石灰颜色洁白略带灰色,具有多孔结构,即内部孔隙率大、晶粒细小、与水作用速度快。但在实际生产过程中,常由于火候或温度控制不均,而产生两种不合格生石灰,即欠火石灰和过火石灰。

欠火石灰是由于煅烧的温度低或煅烧的时间短而产生的,外部为正常煅烧的生石灰,而内部有未分解的石灰石内核,使有效氧化钙、氧化镁含量低,影响黏结力,所以欠火石灰降低了石灰的利用率。

过火石灰是由于煅烧温度过高或煅烧时间过长而产生的,其内部孔隙率小、体积密度增大,晶粒粗大,而且若原料中混入或夹带黏土成分,在高温下出现熔融,会使玻璃状物质包裹在过火石灰表面,造成过火石灰与水的作用减慢(需数十天至数年),过火石灰被使用后,在凝结硬化后若条件适宜会继续水化引起体积膨胀,导致结构开裂等。

二、生石灰的熟化与硬化

1. 生石灰的熟化

生石灰（CaO）与水反应生成熟石灰[Ca(OH)$_2$]的过程，称为生石灰的熟化，又称消化或消解。其化学反应方程式见式(2-4)。

$$CaO + H_2O \rightarrow Ca(OH)_2 + 64 \ kJ \qquad (2-4)$$

生石灰熟化过程中有两个重要的特征：一是生石灰熟化会放出大量热能；二是体积迅速增加 1~2.5 倍。

根据加水量的不同，生石灰的熟化主要有以下两种方式：

（1）石灰膏

在生石灰中加入过量的水（生石灰质量的 3 倍左右），熟化形成石灰乳，过筛后流入储灰池中完成全部熟化过程，经沉淀去除多余水分，得到的即为石灰膏。石灰膏含水约50%，体积密度为 1 300~1 400 kg/m^3，1 kg 生石灰可熟化成 2.1~3.0 L 的石灰膏。

（2）消石灰粉

将生石灰块摆放好后，淋适量的水（生石灰量的 60%~80%），经熟化得到的粉状物称为消石灰粉。加水量以使消石灰粉略湿，但不成团为宜。

如果生石灰中含有过火石灰，过火石灰熟化速度极慢，当生石灰抹灰层中含有这种颗粒时，它在适宜条件下继续熟化，会引起体积膨胀，致使墙面隆起、开裂，严重影响施工质量。为了消除这种危害，工程中使用的石灰浆体使用前需在储灰池中存放一段时间（一般两周以上）才可使用，这个过程叫作"陈伏"。"陈伏"期间，为防止生石灰碳化，应使石灰浆体表面保有一层水分。

2. 生石灰的硬化

石灰浆体的硬化方式主要包括干燥硬化和碳化硬化两种。

（1）干燥硬化

石灰浆体在干燥的过程中，浆体中的大量水分蒸发，或被附着基面吸收，浆体中形成大量孔隙网，尚留于孔隙内的自由水，在水的表面张力作用下产生毛细管压力，使氢氧化钙颗粒变得紧密，因而获得强度。氢氧化钙微溶于水，在浆体进一步干燥时，氢氧化钙从过饱和溶液中结晶析出，也会产生部分强度。但这种由于干燥获得的强度类似于黏土干燥后的强度，其强度值很低，而且在遇到水时，其强度又会消失。

（2）碳化硬化

熟化后的氢氧化钙在潮湿状态下会与空气中的二氧化碳反应生成碳酸钙晶体，

这一过程即为碳化硬化。其化学反应方程式如式(2-5)所示。

$$Ca(OH)_2 + nH_2O + CO_2 \rightarrow CaCO_3 + (n+1)H_2O \qquad (2-5)$$

碳化反应中生成的碳酸钙具有较高的强度。但由于空气中的二氧化碳的浓度很低,因此碳化过程极为缓慢。此碳化过程除受空气中二氧化碳浓度影响外,其他因素也会影响碳化进行。如与石灰浆体中水的量有关,当含水量过低,碳化反应停止;当含水量过高时,孔隙中充满的水会阻碍二氧化碳气体渗透,碳化作用仅在表面进行,且生成的碳酸钙也会阻碍二氧化碳气体向内渗透,减慢碳化的速度。

基于以上,可以得出石灰浆体具有以下特性:凝结硬化慢、硬化后强度低、硬化时体积收缩大、耐水性差。

三、生石灰的技术要求

根据《建筑生石灰》(JC/T 479—2013)的规定,按生石灰的化学成分,可将生石灰分为钙质石灰(MgO ≤ 5%)和镁质石灰(MgO > 5%)两种。具体分类情况如表2-2所示,其中 CL 和 ML 分别代表钙质石灰和镁质石灰,数字代表 CaO 加 MgO 的百分含量总和。

表2-2　建筑生石灰的分类(JC/T 479—2013)

类别	名称	代号
钙质石灰	钙质石灰 90	CL 90
	钙质石灰 85	CL 85
	钙质石灰 75	CL 75
镁质石灰	镁质石灰 85	ML 85
	镁质石灰 80	ML 80

建筑消石灰按扣除游离水和结合水后 CaO 加 MgO 的百分含量分类如表2-3所示。

表 2 - 3 建筑消石灰的分类（JC/T 481—2013）

类别	名称	代号
钙质消石灰	钙质消石灰 90	HCL 90
	钙质消石灰 85	HCL 85
	钙质消石灰 75	HCL 75
镁质消石灰	镁质消石灰 85	HML 85
	镁质消石灰 80	HML 80

建筑生石灰的技术要求（包括其化学成分和物理性质）如表 2 - 4、表 2 - 5 所示，其中 Q 代表生石灰块，QP 代表生石灰粉。

表 2 - 4 建筑生石灰的化学成分（JC/T 479—2013）

名称	（氧化钙＋氧化镁） （$CaO + MgO$）/%	氧化镁 （MgO）/%	二氧化碳 （CO_2）/%	三氧化硫 （SO_3）/%
CL 90 - Q CL 90 - QP	≥90	≤5	≤4	≤2
CL 85 - Q CL 85 - QP	≥85	≤5	≤7	≤2
CL 75 - Q CL 75 - QP	≥75	≤5	≤12	≤2
ML 85 - Q ML 85 - QP	≥85	>5	≤7	≤2
ML 80 - Q ML 80 - QP	≥80	>5	≤7	≤2

表 2 - 5 建筑生石灰的物理性质（JC/T 479—2013）

名称	产浆量/（dm^3/10 kg）	细度	
		0.2 mm 筛余量/%	90 μm 筛余量/%
CL 90 - Q	≥26	—	—
CL 90 - QP	—	≤2	≤7
CL 85 - Q	≥26	—	—
CL 85 - QP	—	≤2	≤7
CL 75 - Q	≥26	—	—
CL 75 - QP	—	≤2	≤7

续表

名称	产浆量/(dm³/10 kg)	细度	
		0.2 mm 筛余量/%	90 μm 筛余量/%
ML 85 - Q	—	—	—
ML 85 - QP		≤7	≤7
ML 80 - Q	—	—	—
ML 80 - QP		≤2	≤2

注:其他物理特性,根据要求,可按照《建筑石灰试验方法第 1 部分:物理试验方法》(JC/T 478.1—2013)进行测试。

建筑消石灰的化学成分应满足表 2 - 6 要求。物理性质应满足游离水含量≤2% ,0.2 mm 筛余量≤2% ,90 μm 筛余量≤7% ,安定性合格。

表 2 - 6　建筑消石灰的化学成分(JC/T 481—2013)

名称	(氧化钙 + 氧化镁)(CaO + MgO)/%	氧化镁(MgO)/%	三氧化硫(SO₃)/%
HCL 90	≥90		
HCL 85	≥85	≤5	≤2
HCL 75	≥75		
MCL 85	≥85	>5	≤2
MCL 80	≥80		

注:表中数值以试样扣除游离水和化学结合水后的干基为基准。

四、生石灰的性质

与其他气硬性胶凝材料相比,生石灰具有以下的特点:

1. 保水性、可塑性好

因为生石灰本身是亲水性材料,熟化后的 $Ca(OH)_2$ 颗粒微小,粒径在胶体范围内,分散度大,比表面积大,吸附在颗粒表面的水分多,所以保水性好。另一方面,由于颗粒保持的水分多、水膜厚,润滑性能好,所以可塑性好,可用来改善砂浆的保水性。

2. 凝结硬化慢、强度低

根据石灰浆体硬化的原理可知其凝结硬化很慢,且硬化后的强度很低。如1:3

的生石灰砂浆,28 天的抗压强度仅为 0.2 ~ 0.5 MPa。

3. 耐水性差

生石灰的耐水性很差,软化系数接近于零。生石灰硬化后的石灰浆体其主要成分为 $Ca(OH)_2$,$Ca(OH)_2$ 微溶于水,若长期受潮或被水浸泡,会使已硬化的生石灰溃散,所以生石灰不宜在潮湿的环境中使用。

4. 干燥收缩大

生石灰水化生成 $Ca(OH)_2$ 颗粒吸附大量水分,在其硬化过程中水分不断蒸发,产生很大毛细管压力,使石灰浆体产生较大的收缩而开裂,因此生石灰除粉刷外不宜单独使用。

五、生石灰的应用

1. 石灰乳涂料和砂浆

生石灰加入大量水调制成稀浆即为石灰乳,可用于要求不高的室内粉刷。

将石灰膏与砂配制成石灰砂浆或再加水泥配制成水泥石灰混合砂浆,可用于砌筑和抹灰。

2. 石灰土和三合土

将消石灰粉和黏土拌合称为石灰土,再加入砂或石屑、炉渣等即为三合土。黏土中活性氧化硅和氧化铝与 $Ca(OH)_2$ 反应生成具有水硬性的产物水化硅酸钙,可使密实度、强度和耐水性得到改善。因此,石灰土和三合土广泛用于建筑物的基础和道路垫层方面。

3. 硅酸盐混凝土及其制品

以生石灰和硅质材料(如石英砂、矿渣、粉煤灰等)为原料,经磨细、配料、拌合、成型、养护等工序得到的人造石材,其主要产物为水化硅酸钙,所以称为硅酸盐混凝土。常用的硅酸盐混凝土制品有蒸汽养护和压蒸养护的各种加气混凝土、粉煤灰砖及砌块、灰砂砖及砌块等。

生石灰在土木工程中除以上用途外,还可以用来生产无熟料水泥(如石灰粉煤灰水泥等)、制造碳化石灰板、加固含水软土地基(如石灰桩)等。

第三节　水玻璃

水玻璃俗称泡花碱,是一种水溶性硅酸盐,其水溶液为水玻璃,是一种气硬性胶凝材料。其化学式为 $R_2O \cdot nSiO_2$,式中 R_2O 为碱金属氧化物,根据碱金属氧化物的不同,分为硅酸钠水玻璃($Na_2O \cdot nSiO_2$)(简称钠水玻璃)、硅酸锂水玻璃($Li_2O \cdot nSiO_2$)(简称锂水玻璃)、硅酸钾水玻璃($K_2O \cdot nSiO_2$)(简称钾水玻璃)。一般锂水玻璃和钾水玻璃的性能优于钠水玻璃,但其价格较高,故土木工程中主要使用钠水玻璃。

优质纯净的水玻璃为无色透明的黏稠液体,易溶于水,当含有杂质时呈淡黄色或青灰色。工程中有时也使用固体粉末水玻璃。

水玻璃分子式中的 n 为 SiO_2 与碱金属氧化物 R_2O 摩尔数的比值,称为水玻璃的模数。n 值越大,则水玻璃的黏度越大,黏结力越大,强度及耐酸性、耐热性也越高,但也越难溶于水。当水玻璃模数相同,其浓度增加,则黏度也会增大,黏结力与强度及耐酸性、耐热性也均会提高,但浓度、黏度太大都不利于施工。反之当 n 值越小时,黏结力和强度及耐酸性、耐热性会降低,但水溶性增加。在土木工程中,常采用模数为 2.6 ~ 2.8 的水玻璃,此时既有较高的强度又易溶于水。

一、水玻璃的生产

生产钠水玻璃的方法有干法和湿法两种。

1. 干法生产是以石英砂和纯碱为原料,将其磨细并按一定比例混合后在熔炉中高温熔解,冷却后生成固体硅酸钠。化学反应方程式见式(2 - 6)。

$$Na_2CO_3 + nSiO_2 \xrightarrow{1\,300 \sim 1\,400\,℃} Na_2O \cdot nSiO_2 + CO_2 \uparrow \qquad (2-6)$$

2. 湿法生产是以石英岩粉和碳酸钠溶液为原料,在高压蒸锅内用蒸气加热并搅拌,直接生成液体水玻璃。若用碳酸钾代替碳酸钠,则可制得钾水玻璃。

二、水玻璃的硬化

液体水玻璃在空气中吸收二氧化生成碳酸盐,并析出二氧化硅凝胶,凝胶脱水转变成二氧化硅,干燥而硬化,其化学反应方程式如式(2 - 7)所示。

$$Na_2O \cdot nSiO_2 + CO_2 + mH_2O \rightarrow Na_2CO_3 + nSiO_2 \cdot mH_2O \qquad (2-7)$$

由于空气中二氧化碳含量很少,所以这个过程很慢,为了加速硬化,可以将水玻璃加热以加速干燥过程,也可加入硬化剂加速硬化过程。常用的硬化剂是氟硅酸钠,其适宜掺量为 12% ~15%,水玻璃中加入过多氟硅酸钠,会引起凝结过速,不便施工;用量过少,硬化缓慢,水玻璃未完全水化而导致耐水性差。氟硅酸钠加入水玻璃后,化学反应方程式如式(2-8)、式(2-9)所示。

$$2(Na_2O \cdot nSiO_2) + Na_2SiF_6 + mH_2O \rightarrow 6NaF + (2n+1)SiO_2 \cdot mH_2O \quad (2-8)$$
$$(2n+1)SiO_2 \cdot mH_2O \rightarrow (2n+1)SiO_2 + mH_2O \quad\quad\quad\quad (2-9)$$

加入氟硅酸钠后,初凝时间可缩短至 30 ~60 min。

三、水玻璃的性质

1. 黏结力强、强度高

水玻璃硬化后,主要成分为二氧化硅和氧化硅,分别为凝胶和固体,故其具有较高的黏结力和强度。用水玻璃配制的混凝土抗压强度可达 15 ~40 MPa。

2. 耐酸性好

水玻璃硬化后的主要成分为二氧化硅,故其可以抵抗除氢氟酸(HF)、热磷酸和高级脂肪酸以外的几乎所有无机酸和有机酸。应用这一性能可配制水玻璃耐酸混凝土、耐酸砂浆、耐酸水泥等。

3. 耐热性好

高温下硬化后形成的二氧化硅网状骨架强度下降很小,配合采用耐热耐火骨料配制水玻璃砂浆和混凝土时,耐热可达 1 000 ℃。应用这一性能可配制水玻璃耐热混凝土、耐热砂浆、耐热水泥等。

4. 耐碱性和耐水性差

水玻璃在加入氟硅酸钠后仍不能完全反应,硬化后的水玻璃中仍含有一定量的 $Na_2O \cdot nSiO_2$。由于 SiO_2 和 $Na_2O \cdot nSiO_2$ 均可溶于碱,且 $Na_2O \cdot nSiO_2$ 可溶于水,所以水玻璃硬化后不耐碱、不耐水,故水玻璃不能在碱性环境和水中使用。为提高耐水性,常采用中等浓度的酸对已硬化的水玻璃进行酸洗处理,以促使水玻璃完全转变成硅酸凝胶。

四、水玻璃的应用

水玻璃在土木工程中,除用于耐酸耐热材料外,还主要有以下几方面用途:

1. 涂刷材料表面，提高抗风化能力

利用水玻璃溶液浸渍或涂刷材料后，渗入缝隙和孔隙中的水玻璃与空气中二氧化碳反应生成硅酸凝胶，固化后能填充毛细孔隙，提高材料的密度、强度、抗渗性、抗冻性和耐水性等，从而提高材料的抗风化能力。但不得用来浸渍或涂刷石膏制品，因为水玻璃与石膏反应生成硫酸钠（Na_2SO_4），其在制品孔隙内结晶膨胀，将导致石膏制品开裂破坏。

2. 加固土壤

将水玻璃与氯化钙溶液交替压注到土壤中，反应生成的硅酸钙凝胶，起到胶结和填充孔隙的作用，使土壤的强度和承载能力提高。

3. 配制速凝防水剂

水玻璃可与多种矾配制成速凝防水剂，用于堵漏、填缝等局部抢修。这种多矾防水剂的凝结速度很快，一般为几分钟。多矾防水剂常用明矾[也称白矾，十二水硫酸铝钾，$KAl(SO_4)_2 \cdot 12H_2O$]、胆矾（五水硫酸铜，$CuSO_4 \cdot 5H_2O$）、红矾（重铬酸钾，$K_2Cr_2O_7$）、紫矾[$KCr(SO_4)_2 \cdot 12H_2O$]这四种矾。

4. 修补砖墙裂缝

将水玻璃、砂、粒化高炉矿渣粉和氟硅酸钠按适当比例拌合后直接压入砖墙裂缝，可起到黏结和补充作用。

水玻璃应在密封条件下储存。长时间存放后，水玻璃会产生一定的沉淀，使用时应搅拌均匀。

思考与练习

1. 胶凝材料的定义及分类。
2. 气硬胶凝材料定义，常见的气硬胶凝材料种类。
3. 建筑石膏特性，石膏技术等级划分及在工程中的应用。
4. 建筑石膏及其制品适用于室内，而不适用于室外的原因分析。
5. 过火石灰的危害，如何消除？
6. 生石灰的特点及主要用途有哪些？
7. 水玻璃与建筑石膏的凝结硬化条件有什么不同？

【案例拓展】

建筑物室内墙面抹灰采用石灰砂浆交付使用后，墙面常出现鼓包开裂情况，如图

2－2所示。通常由以下几种原因造成：

（1）石灰浆体中含有未熟化的过火石灰，其表面覆盖釉状物，水化很慢，正常生石灰水化完成后，过火石灰才慢慢开始水化，体积膨胀，引起已硬化的正常生石灰鼓包。

（2）墙面抹灰前下层清理不清洁或墙面浇水不透。

（3）砂浆未搅拌均匀。

（4）一次抹灰过厚，没有分层抹灰或各层抹灰时间间隔太近；抹灰总厚度大于35 mm时未采纳加强办法。

图2－2　墙面鼓包开裂

第三章 水 泥

学习目标：

1. 掌握硅酸盐水泥熟料矿物组成及特点。
2. 了解硅酸盐水泥水化及凝结硬化过程。
3. 掌握硅酸盐水泥的主要技术性质、检验方法及标准要求等。
4. 掌握硅酸盐水泥的腐蚀类型及防止腐蚀的措施。
5. 掌握掺混合材料的硅酸盐水泥的特性及应用。
6. 掌握硅酸盐水泥等几种通用水泥的性能特点、检测方法及选用原则。

  水硬性胶凝材料是指既能在空气中凝结硬化，又能在水中更好地凝结硬化，保持和发展其强度的一种胶凝材料。在土木工程材料中最常见的水硬性无机胶凝材料就是水泥，水泥是目前土木工程建设中最重要的、应用最广的材料之一。

  水泥的品种很多，一般水泥常按照以下两个方面特点分类：

  (1)按照水泥的主要矿物组成划分：硅酸盐水泥、铝酸盐水泥、硫铝酸盐水泥等。因为它们的矿物组成不同，它们的性质也各异。

  (2)按照水泥的性能和用途划分：通用水泥、专用水泥（如大坝水泥、油井水泥、砌筑水泥等）、特种水泥（如膨胀水泥、自应力水泥、抗硫酸盐水泥等）。

  在众多的水泥品种中，硅酸盐水泥是最基本且用量最大的一类水泥，本章我们将重点介绍硅酸盐水泥。

第一节　水泥的生产与性能

  凡以硅酸盐水泥熟料，0~5%的石灰石或粒化高炉矿渣，再加适量石膏磨细制成的水硬性胶凝材料，统称为硅酸盐水泥。国际上统称为波特兰水泥（Portland cement）。

  硅酸盐水泥根据掺加混合材料的多少可分两种类型：不掺加混合材料的称为 I

型硅酸盐水泥,代号 P·Ⅰ;掺加混合材料但掺量不超过 5% 的石灰石或粒化高炉矿渣的水泥称为Ⅱ型硅酸盐水泥,代号 P·Ⅱ。

一、硅酸盐水泥的生产

硅酸盐水泥是以石灰石和黏土质材料为主要原料,经破碎、配料、磨细制成硅酸盐水泥生料,然后经高温煅烧制成熟料,再将熟料加适量石膏(有时还掺加混合材料或外加剂)磨细而成。硅酸盐水泥的生产工艺流程概括起来可以大致分为三个过程:粉磨生料、煅烧熟料和粉磨水泥,即常说的"两磨一烧"。生产工艺流程如图 3-1 所示。

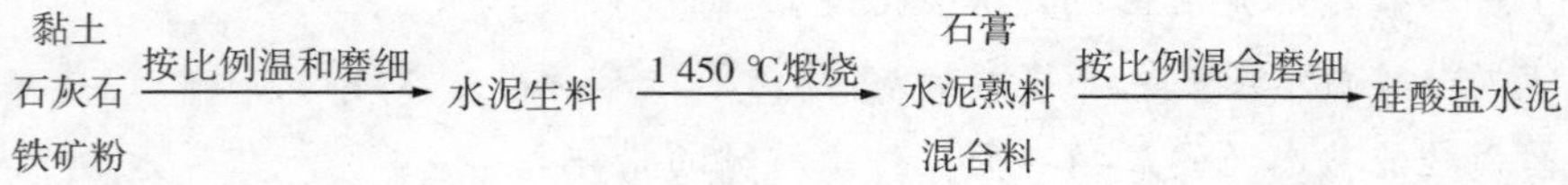

黏土
石灰石 ——按比例温和磨细——→ 水泥生料 ——1 450 ℃煅烧——→ 石膏
铁矿粉   水泥熟料 ——按比例混合磨细——→ 硅酸盐水泥
                                                     混合料

图 3-1 硅酸盐水泥生产工艺流程示意图

1. 粉磨生料

水泥生料是指将石灰质原料、黏土质原料、铁矿粉(校正原料)按一定比例配合,磨成一定程度的粉体。石灰质原料主要提供 CaO,可采用石灰石、白垩、石灰质凝灰岩、贝壳等。黏土质原料主要提供 SiO_2、Al_2O_3 及 Fe_2O_3,一般可以采用黄土、黏土、页岩、泥岩、粉砂岩及河泥等。校正原料有铁质校正原料和硅质校正原料,铁质校正原料主要是补充 Fe_2O_3,其可以采用铁矿粉等;硅质校正原料主要是补充 SiO_2,其可以采用砂岩、粉岩等。此外,还常加入少量的矿物外加剂等用于改善煅烧条件。

2. 煅烧熟料

水泥生料在窑内煅烧成水泥熟料可分为以下几个过程:

干燥:生料被加热到 100~200 ℃,使其自由水蒸发,生料被干燥。

预热:继续加热至 300~500 ℃,生料被预热,黏土矿物脱水。

分解:温度上升到 500~800 ℃时碳酸盐开始分解,温度上升到 900~1 200 ℃时碳酸钙开始大量分解,且通过固相反应生成铝酸三钙、铁铝酸四钙和硅酸二钙。

烧成:当温度达到 1 300~1 450 ℃时,物料中出现液相,硅酸二钙吸收 CaO 化合成硅酸三钙。

冷却:使水泥熟料快速冷却。

3. 粉磨水泥

粉磨水泥是在煅烧好的水泥熟料中加入适量的石膏及混合材料磨细制成硅酸盐水泥成品。

二、熟料的矿物组成

熟料是硅酸盐水泥的主要组成成分,其水化硬化是水泥强度的主要影响因素,硅酸盐水泥熟料主要由四种矿物组成,其名称、分子式和含量范围如下:

(1)硅酸三钙($3CaO \cdot SiO_2$,简写为 C_3S)含量 37% ~60% 。

(2)硅酸二钙($2CaO \cdot SiO_2$,简写为 C_2S)含量 15% ~37% 。

(3)铝酸三钙($3CaO \cdot Al_2O_3$,简写为 C_3A)含量 7% ~15% 。

(4)铁铝酸四钙($4CaO \cdot Al_2O_3 \cdot Fe_2O_3$,简写为 C_4AF)含量 10% ~18% 。

在以上水泥熟料主要的矿物组成中,前两种矿物称为硅酸盐矿物,一般占总质量的 75%~82% 。后两种矿物称为熔剂矿物,一般占总质量的 18%~25% 。硅酸盐水泥熟料除上述主要成分外,还含有少量的游离氧化钙、游离氧化镁和含碱矿物,但总量不超过 10% 。如果游离氧化钙、游离氧化镁含量过高会造成水泥安定性不良,危害很大,安定性不良的水泥禁止应用到工程当中。含碱量过高的水泥,当其遇到活性骨料时,易发生碱 – 骨料反应,导致水泥开裂,工程中也应尽量避免碱 – 骨料反应的发生。

三、水泥的水化反应

硅酸盐水泥的水化是指水泥加水拌合后,水泥颗粒立即分散于水中,并与水发生化学反应的过程。

在水化的过程中,水泥各种熟料矿物及石膏分别与水发生水化反应,生成水化产物并放出一定的热量。该过程极为复杂,需要经历多级反应,其间会生成多种中间产物后才能最终生成稳定的水化产物。一般熟料矿物的水化反应如下:

1. 硅酸三钙

在水泥熟料矿物中,硅酸三钙含量最高,水化反应快、放热量大,主要水化产物是水化硅酸钙凝胶(简写为 $C-S-H$)和氢氧化钙晶体(简写为 CH)。水化硅酸钙凝胶具有较大的比表面积和刚性胶凝的特性,凝胶粒子间存在范德瓦耳斯力和化学结合键,具有较高的强度。而氢氧化钙晶体多为层状结构,层间结合力较弱,强度较低。硅酸三钙水化很快,是水泥早期强度和水化热的主要来源。

$$2(3CaO \cdot SiO_2) + 6H_2O \rightarrow 3CaO \cdot 2SiO_2 \cdot 3H_2O + 3Ca(OH)_2$$
硅酸三钙　　　　　　　水化硅酸钙凝胶　氢氧化钙晶体

2. 硅酸二钙

硅酸二钙水化后同样生成水化硅酸钙凝胶和氢氧化钙晶体。但其水化反应的速度特别慢,故水化热释放也较为缓慢,强度生成较慢,通常对水泥的后期强度有较大的贡献。

$$2(2CaO \cdot SiO_2) + 4H_2O \rightarrow 3CaO \cdot 2SiO_2 \cdot 3H_2O + Ca(OH)_2$$
硅酸二钙　　　　　　　水化硅酸钙凝胶　氢氧化钙晶体

3. 铝酸三钙

铝酸三钙水化生成水化铝酸三钙晶体(简写为 C_3AH_6)。该水化反应速度极快,并且释放出大量的热量。如果不控制铝酸三钙的反应速度,将产生闪凝现象,水泥将无法正常使用。一般在水泥中掺入适量的石膏,可以避免上述问题的发生。

$$3CaO \cdot Al_2O_3 + 6H_2O \rightarrow 3CaO \cdot Al_2O_3 \cdot 6H_2O$$
铝酸三钙　　　　　　水化铝酸三钙晶体

在氢氧化钙饱和溶液中,水化生成的水化铝酸三钙晶体还会进一步与氢氧化钙发生反应,生成水化铝酸四钙。二者强度均较低,且耐硫酸盐腐蚀性差。

4. 铁铝酸四钙

铁铝酸四钙的水化与铝酸三钙极为相似,只是水化反应的速度较铝酸三钙慢,水化热也较其低,即使单独水化也不会引起闪凝。

$$4CaO \cdot Al_2O_3 \cdot Fe_2O_3 + 7H_2O \rightarrow 3CaO \cdot Al_2O_3 \cdot 6H_2O + CaO \cdot Fe_2O_3 \cdot H_2O$$
铁铝酸四钙　　　　　　水化铝酸三钙晶体　　水化铁酸钙凝胶

为了调节凝结时间而加入的石膏也会参与反应,其与水化铝酸钙反应生成难溶于水的高硫型水化硫铝酸钙($3CaO \cdot Al_2O_3 \cdot 3CaSO_4 \cdot 32H_2O$)针状晶体,也称钙矾石(简写为 AFt)。当其形成后会包裹在熟料颗粒表面,阻止了铝酸三钙的快速水化,起到缓凝作用。但石膏消耗完后,部分钙矾石和水化铝酸三钙反应生成单硫型水化硫铝酸钙($3CaO \cdot Al_2O_3 \cdot 3CaSO_4 \cdot 12H_2O$)(简写为 AFm)晶体。

四种熟料矿物的水化特性各不相同,对水泥的强度、凝结硬化速度及水化放热等的影响也各不相同,各种水泥熟料矿物水化时所表现出的特性如表 3-1 所示。

表 3 - 1 各种水泥熟料矿物水化时表现出的特性

水化特性	硅酸三钙	硅酸二钙	铝酸三钙	铁铝酸四钙
水化反应速度	快	慢	最快	快
水化放热量	多	少	最多	中
强度	高	早期低、后期高	低	低

水泥是几种熟料矿物的混合物,改变矿物熟料成分间的比例时,水泥的性质即发生相应的改变。例如,提高硅酸三钙的含量,可制得高强度水泥;降低铝酸三钙和硅酸三钙的含量,提高硅酸二钙的含量,可制得水化热低的水泥。

从上面的分析我们可以看到,硅酸盐水泥是多矿物、多组分的物质,它与水拌合后,就立即发生化学反应。根据目前的认识,硅酸盐水泥加水后,铝酸三钙立即发生反应,硅酸三钙和铁铝酸四钙也很快水化,而硅酸二钙则水化较慢。如果忽略一些次要的和少量的成分,则硅酸盐水泥与水作用后,生成的主要水化产物有:水化硅酸钙(简写为 C - S - H)和水化铁酸钙(简写为 CFH)凝胶、水化铝酸三钙(简写为 C_3AH_6)和水化硫铝酸钙(简写为 AFt 与 AFm)晶体及氢氧化钙(简写为 CH)。在充分水化的水泥石中,C - S - H 凝胶约占 70%,CH 约占 20%,AFt 和 AFm 约占 7%。

四、水泥的凝结硬化

水泥的凝结是指水泥加水拌合后,成为塑性的水泥浆体,其中的水泥颗粒表面的矿物开始在水中溶解并与水发生水化反应,水泥浆体逐渐变稠失去塑性,但还不具有强度的过程。

硬化是指凝结的水泥浆体随着水化的进一步进行,开始产生明显的强度并逐渐发展成为坚硬水泥石的过程。凝结和硬化是人为划分的,实际上是一个连续复杂的物理、化学变化过程。水泥凝结硬化过程可见图 3 - 2。

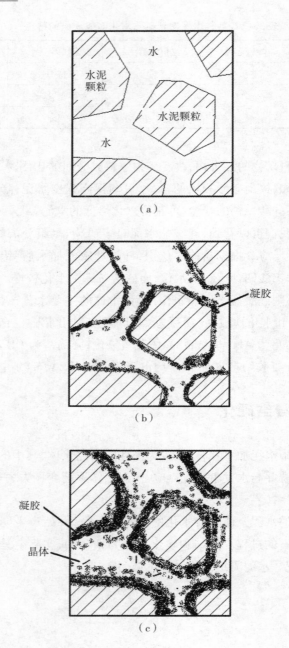

（a）

（b）

（c）

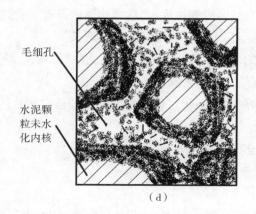

毛细孔

水泥颗
粒未水
化内核

（d）

图 3 - 2　水泥凝结硬化过程示意图

一般按水化反应速度和水泥浆体的结构特征,硅酸盐水泥的凝结硬化过程可分为:初始反应期、潜伏期、凝结期、硬化期四个阶段。

（1）初始反应期。水泥与水接触后立即发生水化反应,在初始的 5 ~ 10 min 内,放热速率剧增,可达此阶段的最大值,然后又降至很低。这个阶段称为初始反应期。在此阶段硅酸三钙开始水化,生成水化硅酸钙凝胶,同时释放出氢氧化钙,氢氧化钙立即溶于水中,钙离子浓度急剧增大,当达到过饱和时,则呈结晶析出。同时,暴露于水泥熟料颗粒表面的铝酸三钙也溶于水,并与已溶解的石膏反应,生成钙矾石结晶析出,附着在颗粒表面,在这个阶段中,水化的水泥只是极少的一部分。

（2）潜伏期。在初始反应期后,有相当长一段时间(1 ~ 2 h),水泥浆体的放热速率很低,这说明水泥水化十分缓慢。这主要是由于水泥颗粒表面覆盖了一层以水化硅酸钙凝胶为主的渗透膜层,阻碍了水泥颗粒与水的接触。在此期间,由于水泥水化产物数量不多,水泥颗粒仍呈分散状态,所以水泥浆体基本保持塑性。许多研究者将上述两个阶段合并称为诱导期。

（3）凝结期。在潜伏期后,由于渗透压的作用,水泥颗粒表面的膜层破裂,水泥继续水化,放热速率又开始增大,6 h 内可增至最大值,然后又缓慢下降。在此阶段,水化产物不断增加并填充水泥颗粒之间的空间,随着接触点的增多,形成了由分子力结合的凝聚结构,使水泥浆体逐渐失去塑性,这一过程称为水泥的凝结。此阶段约有15% 的水泥水化。

（4）硬化期。硬化期在凝结期后,放热速率缓慢下降,至水泥水化 24 h 后,放热速率已降到一个很低值,约 4.0 J/(g·h) 以下,此时,水泥水化仍在继续进行,水化铁铝酸钙形成;由于石膏的耗尽,高硫型水化硫铝酸钙转变为低硫型水化硫铝酸钙,水化硅酸钙凝胶形成纤维状。在这一过程中,水化产物越来越多,它们更进一步地填充孔隙且彼此间的结合亦更加紧密,使得水泥浆体产生强度,这一过程称为水泥的硬化。硬化期是一个相当长的时间过程,在适当的养护条件下,水泥硬化可以持续很长时间,几个月、几年,甚至几十年后强度还会继续增长。

水泥石强度发展的一般规律是:3~7 天内强度增长最快,28 天内强度增长较快,超过 28 天后强度将继续发展但增长较慢。

需要注意的是:水泥凝结硬化过程的各个阶段不是彼此截然分开的,而是交错进行的。

影响水泥凝结硬化的因素主要有:

1. 水泥的细度

水泥磨得越细,相同质量下,颗粒的比表面积就越大,水化时水泥熟料矿物与水接触面积越大,则水化速度就越快,水泥凝结硬化速度也随之加快。

2. 熟料矿物组成

水泥熟料中各种矿物的水化硬化速度是不同的,不同种类的硅酸盐水泥中各矿物的相对含量不同,导致不同种类的硅酸盐水泥硬化差异很大。

3. 水灰比

水灰比是指水泥浆体中水与水泥的质量比。当水泥浆体中加水较多时,水灰比变大,此时水泥颗粒与水接触充分,早期水化反应进行较快;但是水多,水泥颗粒间被水隔开的距离较大,水化产物相互连接形成骨架结构所需的凝结时间长,水泥凝结较慢。

4. 石膏的掺量

水泥生产时掺入适量石膏,主要是缓解铝酸三钙的早期凝结,以延缓水泥的凝结硬化速度。但若是石膏掺量过多,反而对水泥石的后期性能造成危害。

5. 环境温度和湿度

水泥水化反应的速度与环境的温度有关,当温度适宜时,水泥的水化、凝结和硬化才能进行。一般温度较高时,水泥的水化、凝结、硬化速度快;温度降低,水化、凝结、硬化速度变慢;若温度低于 0 ℃,不但水化反应停止,还会因为水分结冰而导致水泥石冻裂。

水泥水化是水泥与水之间的反应,水分充足情况下,水泥的水化、凝结、硬化才能得以充分进行。因此,使用水泥时必须注意洒水养护,使水泥在适宜的温度和湿度环境中完成硬化。

我们把这种保持环境的湿度和温度,使水泥石强度不断提高的措施,称为水泥的养护。

我们把水泥从加水至测试性能时所经历的标准养护时间,称为龄期。因为水泥的水化硬化是一个长期的不断进行的过程,随着熟料矿物水化反应的发展,凝胶体不断增加,毛细孔不断减少,结构逐渐密实。水泥的水化硬化一般在28 d内发展速度较快,28 d后发展速度较慢。但当养护条件适宜时,水泥石的强度在几年以后仍会缓慢提高,如硅酸盐水泥一年时的抗压强度约为28天时的1.3~1.5倍。

五、硅酸盐水泥的技术性质

根据《通用硅酸盐水泥》(GB175—2007)规定,硅酸盐水泥的技术要求主要有:细度、凝结时间、体积安定性和强度等。

1. 细度

水泥的细度是指水泥颗粒的粗细程度。其检验方法有筛析法和比表面积法。

按《通用硅酸盐水泥》(GB175—2007)规定:硅酸盐水泥及普通硅酸盐水泥的细度以比表面积表示,应不小于300 m²/kg(比表面积是单位质量的水泥粉末所具有的总表面积,用 m²/kg 表示)。其他水泥细度可用筛余表示,一般过80 μm方孔筛筛余不大于10%或45 μm方孔筛筛余不大于30%。

细度对水泥的性质影响较大,水泥颗粒愈细,比表面积越大,水化反应愈快也愈充分,早期和后期强度也愈高。但水化快的同时集中放热也多,在空气中硬化收缩性也愈大,而且水泥颗粒磨得越细成本也越高,因此水泥的细度要适当。

2. 凝结时间

水泥的凝结时间是指水泥净浆从加水至失去流动性所需要的时间,可分为初凝时间和终凝时间。初凝时间是指水泥加水拌合时至标准稠度净浆刚失去可塑性所需的时间;终凝时间是指水泥加水拌合时至标准稠度净浆完全失去可塑性并开始产生强度所需的时间。

由于测定凝结时间时所用水泥浆体的稀稠状态对其凝结时间影响很大,因此为了保证此试验的可比性,国家标准规定水泥的凝结时间测定时必须采用标准稠度的水泥净浆,并在标准养护条件下养护和测定。

《通用硅酸盐水泥》(GB175—2007)规定:硅酸盐水泥的初凝时间不小于45 min,终凝时间不大于390 min。若水泥的初凝时间不符合要求,则为废品。若水泥的终凝时间不符合要求,则为不合格品。

水泥的凝结时间在工程中具有实际作用,初凝时间不宜过早,是为了给搅拌、运输、浇筑、振捣、整形等工序留下足够施工时间;而终凝时间不宜过迟是当前序工程完毕,则要求混凝土尽快凝结硬化,以利于后续工序的进行,保证工期。

3. 体积安定性

体积安定性是指水泥浆体硬化后,体积变化的均匀程度。如安定性不良即为产生不均匀体积变化,会产生膨胀性裂缝,降低建筑物的质量。

引起体积安定性不良的原因,一般是熟料中游离氧化钙或游离氧化镁过多,或掺入的石膏过多。游离氧化钙和游离氧化镁均为高温下生成的,水化很慢,所以在水泥已经硬化后再进行水化反应会产生体积膨胀,会破坏已经硬化的水泥石结构,引起体积不均匀变化,使水泥石开裂;当石膏掺量过多时,在水泥硬化后,过量石膏还会与固态水化铝酸钙反应生成高硫型水化硫铝酸钙,体积增大引起水泥石开裂。

体积安定性不良的水泥,应做废品处理,不得使用。但某些体积安定性不合格的水泥(如游离氧化钙含量高造成体积安定性不合格的水泥)在空气中存放一段时间后,由于游离氧化钙与空气中的水蒸气发生反应而熟化,体积安定性可能会变得合格,因此可以使用。

根据国家标准规定,一般用沸煮法检验水泥的体积安定性。测试方法可以用试饼法(代用法),也可以用雷氏夹法,有争议时以雷氏夹法为准。试饼法是观察试饼沸煮(3 h)后的外形变化来检验水泥的体积安定性,如试饼沸煮后无裂纹、无翘曲,则水泥的体积安定性合格,否则为不合格。雷氏夹法是测定水泥净浆在雷氏夹中沸煮(3 h)后的尺寸变化,即膨胀值,如果雷氏夹膨胀值大于 5.0 mm,则体积安定性为不合格。

上面提到的沸煮法只能起到加速氧化钙熟化的作用,因此只能检测游离氧化钙所造成的水泥体积安定性不良。而游离氧化镁和石膏所造成的水泥体积安定性不良,则需要在特定的条件和长时间观察中才能发现。因此,国家标准规定水泥熟料中游离氧化镁的含量不得超过 5%,三氧化硫的含量不得超过 3.5%,以控制水泥的体积安定性。

4. 强度

影响硅酸盐水泥强度的因素很多,主要有水泥熟料的矿物含量、水泥细度、试验方法、养护条件和龄期等。

水泥的强度是水泥的重要技术指标。为使水泥强度测定具有可比性,必须按标准方法进行强度试验。根据《通用硅酸盐水泥》(GB175—2007)和《水泥胶砂强度检验方法(ISO 法)》(GB/T 17671—1999)的规定:水泥强度是由水泥胶砂强度试验测定的。将水泥、标准砂和水按 1∶3∶0.5 的比例,并按规定的方法拌制成水泥胶砂,制成 40 mm×40 mm×160 mm 的标准试件,在标准养护条件下[温度(20 ±1 ℃)、相对湿度90%以上]养护至规定的龄期,分别按规定的方法测定 3 d 和 28 d 的抗压和抗折强度。根据测定结果,将硅酸盐水泥分为 42.5、42.5R、52.5、52.5R、62.5 和 62.5R 六个强度等级。其中代号 R 表示早强型水泥。各强度等级、各龄期强度应符合表 3 - 2 中的规定。

表 3 - 2 各强度等级硅酸盐水泥各龄期强度要求(GB175—2007)

强度等级	抗压强度/MPa		抗折强度/MPa	
	3 d	28 d	3 d	28 d
42.5	≥17.0	≥42.5	≥3.5	≥6.5
42.5R	≥22.0	≥42.5	≥4.0	≥6.5
52.5	≥23.0	≥52.5	≥4.0	≥7.0
52.5R	≥27.0	≥52.5	≥5.0	≥7.0
62.5	≥28.0	≥62.5	≥5.0	≥8.0
62.5R	≥32.0	≥62.5	≥5.5	≥8.0

六、硅酸盐水泥的腐蚀与防止

水泥水化硬化后形成的水泥石在通常使用条件下有较高的耐久性,在适宜条件下,其强度在几年甚至几十年内仍会随水化而进一步增强。但当水泥石长时间处于腐蚀性介质环境(如流动的淡水、酸性水、强碱水等)中,会使水泥石结构遭到破坏,强度下降甚至全部溃散,即为水泥石的腐蚀。下面介绍几种典型的腐蚀类型:

1. 软水侵蚀(又称溶出性侵蚀)

软水是指硬度低、水中碳酸氢盐含量较低的水。如雨水、雪水、工厂冷凝水及相当多的江河水、湖泊水等多属于软水。

当水泥石长时间处在软水中时,由于水泥石中的氢氧化钙可微溶于水,首先被溶出。如果在静水及无水压的情况下,由于周围的水很快被溶出的氢氧化钙饱和,溶出停止。因此,在静水条件下溶出对整个水泥石的影响不大。但在流动的水中,尤其是在有压力的水中,水泥石中的氢氧化钙不断被溶解,然后又不断被软水带走。氢氧化钙的快速溶失,造成水泥石孔隙率不断增加,在侵蚀不断地进行下,随着氢氧化钙浓度的降低,还会引起水化硅酸钙、水化铝酸钙的分解,最终引起水泥石的破坏和强度降低。

若水泥石处在硬水中,水泥石的氢氧化钙会与硬水中的碳酸氢钙发生反应生成几乎不溶于水的碳酸钙,并积聚在水泥石的孔隙内,形成密实的保护层。

2. 盐类腐蚀

（1）硫酸盐腐蚀

一般在海水、盐沼水、地下水和工业污水中常含有钾、钠等的硫酸盐,硫酸盐腐蚀的特征是某些盐类的结晶体逐渐在水泥石的毛细管中积累并长大,水泥石由于内应力而遭到破坏。

硫酸盐与水泥石中的氢氧化钙反应生成二水硫酸钙（石膏）,硫酸钙与水泥石中水化铝酸钙反应,体积膨胀 1.5 倍以上,使水泥石破坏。

（2）镁盐腐蚀

在海水、地下水和某些盐沼水中常含有大量的镁盐（如硫酸镁和氯化镁）,它们会与水泥石中的氢氧化钙发生反应:

$$MgSO_4 + Ca(OH)_2 + 2H_2O \rightarrow Mg(OH)_2 + CaSO_4 \cdot 2H_2O$$

$$MgCl_2 + Ca(OH)_2 \rightarrow Mg(OH)_2 + CaCl_2$$

生成的 $Mg(OH)_2$ 松软而无胶凝能力,$CaSO_4 \cdot 2H_2O$ 和 $CaCl_2$ 易溶于水,而 $CaSO_4 \cdot 2H_2O$ 还会进一步引起硫酸盐膨胀性破坏。故硫酸镁对水泥石有镁盐和硫酸盐的双重腐蚀。

3. 酸类腐蚀

（1）一般酸腐蚀

在工业废水和地下水中,常含各种不同浓度的无机酸和有机酸,而水泥中的氢氧化钙呈碱性,这些酸会与氢氧化钙发生反应。例如,盐酸与氢氧化钙发生反应生成易溶于水的氯化钙。硫酸与氢氧化钙发生反应生成的二水硫酸钙,或者直接在水泥石的孔隙中结晶产生膨胀,或者再与水泥石中的水化铝酸钙作用,生成高硫型水化硫铝酸钙,其破坏性就更大。

总之,酸的浓度越高,对水泥石的腐蚀越剧烈。

（2）碳酸腐蚀

在某些工业废水和地下水中,常溶有一定量的二氧化碳及其盐类,天然水中由于生物化学作用也会溶有二氧化碳,这些碳酸水对水泥石的侵蚀有其独特的形式。

$$Ca(OH)_2 + CO_2 + H_2O \rightarrow CaCO_3 + 2H_2O$$

当水中二氧化碳浓度较低时,其沉淀在水泥石表面时不会对水泥石造成腐蚀,而当水中二氧化碳浓度较高时,会产生进一步反应,化学反应方程式如下:

$$CaCO_3 + CO_2 + H_2O \rightarrow Ca(HCO_3)_2$$

生成的碳酸氢钙是易溶于水的,这样使反应不断进行,从而氢氧化钙的浓度不断降低,水化产物分解,造成了水泥石的腐蚀。

4. 强碱腐蚀

硅酸盐水泥基本是耐碱的,所以一般碱类溶液浓度不大时对水泥石影响不大,但也有特殊情况,就是铝酸三钙含量较高的硅酸盐水泥遇到强碱也会产生破坏作用。主要产生的原因是氢氧化钠可与水泥石中未水化的铝酸三钙作用,生成易溶的铝酸钠。

$$3CaO \cdot Al_2O_3 + 6NaOH \rightarrow 3Na_2O \cdot Al_2O_3 + 3Ca(OH)_2$$

当水泥石被氢氧化钠溶液浸透后又在空气中干燥,与空气中的二氧化碳作用生成碳酸钠,碳酸钠在水泥石毛细孔中结晶沉积,可导致水泥石膨胀破坏。

$$2NaOH + CO_2 + 9H_2O \rightarrow Na_2CO_3 \cdot 10H_2O$$

实际上水泥石的腐蚀是复杂的物理化学作用过程,往往是几种腐蚀情况同时存在,互相影响的。归纳一下产生水泥石腐蚀的原因主要是:

(1)水泥石中存在易引起腐蚀的成分,如氢氧化钙,它极易与介质成分发生化学反应或溶于水而使水泥石破坏。

(2)水泥石不够密实,过多的毛细孔通道使腐蚀性介质易于进入其内部。

5. 防止腐蚀的措施

(1)合理选用水泥品种

水泥品种选择时必须考虑腐蚀介质的种类。如水泥在使用环境中可能会遭受软水侵蚀时,可选用水化产物中氢氧化钙含量少的水泥。水泥石若处在硫酸盐的腐蚀环境中,可采用铝酸三钙含量较低的抗硫酸盐水泥。

(2)提高水泥石的密实度

水泥石中孔隙越多越容易引起腐蚀介质的进入,因此,采取适当技术措施,如采用机械搅拌、掺外加剂、尽量降低水灰比等,都可提高水泥石的密实度,使水泥石的抗侵蚀性得到改善。

(3)设置保护层

当腐蚀作用比较强时,可在水泥制品表面设置不透水的保护层。保护层的材料常采用耐酸石料(石英岩、辉绿岩)、塑料、沥青等。

七、硅酸盐水泥的性质与应用

1. 强度发展快、强度等级高

与其他胶凝材料相比,硅酸盐水泥中熟料多且与水反应快,水化产物为凝胶或结晶,故强度等级高,适用于预制混凝土工程、现浇混凝土工程、冬季施工混凝土工程等。

2. 水化热高

硅酸盐水泥中硅酸三钙和铝酸三钙含量高,其水化放热速度快、放热量高,适用于冬季施工;但因为集中放出水化热聚集在内部不易散发,易引起收缩开裂,故不适用于大体积混凝土工程。

3. 抗冻性好

硅酸盐水泥密实度高,且多余水分蒸发后剩余孔隙多为闭口孔隙,因此抗冻性好,适用于严寒地区反复冻融环境的混凝土工程。

4. 抗碳化性好

水泥水化产物氢氧化钙与空气中 CO_2 的反应称为碳化。因硅酸盐水泥水化后,水泥石中含有较多的氢氧化钙,使水泥碱度不易降低,抗碳化性好。

5. 抗腐蚀性差

水泥水化产物中含有较多的易引起水泥石腐蚀的氢氧化钙与水化铝酸钙,不适用于受流动软水和压力水作用的混凝土工程,也不宜用于受海水及其他腐蚀性介质作用的混凝土工程。

6. 耐热性差

水泥石中的水化产物在高温(250 ℃以上)时会产生脱水和分解,强度降低,所以不适用于耐热和有高温要求的混凝土工程。

7. 干缩小

硅酸盐水泥硬化时干缩小,不易产生干缩裂纹,可用于干燥环境的混凝土工程。

8. 耐磨性好

硅酸盐水泥强度高、耐磨性好,且干缩小,可用于路面与地面工程。

八、硅酸盐水泥的运输与储存

水泥在运输和储存过程中,应按强度等级、品种及出厂日期分别储运,并注意防潮、防水。即使在良好的储存条件下,水泥也不宜久存。在空气中水蒸气及二氧化碳的作用下会使水泥发生部分水化和碳化,使水泥的胶结能力及强度下降。一般储存 3

个月后,水泥强度降低 10% ~20% ;6 个月后降低 15% ~30% ;1 年后降低 25% ~40% 。所以超过 3 个月的水泥使用时,必须重新试验,按实际强度使用。

第二节 掺混合料的硅酸盐水泥

在水泥生产过程中,可在硅酸盐水泥熟料中掺入矿物混合材料、适量石膏共同磨细制成不同品种的硅酸盐水泥,称为掺混合料的硅酸盐水泥。掺入混合材料的主要目的是:增加水泥品种、扩大水泥使用范围、降低成本、增加产量和进一步改善水泥性能等。

一、混合材料

掺入的混合材料一般可分为两大类,即活性混合材料和非活性混合材料。

1. 活性混合材料

活性混合材料是指常温下与石灰合石膏加水拌合后能生成具有水硬性的产物的材料。主要包括以下几种:

(1)粒化高炉矿渣

粒化高炉矿渣是炼铁高炉的熔融矿渣,经水或水蒸气急速冷却而成的粒状物,也称为水淬矿渣。其矿渣颗粒较为松软,粒径一般在 0.5~5 mm。

粒化高炉矿渣的活性成分是活性氧化硅和活性氧化铝,在常温下它们即能和氢氧化钙作用产生强度。在含氧化钙较高的碱性矿渣中,还会含有硅酸二钙,从而本身就具有一定水硬性。

(2)火山灰质混合材料

天然或人工生产以活性氧化硅、活性氧化铝为主要成分的活性混合材料称为火山灰质混合材料,具有玻璃相和微晶相的两重性质。天然的火山灰是指火山爆发喷出地面的岩浆,因地面温度低、压力小而骤冷生成的玻璃相物质。这些玻璃相物质的主要成分是活性氧化硅和活性氧化铝,它们是火山灰活性的主要来源。火山灰质混合材料按加工方法可分为人工和天然两大类,按其化学成分和矿物结构可分为含水硅酸质、铝硅玻璃质、烧黏土质混合材料等。

含水硅酸质混合材料主要有硅藻土、蛋白石及硅质渣等,其活性成分为氧化硅。

铝硅玻璃质混合材料主要有火山灰、浮石和某些工业废渣等,其活性成分主要为氧化硅和氧化铝。

烧黏土质混合材料主要有烧黏土、煤渣、煅烧的煤矸石等,其活性成分为氧化铝。

（3）粉煤灰

粉煤灰是指从燃煤火力发电厂的烟道中收集的粉尘，又称飞灰。多为直径 1～50 μm 的玻璃态实心或空心的球状颗粒。粉煤灰的活性主要取决于玻璃相的含量，其主要成分是活性氧化硅和活性氧化铝。

2. 非活性混合材料

非活性混合材料是指掺入到硅酸盐水泥中，几乎不与水泥成分起化学反应，仅起到提高水泥产量、降低水泥强度等级、减少水化热等作用的混合材料。常用的非活性混合材料有磨细的石英砂、石灰石、慢冷矿渣等。

二、掺混合料的硅酸盐水泥的种类

掺混合料的水泥与水混合后首先是水泥熟料水化，水化生成的氢氧化钙与活性混合料中的活性成分又发生水化反应，因此称为二次水化。掺混合料的硅酸盐水泥与硅酸盐水泥相比，因熟料少，故凝结硬化慢，早期强度低。掺混合料的硅酸盐水泥主要有普通硅酸盐水泥、矿渣硅酸盐水泥、火山灰硅酸盐水泥、粉煤灰硅酸盐水泥和复合硅酸盐水泥等。

1. 普通硅酸盐水泥

根据《通用硅酸盐水泥》（GB175—2007）规定：凡由硅酸盐水泥熟料、>5 且≤20 的活性混合材料及适量石膏磨细制成的水硬性胶凝材料，称为普通硅酸盐水泥，简称普通水泥（ordinary Portland cement），代号 P·O。

由于普通硅酸盐水泥中混合材料掺量较少，其性质与硅酸盐水泥基本相同，差异主要表现为：（1）早期强度略低；（2）水化热略低；（3）抗碳化性略差；（4）耐磨性略差；（5）抗腐蚀性稍好；（6）抗冻性和抗渗性好。

2. 矿渣硅酸盐水泥、火山灰硅酸盐水泥和粉煤灰硅酸盐水泥

（1）矿渣硅酸盐水泥

根据《通用硅酸盐水泥》（GB175—2007）规定：凡是由硅酸盐水泥熟料、>20%且≤50%的粒化高炉矿渣、适量石膏混合磨细制成的水硬性胶凝材料，称为矿渣硅酸盐水泥，简称矿渣水泥（Portland slag cement），代号 P·S。

矿渣硅酸盐水泥是目前我国产量最大的水泥品种，与普通硅酸盐水泥相比，矿渣硅酸盐水泥因混合材料掺量更多，水泥熟料成分更少，故水化热较低，抗腐蚀性和耐热性较好，但泌水性较大，抗冻性较差，早期强度较低，后期强度增长率较高。矿渣硅酸盐水泥可用于地面、地下、水中各种混凝土工程，也可用于高温车间的建筑，但不宜

用于有早强要求和受冻融循环、干湿交替的工程。

（2）火山灰硅酸盐水泥

根据《通用硅酸盐水泥》（GB175—2007）规定：凡是由硅酸盐水泥熟料、>20%且≤40%的火山灰质混合材料、适量石膏混合磨细制成的水硬性胶凝材料，称为火山灰质硅酸盐水泥，简称火山灰水泥（Portland pozzolana cement），代号 P·P。

火山灰水泥比重小，水化热低，耐蚀性好，干缩性较大，抗冻性较差，早期强度低，但后期强度发展较快。火山灰水泥一般适用于地下、水中及潮湿环境的混凝土工程，不宜用于干燥环境、受冻融循环和干湿交替以及需要早期强度高的工程。

（3）粉煤灰硅酸盐水泥

根据《通用硅酸盐水泥》（GB175—2007）规定：凡是由硅酸盐水泥熟料、>20%且≤40%的粉煤灰、适量石膏混合磨细制成的水硬性胶凝材料，称为粉煤灰硅酸盐水泥，简称粉煤灰水泥（portland fly－ash cement），代号 P·F。

粉煤灰水泥早期强度低，后期强度增长率较大，水化热较低，需水量及干缩性较小，和易性、抗裂性和抗硫酸盐腐蚀性好。适用于大体积工程，也可用于一般工业和民用建筑。

以上三种水泥的强度等级，根据 3 d、28 d 的抗压和抗折强度划分为 32.5、32.5R、42.5、42.5R 和 52.5、52.5R 六个标号。各强度等级、各龄期的强度值应满足表 3－3 要求。

表 3－3　矿渣、火山灰、粉煤灰及复合硅酸盐水泥各龄期强度要求（GB175—2007）

强度等级	抗压强度/MPa		抗折强度/MPa	
	3 d	28 d	3 d	28 d
32.5	≥10.0	≥32.5	≥2.5	≥5.5
32.5R	≥15.0	≥32.5	≥3.5	≥5.5
42.5	≥15.0	≥42.5	≥3.5	≥6.5
42.5R	≥19.0	≥42.5	≥4.0	≥6.5
52.5	≥21.0	≥52.5	≥4.0	≥7.0
52.5R	≥23.0	≥52.5	≥4.5	≥7.0

3. 三种水泥的性质

（1）三种水泥的共性

①早期强度低，后期强度增长率大。与硅酸盐水泥和普通硅酸盐水泥相比，这三种水泥的混合材料掺量大，熟料含量较少，而且二次反应很慢，所以早期强度低，但由

于熟料的不断水化和二次反应的不断进行,使得后期强度增长率较大,因此这三种水泥不宜用于有早强要求的混凝土工程。

②对温度敏感,适合高温养护。三种水泥在低温下水化明显减慢,强度较低。采用高温养护可加速二次反应速率,故可提高早期强度,且不影响常温下后期强度的发展。

③耐腐蚀性好。因熟料量少,熟料水化后生成的氢氧化钙含量也少,而且二次反应还会消耗掉部分氢氧化钙,硬化水泥石中游离氢氧化钙含量低,耐腐蚀性较好,可用于有耐腐蚀要求的混凝土工程。但火山灰水泥抵抗硫酸盐腐蚀的能力较弱,因而不宜用于有硫酸盐腐蚀介质的工程中。

④水化热小,适用于大体积混凝土工程。

⑤抗冻性与耐磨性差,因密实性较硅酸盐水泥差,不宜用于严寒地区水位升降范围内的混凝土工程和有耐磨要求的混凝土工程中。

⑥抗碳化能力差,因氢氧化钙含量少,不宜用于 CO_2 浓度高的环境中,但在一般的工业与民用建筑中,它们对钢筋仍具有良好的保护作用。

(2)三种水泥的特性

①矿渣水泥中,粒化高炉矿渣玻璃体对水的吸附能力差,保水性差,成型时易产生泌水而形成较多的连通孔隙,因此矿渣水泥的保水性、抗渗性较差,且干燥收缩也较大,不宜用于有抗渗要求的混凝土工程中;矿渣水泥硬化后氢氧化钙含量少,矿渣本身又是高温形成的耐火材料,受高温(不高于200 ℃)时强度下降不明显,有良好的耐热性。

②火山灰水泥中,火山灰质混合材料含有大量的微细孔隙,使其具有良好的保水性,在水化过程中形成大量的水化硅酸钙凝胶,使水泥石结构比较致密,具有较高的抗渗性,可优先用于有抗渗要求的混凝土工程中。火山灰水泥在硬化过程中有干缩现象出现,若处在干燥空气中,水化硅酸钙会干燥产生干缩裂缝。因此,火山灰水泥不宜用于长期处于干燥环境中的混凝土工程中。

③粉煤灰水泥中,由于粉煤灰为球形颗粒,比表面积小,对水的吸附能力差,拌和时需水量少,因而干缩小、抗裂性好。但球形颗粒保水性差,泌水速度快,施工处理不当易产生失水裂缝。此外,泌水会造成较多的连通孔隙,故也不宜用于抗渗要求高的混凝土工程。

4.复合硅酸盐水泥

根据《通用硅酸盐水泥》(GB175—2007)规定:凡是由硅酸盐水泥熟料、>20%且≤50%的两种或两种以上规定的混合材料、适量石膏混合磨细制成的水硬性胶凝材料,称为复合硅酸盐水泥,简称复合水泥(composite portland cement),代号 P·C。

由于掺入了两种或两种以上的混合材料,可以相互取长补短,改善了单一混合材料水泥的性质,其早期强度接近于普通硅酸盐水泥,而其他性能却优于矿渣水泥、火山灰水泥、粉煤灰水泥,因而适用范围更广。

以上几种水泥就是我们常说的通用水泥,也是我国目前使用最为广泛的几种水泥。

第三节　其他种类的水泥

一、铝酸盐水泥

铝酸盐水泥是以铝矾土和石灰石为主要原料,经煅烧制得的以铝酸钙为主的铝酸盐水泥熟料,再经磨细而成的水硬性胶凝材料。

1. 铝酸盐水泥的矿物组成和水化特点

铝酸盐水泥的主要矿物组成是铝酸一钙($CaO \cdot Al_2O_3$,简写 CA)及其他的铝酸盐矿物。铝酸一钙具有很高的水化性,硬化迅速,是铝酸盐水泥的强度来源。

铝酸一钙的水化反应因温度不同而有所差异:

当温度低于 20 ℃时,水化产物为水化铝酸一钙($CaO \cdot Al_2O_3 \cdot 10H_2O$);温度在 20~30 ℃时,水化产物为水化铝酸二钙($2CaO \cdot Al_2O_3 \cdot 8H_2O$);温度高于 30 ℃时,水化产物为水化铝酸三钙($3CaO \cdot Al_2O_3 \cdot 6H_2O$)。在上述后两种水化产物生成的同时有氢氧化铝($Al_2O_3 \cdot 3H_2O$)凝胶生成。

水化铝酸一钙和水化铝酸二钙为强度高的片状或针状的结晶连生体,而氢氧化铝凝胶则填充于结晶连生体骨架中,形成致密结构。经 3~5 天后水化产物的数量就很少增加,强度也趋于稳定。

水化铝酸一钙和水化铝酸二钙属于亚稳定型的晶体,随时间的推移将逐渐转化为稳定的铝酸三钙,其转化过程随温度升高而加剧。晶型转化的结果,使水泥石的孔隙率增大,抗腐蚀性变差,强度明显降低。一般浇筑 5 年以上的铝酸盐水泥混凝土,其强度仅为早期的一半,甚至更低。因此,在配制混凝土时需要充分考虑这一因素。

铝酸盐水泥浆体强度发展很快,一般按 Al_2O_3 的含量百分数分为四类:

CA－50($50\% \leqslant Al_2O_3 < 60\%$)　CA－60($60\% \leqslant Al_2O_3 < 68\%$)
CA－70($68\% \leqslant Al_2O_3 < 77\%$)　CA－80($77\% \leqslant Al_2O_3$)

2. 铝酸盐水泥的技术要求

根据《铝酸盐水泥》(GB/T 201—2015)规定:铝酸盐水泥细度为比表面积

≥300 m²/kg或45 μm方孔筛筛余≤20%（有争议时以比表面积为准）。其水泥胶砂强度和凝结时间要求见表3-4和表3-5。

表3-4 铝酸盐水泥胶砂强度值

水泥类型		抗压强度/MPa				抗折强度/MPa			
		6 h	1 d	3 d	28 d	6 h	1 d	3 d	28 d
CA50	CA50-Ⅰ	≥20	≥40	≥50	—	≥3.0	≥5.5	≥6.5	—
	CA50-Ⅱ		≥50	≥60	—		≥6.5	≥7.5	—
	CA50-Ⅲ		≥60	≥70	—		≥7.5	≥8.5	—
	CA50-Ⅳ		≥70	≥80	—		≥8.5	≥9.5	—
CA60	CA60-Ⅰ	—	≥65	≥85	—	—	≥7.0	≥10.0	—
	CA60-Ⅱ	—	≥20	≥45	≥85	—	≥2.5	≥5.0	≥10.0
CA70		—	≥30	≥40	—	—	≥5.0	≥6.0	—
CA80		—	≥25	≥30	—	—	≥4.0	≥5.0	—

表3-5 铝酸盐水泥凝结时间要求

水泥类型		初凝时间不小于/min	终凝时间不大于/min
CA50		30	360
CA60	CA60-Ⅰ	30	360
	CA60-Ⅱ	60	1 080
CA70		30	360
CA80		30	360

3. 铝酸盐水泥的性质及应用

铝酸盐水泥与硅酸盐水泥相比特点如下：

（1）早期强度增长快、长期强度下降。铝酸盐水泥1 d强度可达最高强度的80%以上，属快硬型水泥。但长期强度及其他性能有降低的趋势，不宜用于长期承重的结构工程中，更适用于紧急抢修工程和早期强度要求高的特殊工程。

（2）水化热大。1 d内放出的水化热为总量的70%~80%，放热量大且集中，使混凝土内部温度上升较高，可用于冬季施工的工程，但不适用于大体积混凝土工程。

（3）抗渗性及抗硫酸盐腐蚀性好。铝酸盐水泥水化时不生成铝酸三钙和氢氧化钙，且水泥石结构密实，因此具有较好的抗渗性和抗硫酸盐腐蚀作用。

（4）铝酸盐水泥具有较高的耐热性。如采用耐火粗细骨料（如铬铁矿等）可制成使用温度达 1 300 ~ 1 400 ℃ 的耐热混凝土。

若铝酸盐水泥与硅酸盐水泥或石灰混合会产生闪凝现象,而且生成的高碱性水化铝酸钙,会使混凝土开裂,甚至破坏。因此施工时不得与石灰或硅酸盐水泥混合使用,也不得与未硬化的硅酸盐水泥接触使用。

二、白水泥和彩色硅酸盐水泥

硅酸盐水泥的颜色主要是由氧化铁引起的,所以生产白色硅酸盐水泥关键是控制熟料中氧化铁的含量。一般把由氧化铁含量少的硅酸盐水泥熟料、适量石膏和标准规定的混合材料,共同磨细制成的水硬性胶凝材料,称为白色硅酸盐水泥(简称白水泥,代号 P·W)。

白水泥熟料中氧化铁(F_2O_3)的含量应限制在 0.5% 以下,其他着色氧化物(如氧化锰、氧化钛等)的含量也应降至极微,同时在生产白水泥时,所用的原料应加以精选,并在无着色污染的条件下进行,最后粉磨时所用研磨机也应是由石质材料或耐磨金属组成的。水泥粉磨时允许加入符合规定的助磨剂,加入量应不超过水泥质量的 1%。

根据《白色硅酸盐水泥》(GB/T 2015—2005)规定:白水泥的细度应满足 80 μm 方孔筛筛余不大于 10%;初凝时间不应早于 45 min,终凝时间不应迟于 10 h;体积安定性用沸煮法检验必须合格;白度以白色含有量的百分率表示,用样品与氧化镁标准白板反射率的比例来衡量,一般要求白度值不得低于 87;白水泥按照 3 d、28 d 强度可划分为 32.5、42.5 和 52.5 三个强度等级,各龄期、各强度等级的强度值应满足表 3-6 要求。

表3-6　白水泥各强度等级、各龄期的强度值

强度等级	抗压强度/MPa		抗折强度/MPa	
	3 d	28 d	3 d	28 d
32.5	≥12.0	≥32.5	≥3.0	≥6.0
42.5	≥17.0	≥42.5	≥3.5	≥6.5
52.5	≥22.0	≥52.5	≥4.0	≥7.0

彩色硅酸盐水泥简称彩色水泥。按生产方法可分为两大类:一类是烧成法,即在白水泥的生料中加少量金属氧化物做着色剂,直接烧成彩色熟料,然后再加适量石膏磨细而成;另一类是染色法,是用白水泥熟料加碱性矿物颜料和适量石膏共同磨细而成的。染色法所用碱性矿物颜料应不溶于水且分散性好、耐碱性强、稳定性好,掺入

水泥中不显著降低其强度,且不含可溶盐类。常用的碱性矿物颜料有氧化铁(红、黄、褐、黑色)、氧化锰(褐、黑色)、氧化铬(绿色)、赭石(赭石色)等。

白水泥和彩色水泥主要用于建筑工程中配制彩色砂浆、装饰混凝土,以及制造各种色彩的人造大理石及水磨石等制品。如:彩色地面、楼面、楼梯、墙、柱及台阶等。制作方法可以预制,也可在现场浇制。

三、快硬水泥

凡以硅酸盐水泥熟料和适量石膏磨细制成的,以 3 d 抗压强度表示强度等级的水硬性胶凝材料,称为快硬硅酸盐水泥(简称快硬水泥)。

快硬水泥的原材料和生产方法与硅酸盐水泥基本相同,调节水泥熟料硬化速率的因素中,使其硬化最快的因素为铝酸三钙和硅酸三钙的含量,使制得成品的早期强度符合技术要求。通常硅酸三钙含量可增至 50% ~ 60%,铝酸三钙的含量可增至为 8% ~ 14%,二者总量不应少于 60% ~ 65%。为加快硬化速度,也可适当增加石膏的掺量(可达 8%),并提高水泥的磨细程度。

快硬水泥按照不同龄期强度可划分为 32.5、37.5 和 42.5 三个强度等级,各龄期、各强度等级的强度值应满足表 3 – 7 要求。

表 3 – 7 快硬水泥各强度等级、各龄期的强度值

强度等级	抗压强度/MPa			抗折强度/MPa		
	1 d	3 d	28 d	1 d	3 d	28 d
32.5	≥15.0	≥32.5	≥52.5	≥3.5	≥5.0	≥7.2
37.5	≥17.0	≥37.5	≥57.5	≥4.0	≥6.0	≥7.6
42.5	≥19.0	≥42.5	≥62.5	≥4.5	≥6.4	≥8.6

快硬水泥早期强度发展很快,而且终凝和初凝之间的时间间隔很短,后期强度持续增长,所以可用快硬水泥配制有高强、早强要求的混凝土,以及紧急抢修混凝土等。快硬水泥的其他性能,如干缩、与钢筋匹配性等性能与硅酸盐水泥相似。与使用普通水泥相比,快硬水泥可加快施工进度,加快模板周转,提高工程和制品质量,具有较好的技术经济效益和社会效益。但因其水化放热比较集中,故不宜用于大体积混凝土工程。

应该注意的是,快硬水泥易受潮变质,在运输和贮存时,必须特别注意防潮,并应与其他种类的水泥分开贮运,不得混杂。同时,此种水泥贮存期也不易太长,出厂一个月后使用时必须重新进行强度检验。

四、膨胀水泥

硅酸盐水泥在空气中凝结硬化时,通常表现为体积收缩,若收缩应力过大会导致水泥石内部产生微裂缝,降低结构的密实性,影响结构的抗渗、抗冻、抗腐蚀等性质。而膨胀水泥是指在水化和硬化过程中产生体积膨胀的水泥,可以解决其他水泥由收缩带来的不利影响。

膨胀水泥的膨胀性主要来源于膨胀组分,膨胀组分在水化后能形成膨胀性产物,使水泥产生一定量的膨胀。一般以钙矾石为膨胀组分生产各种膨胀水泥。

按膨胀值大小,膨胀水泥可分为膨胀水泥和自应力水泥两大类。膨胀水泥的膨胀值较小(一般小于1%),主要用于补偿水泥在凝结硬化过程中产生的收缩;自应力水泥的膨胀值较大(1%~3%),除抵消干缩值外,尚有一定剩余膨胀值。在限制膨胀的条件下(如配钢筋混凝土时),水泥石的膨胀作用,使与混凝土黏结在一起的钢筋受到拉应力作用,而使混凝土受到压应力作用,从而达到了预应力的作用。因为这种应力是靠水泥本身的水化而产生的,所以称为"自应力"。它可有效地改善混凝土易产生干燥开裂、抗拉强度低的缺陷。

膨胀水泥在使用时还应注意:(1)施工前应做试配,以确定混凝土(或砂浆)合理的膨胀量;(2)膨胀水泥一般情况下不与其他品种水泥混用。

五、道路硅酸盐水泥

《道路硅酸盐水泥》(GB/T 13693—2017)规定:凡由道路硅酸盐水泥熟料,标准规定的混合材料和适量石膏磨细制成的水硬性胶凝材料,称为道路硅酸盐水泥(简称道路水泥,代号 P·R)。所谓道路硅酸盐水泥熟料是指以适当成分的水泥生料煅烧至部分熔融,所得的以硅酸钙为主要成分并含较多铁铝酸钙的硅酸盐水泥熟料。由于铁铝酸钙具有抗折强度高、抗冲击、耐磨、低收缩等特点,道路硅酸盐水泥熟料中规定铁铝酸钙的含量不应低于16%,同时还严格地限制了铝酸三钙的含量不应超过5%,此外对水泥熟料中的游离氧化钙的含量也做了相应的规定。水泥粉磨时允许加入符合规定的助磨剂,加入量应不超过水泥质量的0.5%。

根据《道路硅酸盐水泥》(GB/T 13693—2017)规定:道路硅酸盐水泥按照28 d抗折强度分为7.5和8.5两个等级。各龄期、各强度等级的强度值应满足表3-8要求。

表 3-8　道路水泥各强度等级、各龄期的强度值

强度等级	抗压强度/MPa		抗折强度/MPa	
	3 d	28 d	3 d	28 d
7.5	≥21.0	≥42.5	≥4.0	≥7.5
8.5	≥26.0	≥52.5	≥5.0	≥8.5

道路硅酸盐水泥在运输与贮存时,不得受潮和混入杂物,不同标号的水泥应分别贮运,不得混杂。

思考与练习

1. 水硬性胶凝材料定义,与气硬性胶凝材料的区别。

2. 硅酸盐水泥熟料主要的矿物组成及对水泥性能的影响。

3. 硅酸盐水泥的凝结硬化过程及影响因素。

4. 硅酸盐水泥的性质及应用范围。

5. 硅酸盐水泥腐蚀类型及防治措施。

6. 掺混合料的硅酸盐水泥的定义及混合料分类。

7. 矿渣硅酸盐水泥、火山灰硅酸盐水泥和粉煤灰硅酸盐水泥的区别与共性。

8. 进场 42.5 普通硅酸盐水泥,检验 28 d 强度结果如下:抗压破坏荷载62.0 kN,63.5 kN,61.0 kN,65.0 kN,61.0 kN,64.0 kN。抗折破坏荷载 3.38 kN,3.81 kN,3.82 kN。该水泥的抗压、抗折强度是多少,是否满足强度等级要求?

【案例拓展】

某单位职工住宅楼,共六栋,设计均为七层砖混结构,建筑面积10 001 平方米,主体完工后进行墙面抹灰,采用某水泥厂生产的 32.5 水泥。抹灰后在两个月内相继发现该工程墙面抹灰出现开裂,并迅速发展。开始由墙面一点产生膨胀变形,形成不规则的放射状裂缝,多点裂缝相继贯通,成为典型的龟状裂缝并且空鼓,实际上此时抹灰与墙体已产生剥离。后经查证,该工程所用水泥中氧化镁含量严重超标,致使水泥安定性不合格,施工单位未对水泥进行进场检验就直接使用,因此产生大面积的空鼓开裂。最后该工程墙面抹灰全面返工,造成严重的经济损失。

第四章　水泥混凝土

学习目标：

1. 了解不同分类方法下混凝土的分类及特点。
2. 掌握水泥混凝土组成材料的性质要求、测定方法及其影响。
3. 熟练掌握水泥混凝土拌合物和易性测定及调整方法。
4. 熟练掌握硬化混凝土的力学性能、耐久性及影响因素。
5. 掌握水泥混凝土配合比设计方法及步骤。

第一节　水泥混凝土的分类及特点

由胶凝材料将集料胶结成整体而获得的复合材料统称为混凝土。一般根据胶凝材料的不同，可将混凝土分为水泥混凝土、沥青混凝土、石膏混凝土等。水泥混凝土是以水泥做胶凝材料，与骨料按适当比例配合，加水拌合而成具有一定可塑性的浆体，再经硬化形成的具有一定强度的人造石材，它又称普通混凝土。

一、水泥混凝土的分类

水泥混凝土的种类很多，常用的有以下几种分类方法：

1. 按表观密度分类

（1）重混凝土：一般表观密度大于 2 800 kg/m³，采用各种高密度集料（如重晶石、钢屑、铁矿石等）配制的混凝土，具有不透 X 射线和 γ 射线的性能，常用于水工、港口、军事、地下隐蔽场所等。

（2）普通混凝土：一般表观密度为 2 300 ~ 2 800 kg/m³，采用天然或人工破碎得到的砂石材料作为骨料配制而成。这类混凝土在土木工程中应用最为广泛，常用于建筑物承重结构材料。

（3）次轻混凝土：一般表观密度为 1 950 ~ 2 300 kg/m³，主要用于高层、大跨度结构。

（4）轻混凝土：一般表观密度小于 1 950 kg/m³，又可分轻集料结构混凝土、多孔混凝土和大孔混凝土三类。轻集料结构混凝土是采用轻集料配制成的，如膨胀珍珠岩、陶粒、矿渣等，表观密度 800 ~ 1 950 kg/m³；多孔混凝土表观密度一般为 300 ~ 1 000 kg/m³，如泡沫混凝土、加气混凝土等；大孔混凝土组成中无细集料，一般是用碎石、软石、重矿渣作为集料配制的，表观密度 1 500 ~ 1 900 kg/m³ 的称为普通大孔混凝土；而用陶粒、浮石、碎砖、矿渣等作为集料配制的表观密度为 500 ~ 1 500 kg/m³ 的称为轻集料大孔混凝土。

2. 按流动性分类

按照新拌混凝土流动性大小，可分为干硬性混凝土（坍落度小于 10 mm）、塑性混凝土（坍落度为 10 ~ 90 mm）、流动性混凝土（坍落度为 100 ~ 150 mm）及大流动性混凝土（坍落度大于或等于 160 mm）。

3. 按用途分类

可分为普通混凝土和特种混凝土。普通混凝土主要用于一般的土木工程；特种混凝土具有某方面的特殊性能，如耐热混凝土、耐酸混凝土、防水混凝土、膨胀混凝土、道路混凝土等。

4. 按生产方式和施工方法分类

按照生产方式和施工方法不同，可分为泵送混凝土、喷射混凝土、碾压混凝土、自密实混凝土、压力灌浆混凝土、预拌混凝土等。

5. 按强度等级分类

（1）低强度混凝土：抗压强度小于 30 MPa。

（2）中强度混凝土：抗压强度 30 ~ 60 MPa。

（3）高强度混凝土：抗压强度 60 ~ 100 MPa。

（4）超高强度混凝土：抗压强度大于 100 MPa。

二、水泥混凝土的性能特点

1. 优点

（1）材料来源广泛：砂、石骨料等材料可就地取材，生产能耗低，价格低廉。

（2）可调性强：改变组成材料中不同材料的品种和数量，可以制得不同物理力学性质的水泥混凝土。

（3）可塑性强：可以按照工程结构要求浇筑成不同形状和尺寸的整体结构或预制构件。

（4）与其他材料匹配性好：钢筋等材料具有基本相同的线膨胀系数。

（5）抗压强度高，耐久性好。

2. 缺点

（1）抗拉强度低：它是混凝土抗压强度的 1/20～1/10，变形能力差，易开裂。

（2）自重大：水泥混凝土的表观密度为 1 950～2 800 kg/m³。

第二节　水泥混凝土的组成材料

传统水泥混凝土由水泥、砂、碎石或卵石加水拌制而成，现代应用的混凝土中常常添加外加剂或矿物掺合料等以改善水泥混凝土的性能。

在组成材料中，水泥是胶凝材料，水的作用是使水泥水化并使混凝土具有流动性；砂、石材料在结构中具有提高强度、刚度和抗裂性等作用，称为骨料。水泥与水组成水泥浆，包裹在砂石表面并填充空隙。硬化前，水泥浆起润滑作用，赋予新拌混凝土流动性；硬化后水泥浆成为水泥石，将砂、石材料胶结成整体。水泥混凝土的技术性质是由原材料的性质、配合比、施工工艺等因素综合决定的。了解原材料的性质、作用及其质量要求，合理选择和正确使用材料，才能保证其质量。

一、水泥

水泥是普通混凝土的胶凝材料，其性能对混凝土的性质影响很大，在确定混凝土组成材料时，应正确选择水泥品种和水泥强度等级。

1. 水泥品种选择

水泥品种选择应结合混凝土工程特点、所处的环境条件和施工条件等进行综合选择。如在大体积混凝土工程中，为了避免水泥水化热过大引起开裂，应优先选用矿渣硅酸盐水泥、粉煤灰硅酸盐水泥、火山灰硅酸盐水泥，若使用硅酸盐水泥、普通硅酸盐水泥，应掺入掺合料和必要的外加剂等。不同工程条件和环境条件下水泥品种选择可参考表 4－1。

表 4-1　常用水泥品种的选用参考表

混凝土结构所处环境条件或工程特点		优先选用	可以选用	不宜选用
普通混凝土	地面以上不接触水流的普通环境	普通硅酸盐水泥	粉煤灰硅酸盐水泥 矿渣硅酸盐水泥 火山灰硅酸盐水泥 复合硅酸盐水泥	—
	干燥环境	普通硅酸盐水泥	矿渣硅酸盐水泥	火山灰硅酸盐水泥 粉煤灰硅酸盐水泥
	受水流冲刷或冰冻环境	矿渣硅酸盐水泥	普通硅酸盐水泥 火山灰硅酸盐水泥 粉煤灰硅酸盐水泥 复合硅酸盐水泥	—
	大体积工程	粉煤灰硅酸盐水泥 矿渣硅酸盐水泥 火山灰硅酸盐水泥 普通硅酸盐水泥	普通硅酸盐水泥	硅酸盐水泥 快硬硅酸盐水泥
有特殊要求的混凝土	有早强要求的混凝土	硅酸盐水泥 快硬硅酸盐水泥	普通硅酸盐水泥	粉煤灰硅酸盐水泥 矿渣硅酸盐水泥 火山灰硅酸盐水泥 复合硅酸盐水泥
	高强的混凝土	硅酸盐水泥	矿渣硅酸盐水泥 普通硅酸盐水泥	火山灰硅酸盐水泥 粉煤灰硅酸盐水泥
	严寒地区的露天混凝土	普通硅酸盐水泥	矿渣硅酸盐水泥	火山灰硅酸盐水泥 粉煤灰硅酸盐水泥
	严寒地区处在水位升降范围内的混凝土	普通硅酸盐水泥	—	粉煤灰硅酸盐水泥 矿渣硅酸盐水泥 火山灰硅酸盐水泥 复合硅酸盐水泥
	有抗渗要求的混凝土	火山灰硅酸盐水泥 普通硅酸盐水泥	—	矿渣硅酸盐水泥
	有耐磨要求的混凝土	硅酸盐水泥 普通硅酸盐水泥	矿渣硅酸盐水泥	火山灰硅酸盐水泥 粉煤灰硅酸盐水泥

注:蒸汽养护时用的水泥品种,宜根据具体条件通过试验确定。

2.水泥强度等级的选择

水泥强度等级选择应与混凝土的设计强度等级相适应。原则上配制高强度混凝土应选用高强度等级的水泥,反之亦然。如采用高强度等级的水泥配制低强度等级混凝土时,仅需少量水泥即可满足强度要求,但水泥用量偏少会影响和易性和耐久性,必须掺入一定数量的矿物掺合料。而采用低强度等级的水泥配制高强度混凝土时,所需水泥用量过多,不但不经济,而且水泥用量大,水化放热多,会引起混凝土其他技术性质,如干缩等。通常,混凝土强度等级为 C30 以下时,水泥强度等级为混凝土强度的 1.5 ~ 2.0 倍;混凝土强度等级为 C30 ~ C50 时,水泥强度等级为混凝土强度的 1.1 ~ 1.5 倍;混凝土强度等级大于 C60 时,水泥强度等级与混凝土强度比值可小于 1.0,但不宜低于 0.7。

二、骨料

普通混凝土用的骨料按粒径分为细骨料和粗骨料。一般情况下,骨料不参与水泥的水化反应,在混凝土中所占体积为 70% ~ 80%,主要起骨架作用。骨料的合理级配和用量,不仅显著降低水泥用量,而且还可以提高混凝土强度、降低混凝土收缩、保证混凝土体积稳定性。因此,合理选择骨料不仅可以降低混凝土成本,还可以大大改善混凝土性能。

1.细骨料

粒径小于 4.75 mm 的骨料为细骨料,它包括天然砂和人工砂。天然砂按照产源,分为河砂、海砂、山砂。山砂表面粗糙,风化较重,含泥量和有机杂质较多;海砂表面圆滑,比较洁净,但含盐分较多,对混凝土中的钢筋有锈蚀作用;河砂介于山砂和海砂之间,比较洁净,颗粒大小适中,是天然砂中最适合的细骨料。人工砂是经除土处理的机制砂和混合砂的统称。机制砂由机械破碎并筛分而来,混合砂是由机制砂和天然砂混合制成的砂。

根据《建筑用砂》(GB/T 14684—2011)规定,按技术要求分为Ⅰ类、Ⅱ类和Ⅲ类。Ⅰ类适用于强度等级大于 C60 的混凝土;Ⅱ类适用于强度等级 C30 ~ C60 和有抗冻、抗渗或其他要求的混凝土;Ⅲ类适用于强度等级小于 C30 的混凝土。

(1)砂的粗细程度和颗粒级配

砂的粗细程度是指不同粒径的砂混合后的总体平均粗细程度,通常用细度模数表示。《建筑用砂》(GB/T 14684—2011)规定,砂的颗粒级配和粗细程度用筛分法进行测定。

筛分法是将砂子试样依次通过标准孔径筛进行筛分。标准筛孔尺寸依次为:

4.75 mm、2.36 mm、1.18 mm、0.60 mm、0.30 mm、0.15 mm。将小于9.5 mm 的干砂500 g由粗到细依次过筛,然后分别称出各个筛上剩余的砂子质量(称为筛余质量,分别用 m_1,m_2,…表示),算出各个筛上的分计筛余百分率(分别用 a_1,a_2,…表示,$a_i = \dfrac{m_i}{500} \times 100\%$)和累计筛余百分率(分别用 A_1,A_2,…表示)。分计筛余百分率与累计筛余百分率的关系见表4-2。

表4-2　分计筛余百分率与累计筛余百分率的关系

筛孔尺寸/mm	筛余质量/g	分计筛余百分率/%	累计筛余百分率/%
4.75	m_1	a_1	$A_1 = a_1$
2.36	m_2	a_2	$A_2 = a_1 + a_2$
1.18	m_3	a_3	$A_3 = a_1 + a_2 + a_3$
0.60	m_4	a_4	$A_4 = a_1 + a_2 + a_3 + a_4$
0.30	m_5	a_5	$A_5 = a_1 + a_2 + a_3 + a_4 + a_5$
0.15	m_6	a_6	$A_6 = a_1 + a_2 + a_3 + a_4 + a_5 + a_6$
<0.15	m_7	—	—

根据式(4-1)计算砂的细度模数(M_x):

$$M_x = \frac{(A_2 + A_3 + A_4 + A_5 + A_6) - 5A_1}{100 - A_1} \qquad (4-1)$$

按照细度模数把砂分为粗砂、中砂、细砂,细度模数越大,表示砂越粗,一般 M_x 在3.7~3.1为粗砂,M_x 在3.0~2.3为中砂,M_x 在2.2~1.6为细砂,M_x 在1.5~0.7为特细砂。

砂子的颗粒级配是指不同粒径的砂相互间的搭配情况。合理的级配能使较小的颗粒填充较大颗粒之间的空隙,使空隙率降低从而使所需的水泥浆量较少,并且能够提高混凝土的密实度,进一步改善混凝土的其他性能。从图4-1可以看出,若单一粒径的砂堆积,空隙最大[图4-1(a)];两种不同粒径的砂搭配起来,小颗粒填充大颗粒空隙,空隙率减小[图4-1(b)];如果几种不同粒径的砂搭配,空隙更小[图4-1(c)]。在质量相同的条件下,如果粗砂多,则砂子颗粒数目就少,砂子的总表面积也就小。但砂子中如果粗粒砂子过多,而中小颗粒砂子又搭配得不好,则砂子的空隙率必然会变大,因此,必须同时兼顾砂子的粗细程度和颗粒级配。否则,砂子过粗,容易使新拌混凝土产生泌水现象,影响混凝土的和易性;反之,砂子过细,总表面积变大,水泥用量增加,成本增加。

颗粒级配常以级配区和级配曲线表示,根据标准规定,将砂的合理级配以0.60 mm级的累计筛余百分率为准划分为三个级配区,如表4-3及图4-2所示。

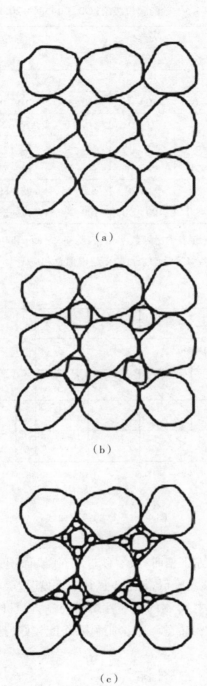

（a）

（b）

（c）

图 4 - 1　骨料的颗粒级配

表4-3 砂的颗粒级配(GB/T 14684—2011)

砂的分类	天然砂			机制砂		
级配区	1 区	2 区	3 区	1 区	2 区	3 区
方筛孔	累计筛余/%					
4.75 mm	10~0	10~0	10~0	10~0	10~0	10~0
2.36 mm	35~5	25~0	15~0	35~5	25~0	15~0
1.18 mm	65~35	50~10	25~0	65~35	50~10	25~0
0.60 mm	85~71	70~41	40~16	85~71	70~41	40~16
0.30 mm	95~80	92~70	85~55	95~80	92~70	85~55
0.15 mm	100~90	100~90	100~90	97~85	94~80	94~75

注:(1)砂的实际颗粒级配与表中所列数字相比,除4.75 mm和0.60 mm筛档外,其他级累计筛余百分率可以略有超出,但各级累计筛余百分率超出值总和应不大于5%。

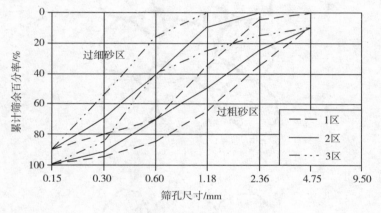

图4-2 砂的级配曲线

级配曲线超过3区往左上偏时,表示砂过细,比表面积大,拌制混凝土时需要的水泥浆量多,混凝土强度显著降低;超过1区往右下偏时,表示砂过粗,配制的混凝土比较面积小、空隙率大,其拌合物的和易性不易控制,而且内摩擦力大,不易振捣成型。一般认为,处于2区级配的砂,其粗细适中,级配较好,是配制混凝土最理想的级配区。

(2)砂中有害物质的含量、坚固性

混凝土用砂必须干净,但天然砂中常含有一些有害杂质,例如,云母、硫酸盐及硫化物、有机物、黏土、淤泥和尘屑以及轻物质等等。云母呈薄片状,表面光滑,与硬化水泥浆黏结不牢,会降低混凝土的强度。硫酸盐和硫化物及有机物,对硬化水泥浆有腐蚀作用。黏土、淤泥和尘屑黏附在砂表面,减弱水泥石与砂的黏结,除降低混凝土强度外,还会影响混凝土抗渗性和抗冻性,并会增大混凝土的收缩。密度小于 2 g/cm³ 的轻物质,如煤和褐煤等,会降低混凝土的强度和耐久性。氯化物引起混凝土中钢筋锈蚀,破坏钢筋与混凝土的黏结,使保护层混凝土开裂。《建筑用砂》(GB/T 14684—2011)中对各种有害杂质含量要求见表 4-4。

表 4-4　砂中有害杂质含量要求(GB/T 14684—2011)

类别		I 类	II 类	III 类
云母(按质量计)/%		≤1.0	≤2.0	
轻物质(按质量计)/%		≤1.0	≤1.0	≤1.0
有机物(比色法)		合格	合格	合格
硫化物及硫酸盐(按 SO₃ 质量计)/%		≤0.5	≤0.5	≤0.5
氯化物(以氯离子质量计)/%		≤0.01	≤0.02	≤0.06
贝壳(按质量计)/%		≤3.0	≤5.0	≤8.0
含泥量(按质量计)/%		≤1.0	≤3.0	≤5.0
泥块含量(按质量计)/%		≤0	≤1.0	≤2.0
人工砂中石粉含量(按质量计)/%	MB 值≤1.40 或快速法试验合格/%	≤10.0	≤10.0	≤10.0
	MB 值>1.40 或快速法试验不合格/%	≤1.0	≤3.0	≤5.0

注:贝壳项目指标仅适用于海砂,其他砂种不做要求。

(3)含泥量、泥块含量和石粉含量

砂中的粒径小于 0.75 mm 的尘屑、淤泥等颗粒的质量占砂子质量的百分率,称为含泥量。砂中原粒径大于 1.18 mm,经水浸洗、手捏后小于 0.6 mm 的颗粒含量,称为泥块含量。砂中的泥土包裹在颗粒表面,阻碍水泥凝胶体与砂粒之间的黏结,降低界面强度,降低混凝土强度,并增加混凝土的干缩,易产生开裂,影响混凝土耐久性。天然砂的含泥量和泥块含量应符合表 4-4 的规定。

2. 粗骨料

粒径大于 4.75 mm 的骨料称为粗骨料,常用的粗骨料有碎石和卵石(砾石)。碎石是天然岩石经机械破碎、筛分而成的,卵石是由自然风化、水流搬运等形成的。卵石一般表面光滑,配制成混凝土拌合物流动性好,易操作;碎石因表面粗糙,多棱角,所以与水泥石黏结强,但内摩阻角较大,流动性较差。

《建筑用碎石、卵石》(GB/T 14685—2011)中按各项技术指标将混凝土用粗骨料划分为 I、II、III类。其中 I 类适用配制各种 C60 以上的混凝土;II 类适用于 C30～

C60 及有抗渗、抗冻或有其他要求的混凝土;Ⅲ类适用于 C30 以下的混凝土。

(1)最大粒径与颗粒级配

①粗集料中公称粒级的上限称为该粒级的最大粒径。最大粒径的改变对混凝土强度有两种相反的影响。一方面,当最大粒径不超过 40 mm 时,最大粒径增大,使骨料比表面积减小,包裹其的水泥浆用量可减小,从而可节约水泥;如果保持水泥用量不变,在达到特定的流动性时可减少用水量,从而降低水灰比,混凝土强度可随之提高。另一方面,当最大粒径超过 40 mm 时,随着最大粒径的增大,混凝土的缺陷增加,不均匀性增大将超过因粗骨料总表面积降低而节约水泥增加的强度的影响,最终导致混凝土强度降低。另外,从施工方面来看,最大粒径如果很大,混凝土的搅拌和其他操作都将发生困难,容易产生离析。因此,选择粗骨料最大粒径时,必须兼顾经济性和技术性。根据《混凝土结构工程施工质量验收规范》(GB 50204—2011)的规定,混凝土用粗集料的最大粒径不得超过构件截面最小尺寸的 1/4,同时不得超过钢筋间最小净距的 3/4;对于混凝土实心板,最大粒径不宜超过板厚的 1/3,而且不得超过 40 mm。

对于泵送混凝土,为防止混凝土泵送时管道堵塞,保证泵送顺利进行,粗骨料最大粒径的选择应根据骨料种类、泵送高度与输送管的管径综合考虑,一般应满足表 4-5 的要求。

表 4-5 泵送混凝土粗骨料的最大粒径选择参考表

品种	泵送高度/m	粗骨料的最大粒径与输送管的管径之比
碎石	<50	≤1∶3
	50~100	≤1∶4
	>100	≤1∶5
卵石	<50	≤1∶2.5
	50~100	≤1∶3
	>100	≤1∶4

②颗粒级配

骨料良好的颗粒级配可以起到减小空隙率,提高密实度,保证和易性和节约水泥等作用。

粗骨料的级配分为连续级配和间断级配两种。连续级配是指骨料中从大到小各级粒径颗粒都有,且各级颗粒按照一定的比例搭配。间断级配是指骨料当中缺少一级或几个粒级的颗粒。连续级配骨料颗粒搭配连续合理,在工程中应用较多,配制的混凝土拌合物流动性好,不易发生离析现象;间断级配小颗粒很好填充大颗粒空隙,可以起到节约水泥的作用,但颗粒间粒径相差较大,拌合物易发生离析。

粗骨料的级配也采用筛分析试验确定,所需标准筛孔径及筛分情况见表 4-6。

表 4-6　水泥混凝土用粗骨料颗粒级配范围

公称粒径/		累计筛余百分率/%										
mm		2.36	4.75	9.50	16.0	19.0	26.5	31.5	37.5	53.0	63.0	75.0	90.0
连续级配	5~16	95~100	85~100	30~60	0~10	0	—	—	—	—	—	—	—
	5~20	95~100	90~100	40~80	—	0~10	0	—	—	—	—	—	—
	5~25	95~100	90~100	—	30~70	—	0~5	0	—	—	—	—	—
	5~31.5	95~100	90~100	70~90	—	15~45	—	0~5	0	—	—	—	—
	5~40	—	95~100	70~90	—	30~65	—	—	0~5	0	—	—	—
单粒级配	5~10	95~100	90~100	0~15	0~15								
	10~16	—	95~100	80~00									
	10~20	—	—	85~100	55~70	0~15	0						
	16~25	—	95~100	95~100	85~100	25~40	0~10						
	16~31.5	—	—	—	—			0~10	0				
	20~40	—	—	95~100		80~100		0~10	0				
	40~80	—	—	—		95~100		—	70~100	—	30~60	0~10	0

(2)坚固性和强度

混凝土中粗骨料起骨架作用,必须具有足够的坚固性和强度。坚固性是指粗骨料在自然及其他物理力学因素作用下抵抗碎裂的能力。粗骨料的坚固性试验采用硫酸钠溶液法检测,即粗骨料颗粒在硫酸钠溶液中干湿循环 5 次后的质量损失率,规范中对坚固性指标要求见表 4-7。

碎石强度可用岩石抗压强度和压碎指标表示。抗压强度是将岩石制成 50 mm × 50 mm × 50 mm 的立方体(或 φ50 mm × 50 mm 圆柱体)试件,在吸水饱和状态下测定其极限抗压强度。一般要求其抗压强度大于配制混凝土强度的 1.5 倍。

压碎指标是将风干后 9.50~19.0 mm 的颗粒剔除针、片状颗粒后按规定方法装入压碎值测定仪内,在压力机上均匀施加荷载到 400 kN,并稳压 5 s,卸荷后,通过 2.36 mm 筛筛除被压碎的细粒,称出留在筛上的试样质量。一般把小于压碎前试样下限尺寸 1/4 的颗粒认定为被压碎颗粒,压碎值可按式(4-2)计算。

$$Q_\mathrm{e} = \frac{m_0 - m_1}{m_0} \times 100\% \qquad (4-2)$$

式中:Q_e——压碎值,%;

· 71 ·

m_0——试验前试样的质量,g;

m_1——压碎试验后筛余的试样质量,g。

压碎值越小,表明石子的强度越高。对不同强度等级的混凝土,所用石子的压碎指标应符合表 4-7 的规定。

表 4-7 粗骨料坚固性指标和压碎指标要求(GB/T 14685—2011)

项目	类别		
	Ⅰ类	Ⅱ类	Ⅲ类
质量损失/%	≤8	≤8	≤12
碎石压碎指标/%	≤10	≤20	≤30
卵石压碎指标/%	≤12	≤16	≤16

(3)碱活性

骨料中若含有活性氧化硅或含有活性碳酸盐,在一定条件下会与水泥的碱发生碱-骨料反应(碱-硅酸反应或碱-碳酸反应),生成凝胶,吸水产生膨胀,导致混凝土开裂。目前已经确定具有活性二氧化硅的岩石有蛋白石、玉髓、鳞石英、方石英、硬绿泥岩、硅镁石灰岩、玻璃质或隐晶质的流纹岩、安山岩及凝灰岩等。采用化学法和砂浆棒法进行碱活性检验,在规定的试验龄期试件膨胀率应小于0.10%。

(4)有害杂质含量

粗集料中常含有有害杂质,如黏土、淤泥及细屑,有机物、硫酸盐、硫化物及其他含有活性氧化硅的岩石颗粒等。它们的危害作用与在细骨料中相同。《建筑用碎石、卵石》(GB/T 14685—2011)中对各种有害杂质的含量的规定见表 4-8。

表 4-8 混凝土用粗骨料的有害杂质含量技术要求(GB/T 14685—2011)

项目	类别		
	Ⅰ类	Ⅱ类	Ⅲ类
有机物(比色法)	合格	合格	合格
硫化物及硫酸盐(按 SO_3 质量计)/%	≤0.5	≤1.0	≤1.0
含泥量(按质量计)/%	≤0.5	≤1.0	≤1.5
泥块含量(按质量计)/%	0	≤0.2	≤0.5
针、片状颗粒(按质量计)/%	≤5	≤10	≤15

（5）颗粒形状与表面特征

卵石颗粒多呈圆形，表面光滑，空隙率和表面积均较小，碎石表面粗糙多棱角，空隙率和总表面积较大。在水泥浆用量相同的条件下，卵石混凝土的流动性较大，与水泥浆的黏结较差；而碎石混凝土流动性较小，与水泥浆的黏结较强。

粗骨料的粒型以接近立方体或球体为好。粗骨料中的圆形颗粒愈多，其空隙率愈小。粒形偏离"球体"愈远，则应力集中的程度愈高，混凝土的强度也愈低。由于针状颗粒（长度大于该颗粒所属相应粒级的平均粒径的2.4倍者）或片状颗粒（厚度小于平均粒径的0.4倍者）的应力集中程度较高，影响混凝土拌合物的和易性，降低混凝土的可泵性能和强度，因此，对其含量应有限制，应符合表4-8的要求。

三、拌合与养护用水

饮用水、地下水、地表水、再生水、混凝土企业设备洗刷水和海水等均可用作混凝土拌合用水，应满足《混凝土用水标准》（JGJ 63—2006）的要求。混凝土拌合及养护用水的质量要求具体有：不得影响混凝土的和易性及凝结，不得有损于混凝土强度发展，不得降低混凝土的耐久性，不得加快钢筋腐蚀及导致预应力钢筋脆断，不得污染混凝土表面，混凝土拌合用水的水质应满足表4-9的要求。

当对水质有怀疑时，应将该水与蒸馏水或饮用水进行水泥凝结时间、砂浆或混凝土强度对比试验。测得的初凝时间差及终凝时间差均不得大于30 min，其初凝和终凝时间还应符合水泥国家标准的规定。用该水制成的砂浆或混凝土28 d抗压强度应不低于蒸馏水或饮用水制成的砂浆或混凝土抗压强度的90%。海水中因含有硫酸盐、镁盐和氯化物等，对钢筋会造成锈蚀，因此不得用于拌制钢筋混凝土和预应力混凝土。

表4-9 水中物质含量限量值

项目	预应力混凝土	钢筋混凝土	素混凝土
pH值	≥5.0	≥4.5	≥4.5
不溶物/(mg/L)	≤2 000	≤2 000	≤5 000
可溶物/(mg/L)	≤2 000	≤5 000	≤10 000
氯化物(以Cl⁻计)/(mg/L)	≤500	≤1 000	≤3 500
硫酸盐(以SO_4^{2-}计)/(mg/L)	≤600	≤2 000	≤2 700
碱含量/(rag/L)	≤1 500	≤1 500	≤1 500

注：使用钢丝或经热处理钢筋的预应力混凝土氯化物含量不得超过350 mg/L。

混凝土养护用水除可不检测不溶物和可溶物之外,其他项目也应符合混凝土拌合用水的技术要求。

四、外加剂

外加剂是指在混凝土拌制过程中掺入的,用以改善混凝土性能的,掺量一般不大于水泥用量5%的物质。外加剂可以赋予新拌混凝土和硬化混凝土以优良的性能,如提高抗冻性、改善工作性、提高抗渗性等,目前,外加剂已成为混凝土除水泥、水、砂、石外的又一重要组成部分。

1. 外加剂的分类

根据《混凝土外加剂术语》(GB/T 8075—2017)的规定,混凝土外加剂按其主要功能分为四类:

(1)改善混凝土拌合物流动性能的外加剂,如各种减水剂和泵送剂等。

(2)调节混凝土凝结时间、硬化性能的外加剂,如缓凝剂、早强剂和促凝剂等。

(3)改善混凝土耐久性的外加剂,如引气剂、防水剂和阻锈剂等。

(4)改善混凝土其他性能的外加剂,如膨胀剂、防冻剂、防水剂、着色剂等。

2. 常用外加剂

(1)减水剂

减水剂是指在混凝土拌合料坍落度基本相同条件下可以减少拌合用水的外加剂。按减水的程度分为普通减水剂(减水率5%～15%)和高效减水剂(减水率大于15%)。

①减水剂的作用机制。混凝土拌合中加入的水,仅有少部分与水泥发生水化反应,而部分水因为水泥颗粒絮凝的原因被包裹住,并没有发挥作用。减水剂是一种表面活性剂。表面活性剂分子由亲水基团和憎水基团构成,可以降低表面能。当在拌合物中加入减水剂后,亲水基团指向水溶液,憎水基团定向吸附于水泥质点表面,形成定向吸附膜而降低水泥－水的界面张力。同时水泥颗粒表面带上相同的电荷,表现出斥力,将絮凝结构打开并释放出被包裹的水,使加入的水可以充分发挥作用。

另外,加入减水剂降低了水的表面张力和水与水泥颗粒间的界面张力,使水泥颗粒易于湿润,有利于水化。同时减水剂分子定向吸附于水泥颗粒表面,也可以增加水泥颗粒间的滑动能力,起润滑作用,如图4－3所示。

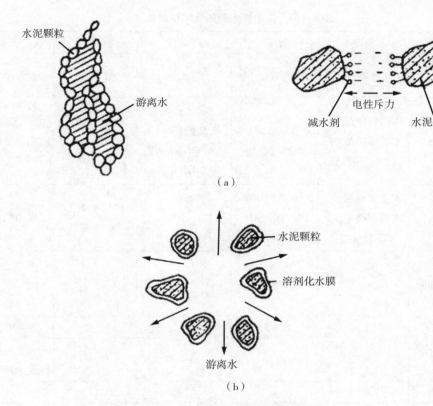

图4-3　减水剂作用机制

在混凝土中使用减水剂后,一般可以取得如下的技术经济效果:

a. 在保持混凝土组成材料用量不变的情况下,可使混凝土拌合物的坍落度增大。

b. 在保持坍落度不变的情况下(即在保持一定工作度下),可减少混凝土的用水量,进而提高密实度,提高抗压强度。

c. 在保持坍落度和混凝土抗压强度均不变的情况下,可少用水,节约水泥。

d. 由于混凝土的用水量减少,泌水和骨料离析现象得到改善,可大大提高混凝土的抗渗性等耐久性能。

②常用减水剂。减水剂是使用最广泛的一种外加剂,常用减水剂的品种和性能见表4-10。

表4-10　常用减水剂的品种和性能

种类	木质素系	萘系	树脂系	糖蜜系	腐殖酸系
减水效果类别	普通型	高效型	高效型	普通型	普通型
主要成分	木质素磺酸钙、木质素磺酸钠、木质素磺酸镁	芳香族磺酸盐、甲醛缩合物	三聚氰胺树脂磺酸钠(SM)、古玛隆-茚树脂磺酸钠(CRS)	糖渣、废蜜经石灰水中和而成	磺化胡敏酸
主要品种	木质素磺酸钙、木质素磺酸钠、木质素磺酸镁	NNO、NF、UNF、FDN、JN、MF、NHJ、DH 等	SM、CRS 等	3FG、TF、CRS 等	腐殖酸
适宜掺量(占水泥质量比)/%	0.2~0.3	0.2~1.0	0.5~2.0	0.2~0.3	0.3
减水率/%	约10	15~25		6~10	8~10
早强效果	—	明显	20~30	—	有早强型、缓凝型两种
缓凝效果	1~3 h	—	显著	3h 以上	
引气效果	1%~2%	一般为非引气型,部分引气<2%	<2%		

（2）早强剂

能加速混凝土早期强度并对后期强度无明显影响的外加剂,称为早强剂。混凝土工程中常采用下列早强剂:强电解质无机盐类早强剂,硫酸盐、硫酸复盐、硝酸盐、亚硝酸盐、氯化物等;水溶性有机化合物,三乙醇胺、甲酸盐、乙酸盐、丙酸盐等;其他有机化合物及无机盐复合物等。

混凝土工程中常采用早强剂与减水剂复合的早强减水剂。早强剂及早强减水剂适用于蒸养混凝土及常温、低温和最低温度不低于 -5 ℃ 环境中施工的有早强要求的混凝土工程。炎热环境条件下不宜使用早强剂、早强减水剂。早强剂按其化学成分可分为无机早强剂和有机早强剂两类。无机早强剂主要包括氯化物类和硫酸盐类等;有机早强剂主要包括有机物质,如三乙醇胺、三异丙醇胺等。

（3）缓凝剂

缓凝剂是能延长混凝土的初凝和终凝时间的外加剂。可延缓水泥水化反应,方便浇筑,但对混凝土后期各项性能不会造成不良影响。当混凝土拌合物需长距离运输,采用滑模施工,以及在混凝土浇灌中断时为避免施工缝或为减少水泥水化热对结构物的影响时,常需采用缓凝剂。我国较多使用的是糖类及木质素磺酸盐类。

缓凝剂的主要功能是:降低大体积混凝土的水化热或推迟水化热峰值出现的时间,减小因内外温差引起的开裂;便于混凝土夏季施工和连续浇筑振捣的混凝土,防止出现混凝土施工缝;通常具有减水作用,所以能提高混凝土的后期强度或节约水泥用量等。

缓凝剂的掺量一般很小,使用时应严格控制,过量掺入会使混凝土强度下降。

缓凝剂常用于商品混凝土、夏季施工混凝土、大体积混凝土和流态混凝土施工,常与高效减水剂复合使用,可减少坍落度损失。

(4)速凝剂

速凝剂是能使混凝土迅速硬化的外加剂。一般初凝时间小于 5 min,1 h 内产生强度,3 d 强度可达到基准混凝土 3 倍以上,但后期强度一般低于基准混凝土。速凝剂的主要种类有无机盐类和有机盐类,我国常用的速凝剂是无机盐类。常用速凝剂有铝氧熟料加碳酸盐系速凝剂、铝酸盐系速凝剂和水玻璃系速凝剂。

掺有速凝剂的混凝土早期强度明显提高,但后期强度均有所降低。速凝剂广泛应用于喷射混凝土、灌浆止水混凝土、抢修补强混凝土工程及矿山井巷、隧道涵洞、地下工程等。

(5)膨胀剂

膨胀剂是能使混凝土产生一定体积膨胀的外加剂。常用膨胀剂有:硫铝酸盐系膨胀剂、石灰系膨胀剂、铁粉系膨胀剂及复合膨胀剂。在混凝土中掺入膨胀剂的主要目的是补偿混凝土自身收缩,防止混凝土开裂,提高混凝土的密实性和防水性能。

(6)引气剂

引气剂是指在混凝土搅拌过程中能够引入大量均匀分布、稳定且封闭的微小气泡(直径 0.02 ~ 1.0 mm)的外加剂。引气剂多属于憎水性表面活性剂,引气剂的界面活性主要发生在气 – 液界面上。掺入引气剂后可以显著降低水的表面张力,使水在搅拌作用下引入空气形成微小气泡;同时引气剂分子排列在气泡表面形成保护膜,阻止水分流动并使膜坚固不易破裂而稳定存在。

引气剂主要有松香类引气剂、木质素磺酸盐类引气剂等。松香类引气剂应用最广。

引气剂对混凝土质量的影响:

①改善混凝土拌合物的和易性。大量微小、独立、封闭的气泡使水泥浆体积增大,另外,气泡也起到滚珠润滑作用,可改善混凝土拌合物的流动性。若保持流动性不变,则可减少单位用水量。通常含气量每增加 1%,能减少单位用水量 3%。同时大量微小气泡的存在可以阻碍实体颗粒的沉降和水分的上升,泌水率显著降低,保水性和黏聚性也可以得到改善。

②提高混凝土抗渗性和抗冻性。混凝土中大量微小气泡阻断毛细管渗水的通道,可显著提高混凝土抗渗性;封闭的微小孔隙还可以缓解水结成冰时产生的膨胀压力,可以提高混凝土的抗冻性。

③影响混凝土强度。大量气泡的存在使混凝土强度略有降低,一般含气量每提高 1%,抗压强度下降 3% ~5%。但若不考虑增大流动性,可减少单位用水量,降低水灰比会对强度值有所弥补。

引气剂、引气减水剂不宜用于蒸养混凝土及预应力混凝土,宜用于贫混凝土、抗硫酸盐混凝土、泵送混凝土、抗渗混凝土和抗冻混凝土,掺量应经试验确定。

(7)防水剂

防水剂是一种能降低砂浆、混凝土在静水压力下透水性的外加剂。防水剂按化学成分可分为无机质防水剂(氯化钙、水玻璃系、氯化铁、锆化合物、硅质粉末系等)、有机质防水剂(反应型高分子物质、憎水性的表面活性剂、天然或合成的聚合物乳液以及水溶性树脂等)。

①无机质防水剂

a. 氯化钙。它可以促进水泥水化反应,获得早期的防水效果,但后期抗渗性会降低,另外,氯化钙对钢筋有锈蚀作用,应与阻锈剂复合使用,但不适用于海洋混凝土。

b. 水玻璃系。硅酸钠与水泥水化反应生成的 $Ca(OH)_2$ 反应生成不溶性硅酸钙,可以提高水泥石的密实性,但效果不太明显。

c. 氯化铁。氯化铁防水剂的掺量为 3%,在混凝土中与 $Ca(OH)_2$ 反应生成氢氧化铁凝胶,使混凝土具有较高密实性和抗渗性,抗渗压力可达 2.5 ~4.6 MPa,适用于水下、深层防水工程或修补堵漏工程。

d. 氯化铝。它与水泥水化产物 $Ca(OH)_2$ 作用,生成活性很高的氢氧化铝,然后进一步反应生成水化氯铝酸盐,使凝胶体数量增加,同时水化氯铝酸盐有一定的膨胀性,因此可提高水泥石的密实性。三氯化铝还具有很强的促凝作用,因此用它配制的水泥浆主要用于防水堵漏。

e. 锆化合物。锆的化合性很强,不以金属离子状态存在,能与电负性强的元素化合,因此锆容易与胺和乙二醇等物质化合。利用这种性质可应用于纤维类的防水剂,作为混凝土防水剂也有市售品,锆与水泥中的钙结合生成不溶物,具有憎水效果。

无机质防水剂通过水泥凝结硬化过程中与水发生化学反应,生成物填充在混凝土与砂浆的空隙中,提高混凝土的密实性,从而起到防水抗渗作用。

②有机质防水剂

此类防水剂分为憎水性表面活性剂和天然或合成聚合物乳液水溶性树脂。

a. 憎水性表面活性剂:金属皂类防水剂、环烷酸皂防水剂、有机硅憎水剂。这类防水剂是在建筑防水中占重要地位的一族,可以直接掺入混凝土和砂浆作为防水剂,也可以喷涂在表面作为隔潮剂。

b. 天然或合成聚合物乳液水溶性树脂：聚合物乳液、橡胶乳液、热固性树脂乳液、乳化沥青等。

第三节　新拌混凝土和易性

混凝土在未凝结硬化之前称为新拌混凝土（或混凝土拌合物）。要配制质量优良的混凝土，除要慎重选用质量合格的组成材料外，为便于施工，获得均匀密实的混凝土，新拌混凝土必须具有良好的和易性或可操作性。

一、概念

和易性是指新拌混凝土易于施工操作（拌合、运输、浇筑、捣实），并获得质量均匀、成型密实的混凝土的性能，又称工作性。包括流动性、黏聚性和保水性等三方面的含义。

流动性是指新拌混凝土在自重或机械振捣的作用下，克服内部阻力和与模板、钢筋之间的阻力，产生流动并均匀密实地填满模板的能力。

黏聚性是指新拌混凝土组成材料之间具有一定的黏聚力，在施工、运输及浇筑过程中，能够保持整体均匀和稳定，不至于出现分层离析现象，保证混凝土的强度和耐久性。

保水性是指新拌混凝土具有一定的保水能力，在施工中不致产生严重的泌水现象。

新拌混凝土的流动性、黏聚性和保水性三者之间既互相联系，又互相矛盾。如增大流动性需要增加水泥浆用量，则黏聚性和保水性往往变差；采用黏聚力较大的细颗粒时可提高黏聚性和保水性，但流动性可能变差。和易性良好的混凝土是指既满足施工要求的流动性，又具有良好的黏聚性和保水性。

二、测定方法及指标

新拌混凝土的和易性是一项复杂的综合指标。目前，没有能够全面反映和易性的试验方法，只能通过定量试验测定流动性，用其他手段评定黏聚性和保水性。常用坍落度或维勃稠度试验来定量地测量流动性，并通过目测观察来判定黏聚性和保水性。

1. 坍落度测定

目前测定混凝土和易性普遍采用的方法是坍落度试验方法,具体方法:将标准截顶圆锥坍落度筒放在水平、不吸水的底板上压紧,混凝土拌合物按规定方法分三层装入其中,每层由外向内螺旋插捣 25 次,装满刮平后,缓慢垂直向上将筒提起,移到一旁,拌合物由于自重会产生坍落现象。筒顶与坍落后混凝土最高点之间的高差,即为坍落度(单位 mm),它可作为流动性指标,如图 4-4 所示。坍落度越大表示混凝土拌合物的流动性越大。

流动性测定后,用捣棒在坍落后混凝土侧面轻轻敲打,如果混凝土缓慢下沉表示黏聚性良好,如果出现混凝土崩塌等现象则表示黏聚性不好;同时观察水泥浆析出情况,如提桶后在混凝土底部周边有较多水泥浆析出则表示保水性不好。

坍落度试验适用于测定骨料最大粒径不大于 40 mm(公称最大粒径不大于 31.5 mm)、坍落度不小于 10 mm 的混凝土拌合物的流动性。

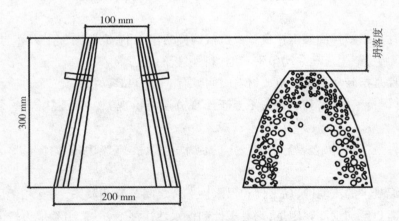

图 4-4　混凝土拌合物坍落度的测定

图 4 - 5　维勃稠度仪

根据坍落度值大小，混凝土拌合物分 4 级：低塑性混凝土（坍落度值为 10 ~ 40 mm）、塑性混凝土（坍落度值为 50 ~ 90 mm）、流动性混凝土（坍落度值为 100 ~ 150 mm）及大流动性混凝土（坍落度值≥160 mm）。

2. 维勃稠度测定

对坍落度值小于 10 mm 的干硬性混凝土，通常采用维勃稠度仪测定其和易性。该方法适用于骨料最大粒径不超过 40 mm（公称最大粒径不大于 31.5 mm），维勃稠度在 5 ~ 30 s 之间的混凝土拌合物的流动性测定。

测定方法：将坍落度筒放在直径 240 mm、高度 200 mm 圆筒内，圆筒安装在专用振动台上，按坍落度试验方法装料并提起坍落度筒，在拌合物试体顶面放一透明圆盘，开启振动台，测量从开始振动至透明圆盘底面完全被水泥浆布满所经历的时间，即为维勃稠度值（单位 s），如图 4 - 5 所示。

三、主要影响因素

1. 水泥浆数量

水泥浆除了填充集料间空隙外，并且要包裹集料表面，在水灰比一定条件下，水泥浆越多，骨料间水泥浆层越厚，骨料颗粒间的摩擦力越小，混凝土拌合物流动性越大,但水泥浆数量过多,集料相对减少,将出现流浆现象,黏聚性和保水性变差,而且会影响强度和耐久性;若水泥浆用量过少,不足以充分包裹集料和填充空隙,流动性和黏聚性变差。因此,水泥浆数量应在满足和易性的情况下,同时考虑强度和耐久性要求。

2. 水灰比影响

水灰比是指水与水泥的质量比。在水泥和骨料用量一定的情况下,水灰比改变即水泥浆稠度改变。一般水灰比小,则水泥浆稠度大,拌合物流动性小,但黏聚性和保水性好;但水灰比过小时,不能保证混凝土的密实成型。反之,若水灰比大,则水泥浆稠度小,流动性增加的同时会引起黏聚性和保水性不良,当水灰比过大,混凝土拌合物将产生严重的离析、泌水现象,导致混凝土强度和耐久性降低。水灰比的大小直接影响水泥混凝土的强度,在实际工程中,为增加拌合物的流动性而增加用水量时,必须保证水灰比不变,同时增加水泥的用量。

3. 骨料品种与品质的影响

碎石相对卵石表面粗糙、棱角多,内摩阻力大,因此在水泥浆量和水灰比相同的条件下,使用碎石的流动性比卵石差些;石子最大粒径较大时,需要包裹的水泥浆少,相对于水泥浆包裹层厚,其流动性要好些,但石子最大粒径较大时,若级配差,空隙率大则黏聚性和保水性也差;细砂的比表面积大,在水泥浆量一定条件下,拌制混凝土拌合物流动性较差,但黏聚性和保水性好。所以应采用最大粒径稍小、棱角少、针片状颗粒少、级配好的粗骨料,选择细度模数偏大的中粗砂。

4. 砂率

砂率是指混凝土拌合物砂的质量占砂石总质量的百分率。砂率反映了粗细集料的相对比例,对混凝土拌合物和易性影响很大。在水泥浆量一定的情况下,混凝土拌合物坍落度与砂率的关系如图 4 - 6 所示。当砂率过小时,由于集料空隙率大,水泥浆不足以填充空隙,导致流动性小;随着砂率的增大,砂可以填充部分空隙,流动性增大;但当砂率过大时,集料比表面积增大,一定量的水泥浆不足以充分包裹集料,流动性降低。所以在不同的砂率中有一个合理砂率值,使混凝土拌合物在水、水泥用量一定的情况下可获得最大的流动性,并能保持良好的黏聚性和保水性,砂率与水泥用量的关系如图 4 - 7 所示。

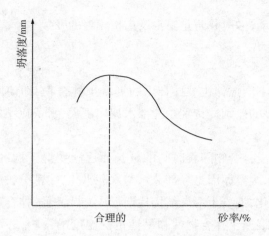

图 4 – 6 砂率与坍落度的关系(水与水泥浆用量一定)

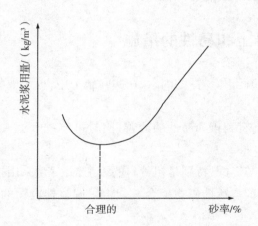

图 4 – 7 砂率与水泥浆用量的关系(达到相同坍落度)

5. 水泥与外加剂的影响

水泥的品种、细度、矿物组成以及混合材料的掺量都影响混凝土拌合物的和易性。不同品种的水泥标准稠度用水量不同,故配制的混凝土拌合物的流动性也不同。如与普通硅酸盐水泥相比,采用火山灰硅酸盐水泥的混凝土拌合物的流动性较小,但黏聚性、保水性好。

在拌制混凝土拌合物时加入适量外加剂,如减水剂、引气剂等,可以显著地改善混凝土拌合物的和易性,同时提高混凝土的强度和耐久性。

6. 矿物掺合料

矿物掺合料颗粒细小,具有较大的比表面积,自身水化缓慢,减缓了水泥的水化速度,使混凝土的流动性好,并防止泌水及离析现象的发生。

7. 其他影响因素

搅拌方式影响:不同搅拌机械拌合出的混凝土拌合物,即使原材料条件相同,和易性仍可能出现明显的差别。特别是搅拌水泥用量大、水灰比小的混凝土拌合物,这种差别尤其显著。

时间影响:混凝土拌合物随着时间的延长而逐渐变得干稠,流动性降低,这种现象称为坍落度损失。主要原因是一部分水与水泥水化,一部分被骨料吸收,一部分水蒸发,另外随水泥水化,混凝土凝聚结构逐渐形成,使混凝土拌合物的流动性变差。

环境条件影响:混凝土拌合物的和易性也受温度的影响,环境温度升高,水分蒸发及水化反应加快,相应使流动性降低。因此,施工中为保证一定的和易性,还必须注意环境温度的变化,采取相应的措施。

四、改善混凝土和易性的措施

针对如上影响混凝土和易性的因素,在实际施工中,可采取如下措施来改善混凝土的和易性。

1. 采用合理砂率,有利于和易性的改善,同时可节省水泥,提高混凝土的强度等项指标。

2. 改善骨料粒形与级配,特别是粗骨料的级配,并尽量采用较粗的砂、石。

3. 掺入化学外加剂与活性矿物掺合料,改善、调整拌合物的工作性,以满足施工要求。

4. 当混凝土拌合物坍落度太小时,保持水灰比不变,适当增加水与水泥用量;当坍落度太大时,保持砂率不变,适当增加砂、石骨料用量;当黏聚性和保水性不良时,增大砂率、增加砂的用量。

五、拌合物浇筑后的性能

混凝土拌合物在浇筑之后、初凝之前呈塑性和半流体状态,各组成成分在相对运动中会使拌合物出现泌水等现象。

1. 泌水

泌水是指混凝土拌合物在浇筑与捣实以后、凝结之前,在表面出现的约为浇筑高度2%的一层水分。泌水出现在浇筑物顶面,形成泌水的过程中,向上移动的水若被骨料阻挡,积存在骨料下方,会削弱水泥浆与骨料间的连接,影响硬化后混凝土强度;

而且水分上移时形成的泌水通道会降低混凝土抗渗性与抗冻性；另外，浇筑物顶面由于泌水现象的发生，会增大水灰比，形成疏松的水化物结构（称浮浆），影响硬化后混凝土的强度和耐磨性，若为分层连续浇筑的桩或柱，泌水也会使其产生强度薄弱层次。

2. 塑性沉降

泌水现象引起拌合物整体沉降，当浇筑深度大时，靠近顶部的拌合物运动距离长，如果沉降时受到阻碍，例如遇到钢筋，则沿与钢筋垂直的方向，从表面向下至钢筋产生塑性沉降裂缝。

3. 塑性收缩

泌水的水分除一部分水化被吸收外，还有一部分会被蒸发掉，如果泌水速度低于蒸发速度，会使表面混凝土的含水量降低，产生塑性收缩裂缝。当环境温度高、相对湿度小、风大时蒸发速度更快，更容易出现塑性收缩裂缝。

引起泌水的主要原因是骨料的级配不良，尤其是缺少 300 μm 以下的颗粒。若想减小泌水，可以增加砂子用量，但如果砂太粗或无法增大砂率，也可使用引气剂；还可以使用硅灰及增大粉煤灰用量来解决。另外，采用二次振捣也是减小泌水，避免塑性沉降裂缝和塑性收缩裂缝的有效措施，尤其是对各种大面积的平板工程。最后，浇筑后必须尽快开始并在最初几天内注意养护，如在混凝土表面喷洒水或蓄水养护，用风障或遮阳棚保护混凝土表面，用塑料膜覆盖或喷养护剂避免水分散失。

第四节　混凝土的强度

硬化后的混凝土在未受外力作用之前，由水泥水化造成的物理收缩和化学收缩引起浆体体积的变化，或者因泌水在集料下部形成水囊，而导致集料界面可能出现界面裂缝，在施加外力时，微裂缝处出现应力集中现象，随着外力的增大，裂缝就会延伸和扩展，最后导致混凝土破坏。混凝土的受压破坏实际上是裂缝的失稳扩展到贯通的过程，见图 4-8。

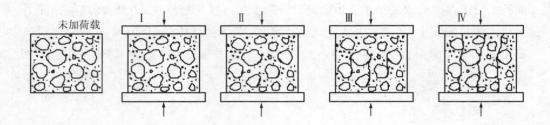

图 4 – 8　不同受力阶段裂缝示意图

一、混凝土的立方体抗压强度(f_{cu})

根据《混凝土物理力学性能试验方法标准》(GB/T 50081—2019),制作边长 150 mm 的立方体标准试件,在标准养护条件下[温度(20 ± 2)℃,相对湿度 95% 以上],养护 28 d 龄期,测得的抗压强度值作为混凝土的立方体抗压强度值,用 f_{cu} 表示,其计算方法见式(4 – 3)。

$$f_{cu} = \frac{F}{A} \tag{4 – 3}$$

式中: f_{cu}——混凝土立方体试件抗压强度,MPa;

$\quad\ F$——试件破坏荷载,N;

$\quad\ A$——试件承压面积,mm^2。

对于同一混凝土材料,采用不同的试验方法,例如不同的养护温度、湿度,以及不同形状、尺寸的试件等,其强度值将有所不同。

测定混凝土抗压强度时,也可采用非标准试件,但应对测定结果进行修正。若采用边长为 100 mm 或 200 mm 的立方体试件,测定的抗压强度值应分别乘以尺寸换算系数 0.95 和 1.05。

取 3 个试件测定的算术平均值作为该组试件的强度值,应精确至 0.1 MPa;当 3 个测值中的最大值或最小值中有一个与中间值的差值超过中间值的 15% 时,则应把最大及最小值剔除,取中间值作为该组试件的抗压强度值。当最大值和最小值与中间值的差值均超过中间值的 15% 时,则该组试件的试验结果无效。

二、混凝土立方体抗压强度标准值($f_{cu,k}$)与强度等级

混凝土立方体抗压强度标准值是指按标准试验方法制作、养护并测定的强度总体分布中具有不低于 95% 保证率的抗压强度值,用 $f_{cu,k}$ 表示。

混凝土强度等级就是按照立方体抗压强度标准值来划分的。混凝土强度等级用

符号 C 与立方体抗压强度标准值表示,按照《混凝土结构设计规范》(GB 50010—2010)规定,普通混凝土划分为十四个等级,即 C15,C20,C25,C30,C35,C40,C45,C50,C55,C60,C65,C70,C75,C80。

三、混凝土轴心抗压强度(f_{cp})

在实际工程中,受压构件多为棱柱体(或是圆柱体),而非立方体,所以在结构设计中,计算轴心受压构件时,要采用混凝土轴心抗压强度(f_{cp})作为依据。

根据《混凝土物理力学性能试验方法标准》(GB/T 50081—2019)规定,测定混凝土轴心抗压强度时,标准试件尺寸为 150 mm × 150 mm × 300 mm 的棱柱体试件。如有需要,也可采用非标准试件,但强度计算时,测得的强度值均应乘以尺寸换算系数。当混凝土强度等级 < C60 时,边长分别为 100 mm × 100 mm × 300 mm 和 200 mm × 200 mm × 400 mm 的非标准试件,尺寸换算系数分别为 0.95 和 1.05。当混凝土强度等级 ≥ C60 时,宜采用标准试件,若使用非标准试件时,尺寸换算系数应由试验确定。

相关试验表明,轴心抗压强度与立方体抗压强度之间关系是:当立方体抗压强度在 10 ~ 55 MPa 范围时,轴心抗压强度约为立方体抗压强度的 0.70 ~ 0.80 倍。

四、劈裂抗拉强度(f_{ts})

混凝土抗拉强度只有抗压强度的 1/20 ~ 1/10,由于混凝土的脆性特点,其抗拉强度很难直接测定,一般通过抗压间接得出混凝土的抗拉强度,称为劈裂抗拉强度。

根据《混凝土物理力学性能试验方法标准》(GB/T 50081—2019)规定,劈裂抗拉强度试验采用标准试件应为边长为 150 mm 的立方体试件,采用劈裂抗拉装置检测强度,试验装置示意图如图 4-9 所示,计算公式见式(4-4)。

$$f_{ts} = \frac{2F}{\pi A} = 0.637 \frac{F}{A} \qquad (4-4)$$

式中:f_{ts}——混凝土劈裂抗拉强度,MPa;

F——试件破坏荷载,N;

A——试件劈裂面面积,mm^2。

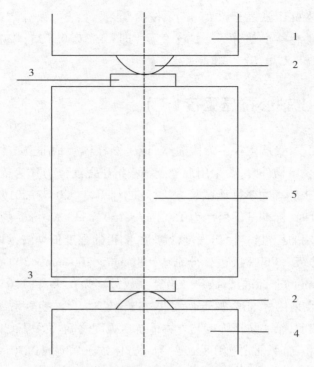

图 4-9　混凝土劈裂抗拉试验装置图

1,4. 压力机上、下压板;2. 垫条;3. 垫层;5. 试件

采用 100 mm × 100 mm × 100 mm 非标准试件测得的劈裂抗拉强度值,应乘以尺寸换算系数 0.85;当混凝土强度等级不小于 C60 时,应采用标准试件。

五、混凝土抗折强度(f_{tf})

混凝土抗折强度是指处于受弯状态的混凝土抵抗破坏的能力,由于混凝土在断裂前并无明显的弯曲变形,故称为抗折强度。

混凝土抗折强度试验采用边长为 150 mm × 150 mm × 600 mm(或 550 mm)的棱柱体试件作为标准试件,边长为 100 mm × 100 mm × 400 mm 的棱柱体试件是非标准试件。按三分点加荷方式加载测得其抗折强度,试验装置情况见图 4-10,计算如式(4-5)所示。

$$f_{tf} = \frac{FL}{bh^2} \qquad (4-5)$$

式中:f_{tf}——混凝土抗折强度,MPa;

　　　F——破坏荷载,N;

　　　L——支座间跨度,mm;

h——试件截面高度,mm;

b——试件截面宽度,mm。

若采用 100 mm × 100 mm × 400 mm 非标准试件时,应乘以尺寸换算系数 0.85;当混凝土强度等级≥C60 时,宜采用标准试件。

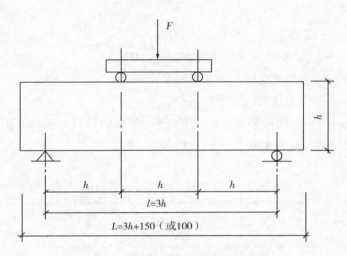

图 4 – 10　混凝土抗折强度试验装置

六、影响混凝土强度的因素

水泥混凝土是由水泥石和骨料组成的复合材料,经强度试验表明,在荷载作用下,混凝土的破坏主要表现为骨料与水泥石的黏结界面破坏或水泥石破坏。而这两种破坏主要与水泥的强度等级、水灰比及骨料的性质有很大关系,此外,混凝土强度还受施工质量、养护条件及龄期的影响。

1. 水泥强度等级及水灰比

水泥是混凝土中的活性组分,其强度大小直接影响混凝土强度高低。一般情况下,水泥强度等级越高,其配制混凝土的强度也越高。

当采用相同品种和强度等级的水泥时,混凝土的强度取决于水灰比。水泥水化所需的结合水一般只占水泥质量的 23% 左右,但在拌制混凝土时为了使其具有满足施工要求的流动性,往往需要加入较多的水,混凝土硬化后,多余的水分残留在混凝土的水泡中,水泡蒸发后变成气孔,影响混凝土的密实程度。一般在水泥相同的情况下,水灰比越小,水泥强度越高,与骨料黏结力越强,混凝土强度越高。但若水灰比过小,则混凝土拌合物流动性过小,难以保证浇筑、振捣的质量,混凝土中将出现较多的蜂窝和孔洞,强度也将下降。经试验证明,混凝土的强度随着水灰比的增加而降低,呈曲线关系,而混凝土强度和灰水比则呈直线关系。混凝土强度与水灰比及灰水比的关系见图4-11。根据回归理论,可以建立混凝土强度与灰水比的关系,见式(4-6)。

$$f_{cu,o} = \alpha_a f_{ce} \left(\frac{C}{W} - \alpha_b \right) \tag{4-6}$$

式中:$f_{cu,o}$——混凝土28 d抗压强度,MPa;

f_{ce}——水泥的28 d实际强度测定值,MPa;

C——每立方米混凝土中水泥用量,kg;

W——每立方米混凝土中用水量,kg;

α_a、α_b——回归系数是由《普通混凝土配合比设计规程》(JGJ 55—2011)提供的数据,见表4-11。

表4-11 回归系数(α_a、α_b)取值表

系数	粗骨料品种	
	碎石	卵石
α_a	0.53	0.49
α_b	0.20	0.13

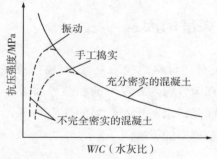

(a)强度与水灰比的关系

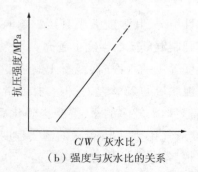

(b)强度与灰水比的关系

图4-11 混凝土强度与水灰比及灰水比的关系

$$f_{ce} = \gamma_c \cdot f_{ce,g} \qquad\qquad (4-7)$$

式中：$f_{ce,g}$——水泥强度等级值，MPa；

　　　γ_c——水泥强度等级值的富余系数，可按实际统计资料确定，缺乏资料时可按表 4-12 选用。

表 4-12　水泥强度等级值的富余系数（γ_c）

水泥强度等级值	32.5	42.5	52.5
富余系数	1.12	1.16	1.10

2. 骨料的影响

骨料在混凝土中起骨架作用，它的强度、表面特征、粒径及级配情况等都影响所配制混凝土强度的大小。粗骨料最大粒径越大，骨架越稳定，但粒径太大混凝土连续性、均质差，混凝土强度降低；级配良好的骨料空隙率小，所配混凝土和易性和密实性好，强度高；如果骨料含泥量、泥块含量高，会影响水泥与骨料黏结，混凝土整体强度降低；骨料的表面特征也影响混凝土强度大小。如碎石表面粗糙，与水泥石黏结力大，而卵石表面光滑，与水泥石黏结力较小，因而在其他条件相同情况下，采用碎石配制的混凝土强度往往高于卵石配制的混凝土的强度。

3. 养护温度和湿度

养护温度和湿度是决定水泥水化速度和水化程度的重要条件。一般情况下，混凝土养护温度越高，水泥的水化速度越快，混凝土的强度（尤其早期强度）越大；但是对于硅酸盐水泥和普通硅酸盐水泥，早期温度过高（40 ℃以上）会导致混凝土的早期强度发展快，引起水泥凝胶体结构发育不良，水泥凝胶分布不均匀，对混凝土的后期强度发展不利。湿度是保证水泥水化正常进行的重要因素。如果湿度不够，混凝土会失水干燥而影响水泥水化的顺利进行，甚至停止水化，降低混凝土的强度和耐久性。

4. 龄期的影响

在正常养护条件下，混凝土的强度随龄期的增长而增加。一般 7~14 d 内，强度增长较快，28 d 后强度发展变缓。

在标准养护条件下，水泥混凝土强度 3 d 后强度发展趋势与龄期的对数成正比关系，见式（4-8）。

$$f_n = f_{28} \cdot \frac{\lg n}{\lg 28} \qquad\qquad (4-8)$$

式中：f_n——混凝土 n d 龄期的抗压强度，MPa；

$\quad\quad f_{28}$——混凝土 28 d 龄期的抗压强度，MPa；

$\quad\quad n$——养护龄期（$n \geqslant 3$），d。

随龄期的延长，强度呈对数曲线趋势增长，28 d 以后强度基本趋于稳定，但只要温度、湿度条件合适，混凝土的强度仍有所增长。

七、提高混凝土强度的措施

1. 合理降低水灰比

水灰比越低，水泥浆越稠，水泥石强度越大；水灰比越小，用水量越少，混凝土硬化后留下的空隙少，混凝土密实度高，强度越大。

2. 选用高强度等级水泥

水泥强度等级越高，水泥石强度越大，在混凝土配合比相同以及满足施工和易性和混凝土耐久性要求条件下，混凝土强度也越大。

3. 合理掺加混凝土外加剂和掺合料

外加剂是配制高强混凝土的必备成分，常用来改善混凝土的性能和提高混凝土强度；另外，掺入矿物掺合料后，矿物掺合料均能与水泥水化产物发生二次反应，使混凝土后期强度提高，但是掺加硅灰既能提高混凝土的早期强度，又能提高混凝土的后期强度。

4. 合理选择骨料级配

合理选择粗细骨料的颗粒级配，可使混凝土空隙率降低，不仅可以节省水泥，而且可以改善混凝土拌合物的和易性，提高混凝土的密实度和强度。

5. 采用湿热处理

（1）蒸汽养护。将混凝土放在低于 100 ℃的常压蒸汽中养护，经 16 ~ 20 h 养护后，其强度可达正常条件下养护 28 d 强度的 70% ~ 80%。蒸汽养护最适合于掺活性混合材料的矿渣水泥、火山灰水泥、粉煤灰水泥，因为在湿热条件下，可加速活性混合材料与水泥水化析出的氢氧化钙的化学反应，不仅提高混凝土早期强度，而且也会提高后期强度，28 d 强度可提高 10% ~ 40%。

（2）蒸压养护。混凝土在 100 ℃以上温度和几个大气压的蒸压釜中进行养护，主要适用于硅酸盐混凝土拌合物及其制品，如灰 - 砂砖，石灰 - 粉煤灰砌块，石灰 - 粉煤灰加气混凝土等。由于在高温高压条件下,砂及粉煤灰等材料中二氧化硅和氧化铝的溶解度和溶解速度大大提高,加速了与石灰的反应速度,因而制品强度增长较快。

6.采用机械搅拌振捣混凝土

采用机械搅拌,不仅比人工搅拌工效高,而且也均匀,故能提高混凝土的强度。

第五节　混凝土的变形

水泥混凝土在凝结硬化过程中以及硬化后,受到外力及环境因素的作用,均会产生一定量的体积变形。

一、化学收缩

若水泥水化产物的总体积小于水化前反应物的总体积,则使混凝土总体积产生收缩。这种由水泥水化和硬化而产生的体积减小,称为化学收缩。水泥的矿物组成与水相遇时会与水分子化合,生成水化硅酸钙凝胶和水化铝酸钙晶体,生成物不断发展,形成强度,放出热量的同时体积收缩。收缩量与水泥用量和水泥品种有关。化学收缩量一般在混凝土成型后 40 d 内增加较快,以后逐渐趋于稳定,收缩值为$(4 \sim 100) \times 10^{-6}$ mm/mm,是不可恢复的变形。

二、温度变形

混凝土与其他材料一样,具有热胀冷缩的性质。混凝土的温度膨胀系数为$(1.0 \sim 1.5) \times 10^{-5}$ mm/(mm·℃),即温度每升降 1 ℃,每 1 m 混凝土会引起胀缩$0.01 \sim 0.015$ mm。

混凝土温度变形,除受降温或升温影响外,还受混凝土内部与外部的温差影响。在混凝土硬化初期,水泥水化放出较多的热量不能及时散发,会在混凝土内外产生较大温差(有时可达 50 ~ 70 ℃),内部高温使混凝土体积膨胀,而外部混凝土却随气温降低而收缩,使得混凝土表面产生很大拉应力,超过混凝土极限应力即引起开裂。因此,对大体积混凝土工程,必须尽量减少混凝土发热量。目前常用的方法有:

(1)最大限度减少用水量和水泥用量以减少水化热。

(2)采用低热水泥。

(3)选择缓凝剂使水泥水化热峰值延后。

（4）选用热膨胀系数低的骨料，减小热变形。

（5）预冷原材料，在混凝土中埋冷却水管，表面绝热，减小内外温差。

（6）对混凝土合理分缝、分块、减轻约束等。

三、干湿变形

干湿变形是指由于混凝土周围环境湿度的变化，会引起混凝土的干湿变形，表现为干缩湿胀。因混凝土内部水分蒸发引起的体积变形，称为干燥收缩。干缩主要是由于毛细孔水蒸发，在毛细孔中形成负压，随湿度降低负压逐渐增大，产生收缩力导致混凝土收缩；另外，水泥水化后产物凝胶颗粒因失水也会产生紧缩。干缩变形对混凝土危害较大，一般与水泥品种、水泥用量、骨料品种和用水量等有关。一般情况下，降低水泥用量，选择细度适中的硅酸盐水泥，水灰比适中，致密骨料，合理的浆集比，可减小混凝土干缩率。

干缩在混凝土重新吸水后可部分恢复，但仍有残余变形不能完全恢复。通常，残余收缩约为收缩量的 30% ~ 60%，混凝土的极限收缩值可达 50×10^{-5} ~ 90×10^{-5} mm/mm。

混凝土因吸湿或吸水而引起的膨胀，称为湿胀。但因混凝土的湿胀变形量很小，一般无破坏作用，所以在施工过程中应尽量延长养护时间。

四、在荷载作用下的变形

1. 在短期荷载作用下的变形

（1）混凝土的弹塑性变形

混凝土不是完全的弹性体，而是一种弹塑性体。受外力作用的变形有可恢复的弹性变形，又有不可恢复的塑性变形，其应力与应变关系不是直线关系而是曲线关系，如图 4 - 12 所示。

在静力试验的加荷过程中，加荷至应力为 σ、应变 ε 的 A 点，然后逐渐卸去荷载，则卸载时的应力 - 应变曲线为 AC。卸载后能恢复的应变是由混凝土的弹性引起的，称为弹性应变 $\varepsilon_{弹}$；剩余不能恢复的应变，则是由混凝土的塑性引起的，称为塑性应变 $\varepsilon_{塑}$。

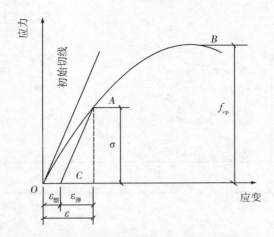

图 4 – 12　混凝土在压力作用下的应力 – 应变曲线

（2）混凝土的弹性模量

弹性模量是指应力 – 应变曲线上任意一点的应力 σ 与应变 ε 的比值。混凝土是弹塑性体，弹性模量因其骨料与水泥石的弹性模量而异。一般有如下规律：混凝土强度越高、骨料含量越高、弹性模量越大；水灰比越小，混凝土越密实，弹性模量越大；早期养护温度越低、养护龄期越长，弹性模量越大；等等。

2. 在长期荷载作用下的变形 – 徐变

混凝土在长期恒定荷载作用下，沿着作用力方向产生的随时间增加而不断增长的变形，称为徐变。图 4 – 13 表示混凝土的徐变曲线。当混凝土受外力作用后立即产生瞬时变形，瞬时变形多以弹性变形为主。随着荷载持续时间增长，徐变产生并增长，一般荷载作用初期增长较快，一般 2~3 年后逐渐稳定。若卸去荷载，部分变形可以产生瞬时恢复，部分变形在一段时间内逐渐恢复，称为徐变恢复，残余大部分不可恢复的永久变形，称为残余变形。

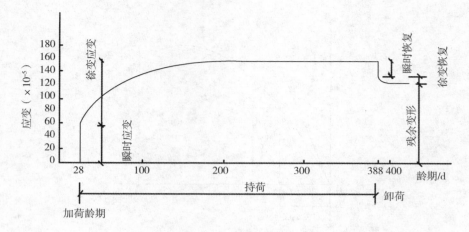

图 4 – 13　混凝土的徐变与恢复

一般认为,混凝土的徐变是水泥石中凝胶体在长期荷载作用下的黏性流动,是凝胶孔水向毛细孔内迁移的结果。在混凝土较早龄期,水泥尚未充分水化,水泥石中毛细孔较多,凝胶体易蠕动,所以徐变发展较快,在晚龄期,由于水泥继续硬化,毛细孔逐渐减小,徐变发展渐慢。

混凝土徐变可以消除钢筋混凝土内部的应力集中,使应力重新较均匀地分布,对大体积混凝土来说,还可以消除一部分由温度变形所产生的破坏应力。但在预应力钢筋混凝土结构中,徐变会使钢筋的预应力受到损失,使结构的承载能力受到影响。

影响混凝土徐变的因素很多,包括荷载大小、持续时间、混凝土的组成特性以及环境温湿度等,而最根本的是水灰比与水泥用量,即水泥用量越大,水灰比越大,徐变越大。

第六节　混凝土耐久性

混凝土除了要满足施工时的工作性和设计要求的强度之外,还应该具有优良的耐久性。耐久性是指混凝土抵抗环境介质作用情况下,能够长期保持其良好的使用性能和外观完整性,从而维持混凝土结构的安全、正常使用的能力。如使用过程中会反复受到冰冻影响的混凝土,应该具有一定的抗冻性等。

混凝土的耐久性是一个综合性概念,它包括的内容很多,如抗渗性、抗冻性、抗侵蚀性、抗碳化性、抗碱集料反应等。

一、混凝土的抗渗性

1. 抗渗性的定义与意义

抗渗性指混凝土材料抵抗压力水渗透的能力,表征指标是抗渗等级或渗透系数。抗渗性是保证混凝土耐久性的最基本因素。水是一种载体,可以携带侵蚀性介质扩散到混凝土内部,使混凝土中钢筋发生锈蚀或引发硫酸盐侵蚀、碱集料反应,使饱和的混凝土产生冻融循环破坏,因此在混凝土发生的这些耐久性破坏中,水能够渗透到混凝土内部是混凝土破坏的前提条件,抵抗水的渗透对保证混凝土耐久性是关键的,对混凝土结构具有重要意义。

2. 抗渗性指标

混凝土的抗渗性用抗渗等级表示,共有 P4,P6,P8,P10,P12 五个等级。混凝土的抗渗实验采用 185 mm × 175 mm × 150 mm 的圆台形试件,每组 6 个试件。按照标准试验方法成型并养护至 28 ~ 60 d,期间进行抗渗性试验。试验时将圆台形试件周围密封并装入模具,从圆台形试件底部施加水压力,初始压力为 0.1 MPa,每隔 8 h 增加 0.1 MPa,用 6 个试件中有 4 个试件未出现渗水时的最大水压力表示。《普通混凝土配合比设计规程》(JGJ 55—2011)中规定,具有抗渗要求的混凝土,试验要求的抗渗水压值应比设计值高 0.2 MPa,试验结果应符合式(4-9)要求。

$$P_t \geqslant \frac{P}{10} + 0.2 \qquad (4-9)$$

式中:P_t——6 个试件中 4 个未出现渗水的最大水压值,MPa;

　　　P——设计要求的抗渗等级值。

渗透系数是参考渗水高度计算出来的相对渗透系数,一般抗渗性高的材料倾向于用渗水高度及相对渗透系数来评价混凝土抗渗性。

3. 提高抗渗性措施

影响混凝土抗渗性的关键因素是孔隙率大小和孔隙结构特征。混凝土孔隙率越低,微孔隙越少、连通孔越少,抗渗性越好。

提高混凝土抗渗性的主要措施:

(1)降低水灰比。试验表明,当 $W/C > 0.55$ 时,抗渗性很差,$W/C < 0.50$ 时,抗渗性较好。

(2)保证胶凝材料总量。《混凝土结构耐久性设计规范》(GB/T 50476—2008)中规定了混凝土胶凝材料的最小与最大用量。

（3）选择好的骨料级配。

（4）充分振捣和养护。

（5）掺用外加剂和矿物掺合料等。如混凝土掺用引气剂,引气剂引入的微小气泡阻断毛细孔中水分渗透通道,一般含气量宜控制在 2% ~4% ,当含气量超过 6% 时会引起混凝土强度急剧下降;胶凝材料体系中掺用矿物掺合料会显著改善混凝土拌合物的和易性,减少混凝土孔隙率并细化孔隙,提高混凝土的密实度。

二、混凝土的抗冻性

1. 抗冻性定义与冻融破坏机制

混凝土的抗冻性是指混凝土在水饱和状态下,经反复冻融循环作用,能保持强度和外观完整性的能力。混凝土受到冻融循环作用破坏的主要原因是:当混凝土内部孔隙中有水,水在低温下会结冰,同时产生体积膨胀(约 9%),会对孔隙周围的水泥石或骨料产生膨胀力,而当水溶解时体积又将恢复,反复作用下会使周围材料强度降低。在反复冻融循环的作用下,一方面水结冰体积膨胀造成静水压力,另一方面压差推动未冻结水向结冰区迁移造成渗透压力,当这两种压力所产生的内应力超过混凝土的抗拉强度时,会导致混凝土产生裂缝。

综上,混凝土的抗冻性与密实度、孔隙构造和数量(尤其是开口孔隙数量),以及孔隙的充水程度等直接相关。

2. 抗冻性的测量与表示

混凝土抗冻性用抗冻等级表示。《普通混凝土长期性能和耐久性能试验方法标准》(GB/T 50082—2009)抗冻试验有两种方法,即慢冻法和快冻法。

（1）慢冻法

龄期 28 d 的标准立方体试块(100 mm ×100 mm ×100 mm),吸水饱和后承受反复冻融循环作用(−20 ~ −18 ℃冻 4 h,18 ~20 ℃融 4 h),以抗压强度值下降不超过 25% 且质量损失不超过 5% 时所承受的最大冻融循环次数表示,例如 D50、D100 等。

（2）快冻法

龄期 28 d 的棱柱体试件(100 mm ×100 mm ×400 mm),吸水饱和后承受反复冻融循环(冻 −20 ~ −16 ℃,融 3 ~7 ℃),一个循环在 2 ~4 h 内完成,且用于融化的时间不得少于整个冻融循环时间的 1/4,以相对动弹性模量值不小于 60% 且质量损失率不超过 5% 时所承受的最大冻融循环次数表示,如 F50、F100、F150 等。

3.提高混凝土抗冻性的措施

（1）降低混凝土水胶比，降低孔隙率。

（2）掺加引气剂，保持含气量在4%～5%。

（3）提高混凝土密实度，在相同含气量的情况下，提高混凝土密实度可获得更好的抗冻性。

三、混凝土的碳化

1.碳化的定义

碳化指的是空气中的二氧化碳与水泥石中的水化产物（氢氧化钙）在有水的条件下发生化学反应，生成碳酸钙和水，也称为中性化。碳化过程是二氧化碳由表及里向混凝土内部逐渐扩散的过程。碳化会影响混凝土物理力学性能和化学性能，如影响混凝土的碱度、强度和收缩等。

常用碳化深度表示混凝土碳化的程度。

2.混凝土保护钢筋不生锈的原因

混凝土孔隙的孔溶液中含有较多的 Na^+、K^+、OH^- 及少量 Ca^{2+} 等，为保持离子电中性，OH^- 浓度较高，即 pH 值较大。在这样的强碱环境中，钢筋表面生成一层厚 $20 \sim 60 \, \text{Å}$ 的致密钝化膜，钢材难以进行电化学反应。当碳化发生，混凝土碱度降低，钝化膜遭到破坏，若钢筋的周围又有一定的水分和氧时，混凝土中的钢筋就会腐蚀。

3.混凝土碳化的危害

（1）混凝土的碱度降低，减弱了对钢筋的保护作用，同时混凝土碱度降低，使水泥石中的水化产物分解，降低混凝土强度。

（2）引起混凝土收缩，并可能导致混凝土微裂纹的产生，混凝土抗拉和抗折强度下降。

4.影响碳化的因素

（1）空气中二氧化碳的浓度。

（2）环境湿度。水分是碳化反应发生的必要条件。相对湿度50%～75%时，碳化速度变快。

（3）水泥品种与掺合料用量。

（4）混凝土的密实度。混凝土越密实，二氧化碳气体和水不易扩散到内部，碳化速度减慢。

四、抗氯离子渗透性

氯离子是一种极强的钢筋腐蚀因子,扩散能力很强,若混凝土原材料或环境介质中氯离子含量过大,又因混凝土不密实而渗透到混凝土内部,将对混凝土的质量产生严重危害。混凝土中含有 $0.6 \sim 1.2 \ kg/m^3$ 氯离子时足以破坏钢筋钝化膜,腐蚀钢筋,因此抗氯离子渗透性常用来评价混凝土的抗渗能力。

五、混凝土的抗侵蚀性

当使用环境中有侵蚀性介质时,混凝土可能遭受侵蚀,通常有软水侵蚀、镁盐侵蚀、硫酸盐侵蚀、碳酸侵蚀与强碱侵蚀等,侵蚀机制见第三章。随着混凝土在海洋、盐渍、高寒等环境中的大量使用,对混凝土的抗侵蚀性提出了更严格的要求。

混凝土的抗侵蚀性与胶凝材料的组成、孔隙特征、密实度与强度等因素有关。

六、碱集料反应

混凝土中的碱性氧化物(Na_2O、K_2O)与集料中的活性成分(SiO_2等)发生化学反应,生成碱-硅酸凝胶,凝胶吸水后体积膨胀导致水泥石胀裂,这种化学反应称为碱集料反应。

碱集料反应发生缓慢,往往要经过几年甚至十几年之后才会显现。但是破坏作用一旦发生,便难以阻止,常被称为混凝土的"癌症",工程中应以预防为主。

通常可以通过以下措施进行预防:

(1)若可能,选择非活性骨料。

(2)限制混凝土中总含碱量(一般 $\leqslant 3.5 \ kg/m^3$),可选择低碱水泥或在可能情况下降低水泥用量。

(3)掺用活性矿物混合掺合料,如粉煤灰、磨细矿渣等。

(4)掺用引气剂,借助形成的微小气孔缓冲膨胀破坏应力。

(5)保证混凝土在使用期一直处于干燥状态,注意隔绝水的侵入,减少或停止碱集料反应。

七、提高混凝土耐久性的主要措施

(1)降低水灰比,减少拌合水及水泥浆的用量。

（2）合理选择水泥品种。选用低水化热和含碱量偏低的水泥，尽可能避免使用早强水泥和高 C_3A 含量的水泥。

（3）选用品质良好的砂、石骨料。

（4）掺用引气剂、减水剂以及活性掺合料。

（5）加强混凝土质量控制。施工中应保证搅拌均匀、浇筑和振捣密实，并加强养护。

第七节　混凝土的质量控制与强度评定

加强混凝土的质量控制，可以保证所获得混凝土满足设计要求。混凝土的质量控制包括初步控制、生产控制和合格控制。初步控制是指在混凝土生产前对所涉及的人、机、料的检验等；生产控制是指在混凝土生产中从原材料到成品使用各环节的控制（搅拌、运输、浇筑、振捣和养护等）；合格控制是指对混凝土生产各环节进行检测和验收等的控制。

混凝土的质量用性能检验结果来进行评定的。在施工中，原材料不同、施工条件、养护条件及试验条件差异等诸多因素的影响，均可引起混凝土质量的波动，并最终体现在强度方面。

一、混凝土强度的质量控制

1. 混凝土强度保证率

混凝土强度保证率是指混凝土总体分布中，不小于设计要求强度等级标准值（$f_{cu,k}$）的概率，即强度不小于设计强度等级的数量占总数量的百分率。

通过随机变量 $t = \dfrac{\overline{f}_{cu} - f_{cu,k}}{\sigma}$ 将强度概率分布曲线转换为强度标准正态分布曲线。曲线对应总面积为概率的总和（100%），阴影部分即混凝土的强度保证率，强度标准正态分布曲线见图 4-14。强度保证率计算方法如下：

先计算概率度 t，如式（4-10）所示。

$$t = \frac{\overline{f}_{cu} - f_{cu,k}}{\sigma} = \frac{\overline{f}_{cu} - f_{cu,k}}{C_v \cdot \overline{f}_{cu}} \tag{4-10}$$

式中：C_v 是一个统计参数，称为变差系数，等于均方差除以平均值。

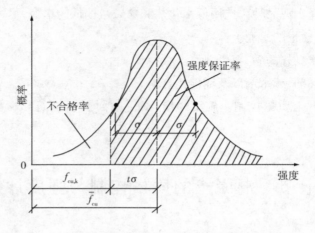

图 4 – 14   强度标准正态分布曲线

由概率度 t,再根据强度标准正态分布曲线方程 $P(t) = \int_t^{+\infty} \Phi(t)\mathrm{d}t = \dfrac{1}{\sqrt{2\pi}} \cdot$

$\int_t^{+\infty} \mathrm{e}^{-\frac{t^2}{2}}\mathrm{d}t$,可求得概率度 t 与强度保证率 $P(\%)$ 的关系,如表 4 – 13 所示。

表 4 – 13   不同 t 值的强度保证率 P

t	0.00	– 0.50	– 0.84	– 1.00	– 1.20	– 1.28	– 1.40	– 1.60
$P/\%$	50.0	69.2	80.0	84.1	88.5	90.0	91.9	94.5
t	– 1.645	– 1.70	– 1.81	– 1.88	– 2.00	– 2.05	– 2.33	– 3.00
$P/\%$	95.0	95.5	96.5	97.0	97.7	99.0	99.4	99.87

工程中强度保证率 $P(\%)$ 值可根据统计周期内混凝土试件强度不低于要求等级标准值的组数 N_0 与试件总数 $N(N \geqslant 25)$ 之比求得,即式(4 – 11)。

$$P = \frac{N_0}{N} \times 100\% \qquad (4 – 11)$$

根据强度标准差 σ 值和保证率 $P(\%)$,将混凝土生产单位的生产管理水平划分为优良、一般及差三个等级,如表 4 – 14 所示。

表 4 – 14   混凝土生产管理水平

评定指标	生产单位	优良		一般		差	
		< C20	≥ C20	< C20	≥ C20	< C20	≥ C20
混凝土强度标准差 σ/MPa	商品混凝土厂和预制混凝土构件厂	≤3.0	≤3.5	≤4.0	≤5.0	>5.0	>5.0
	集中搅拌混凝土的施工现场	≤3.5	≤4.0	≤4.5	≤5.5	>4.5	>5.5
强度等于和高于要求强度等级的百分率 P/%	商品混凝土厂和预制混凝土构件厂及集中搅拌混凝土的施工现场	≥95		>85		≤85	

2. 混凝土配制强度

由概率度 t 值可知,若混凝土平均强度与设计强度等级($f_{cu,k}$)相等,即 $t=0$,则对应保证率仅有 50%。为了使混凝土强度达到要求的保证率,在混凝土配合比设计时,则必须使配制强度高于设计强度等级($f_{cu,k}$),一般按式(4 – 12)计算。

$$f_{cu,0} = f_{cu,k} - t\sigma \qquad (4-12)$$

根据《普通混凝土配合比设计规程》(JGJ 55—2011)规定,普通混凝土的强度保证率为 95%,则 $t = -1.645$。即得

$$f_{cu,0} = f_{cu,k} + 1.645\sigma$$

式中:$f_{cu,0}$——混凝土配制强度,MPa;

$f_{cu,k}$——混凝土立方体抗压强度标准值,MPa;

σ——混凝土强度标准差,MPa。

二、混凝土强度的评定

混凝土强度应进行分批检验评定。同一批检验混凝土应由强度等级相同、龄期相同、生产工艺条件和配合比基本相同的混凝土组成。

1. 按统计法评定

《混凝土强度检验评定标准》(GB/T 50107—2010)规定,当混凝土的生产条件在较长时间内能保持一致,且同一品种混凝土的强度变异性能保持稳定时,应由连续的

三组试件构成一个验收批。其强度应同时满足式(4-13)、式(4-14)要求。

$$\overline{f}_{cu} \geq f_{cu,k} + 0.7\sigma_0 \qquad (4-13)$$

$$f_{cu,min} \geq f_{cu,k} - 0.7\sigma_0 \qquad (4-14)$$

当混凝土强度等级不高于 C20 时,其强度的最小值还应满足式(4-15)要求。

$$f_{cu,min} \geq 0.85f_{cu,k} \qquad (4-15)$$

当混凝土强度等级高于 C20 时,其强度的最小值还应满足式(4-16)要求。

$$f_{cu,min} \geq 0.90f_{cu,k} \qquad (4-16)$$

式中:$\overline{f}_{cu}$——同一检验批混凝土立方体抗压强度的平均值,MPa;

$f_{cu,k}$——混凝土立方体抗压强度标准值,MPa;

$f_{cu,min}$——同一检验批混凝土立方体抗压强度的最小值,MPa;

σ_0——检验批混凝土立方体抗压强度的标准差,MPa。

检验批混凝土立方体抗压强度的标准差 σ_0,应根据前一个检验期内同一品种混凝土试件的强度数据,按式(4-17)计算。

$$\sigma_0 = \frac{0.59}{m}\sum_{i=1}^{m}\Delta f_{cu,i} \qquad (4-17)$$

式中:$\Delta f_{cu,i}$——第 i 组混凝土立方体抗压强度最大值与最小值之差,MPa;

m——检验期内验收批总批数($m \geq 15$)。

当混凝土的生产条件在较长时间内不能保持一致且混凝土强度变异不能保持稳定时,或在前一个检验期内的同一品种混凝土没有足够的数据用以确定检验批混凝土立方体抗压强度的标准差时,应由不少于 10 组的试件组成一个检验批,其强度应同时满足式(4-18)、式(4-19)的要求。

$$\overline{f}_{cu} - \lambda_1 S_{f_{cu}} \geq 0.9f_{cu,k} \qquad (4-18)$$

$$f_{cu,min} \geq \lambda_2 f_{cu,k} \qquad (4-19)$$

式中:$S_{f_{cu}}$——同一检验批混凝土立方体抗压强度的标准差,MPa。当 $S_{f_{cu}}$ 的计算值小于 $0.06f_{cu,k}$ 时,取 $S_{f_{cu}} = 0.06f_{cu,k}$;

λ_1、λ_2——合格评定系数,按表 4-15 取用。

表 4-15　混凝土强度统计方法的合格评定系数(GB/T 50107—2010)

试件组数	10~14	15~19	≥20
λ_1	1.15	1.05	0.95
λ_2	0.90	0.85	0.85

混凝土立方体抗压强度标准差 $S_{f_{cu}}$ 可按式(4-20)计算。

$$S_{f_{cu}} = \sqrt{\frac{\sum_{i=1}^{n} f_{cu,i}^2 - n\bar{f}_{cu}^2}{n-1}} \qquad (4-20)$$

式中：$f_{cu,i}$——第 i 组混凝土试件的立方体抗压强度值，MPa；

　　　n——检验批混凝土试件组数。

2. 按非统计法评定

当试件数量有限，不具备按统计法进行强度评定的情况，可采用非统计法进行强度评定，强度应同时满足式(4-21)、式(4-22)要求。

$$\bar{f}_{cu} \geq 1.15 f_{cu,k} \qquad (4-21)$$
$$f_{cu,min} \geq 0.95 f_{cu,k} \qquad (4-22)$$

若按规定方法检验不满足要求，则该批混凝土强度被评定为不合格。对不合格批结构或构件必须及时处理。

当对混凝土试件强度的代表性有怀疑时，可采用从结构或构件中钻取试样的方法或采用非破损检验方法（如回弹法、超声波法等），按有关标准的规定对结构或构件中混凝土的强度进行推定。

第八节　普通混凝土配合比设计

混凝土配合比设计就是根据工程要求、结构形式、结构运行环境和施工条件来确定每立方米混凝土各组成材料数量之间的比例关系。常用的表示方法有两种：一种是以每立方米混凝土中各组成材料的质量表示，即单位用量表示法；另一种是以每立方米混凝土各组成材料间的质量比来表示（一般以胶凝材料用量为1），即相对用量表示法。

在某种意义上，混凝土是一门试验的科学，要配制出品质优异的混凝土，必须依据混凝土配合比设计规程，采用先进的、科学的设计理念，加上丰富的工程实践经验，通过试验及验证完成。

一、混凝土配合比的设计原则

普通混凝土配合比设计，应根据工程特点、原材料品质、施工工艺等因素，通过理论计算和试配调整确定，使混凝土组成材料之间用量的比例关系满足工程所要求的技术经济指标即满足混凝土结构设计的强度要求，满足工程使用环境对耐久性的要求，满足施工对拌合物工作性的要求，还有在保证以上几点的基础上，符合经济性原则。

二、混凝土配合比设计步骤

混凝土配合比设计步骤包括初步配合比计算,试配,并按工作性、强度、密度等校核调整等步骤。

1. 初步配合比计算

根据所选原材料基本情况和对混凝土的技术要求,利用经验公式、查表等计算混凝土初步配合比。

(1)配制强度$(f_{cu,0})$的确定

根据《普通混凝土配合比设计规程》(JGJ 55—2011)规定,当混凝土设计强度等级小于 C60 时,配制强度按式(4-23)计算。

$$f_{cu,0} \geqslant f_{cu,k} + 1.645\sigma \qquad (4-23)$$

当混凝土设计强度等级大于或等于 C60 时,配制强度应按式(4-24)计算。

$$f_{cu,0} \geqslant 1.15 f_{cu,k} \qquad (4-24)$$

混凝土强度标准差 σ 的计算:

当具有近 1~3 个月的同一品种、同一强度等级混凝土的强度资料时(且组数不小于 30),其混凝土强度标准差 σ 应按式(4-25)计算。

$$\sigma = \sqrt{\frac{\sum_{i=1}^{n} f_{cu,i}^2 - n\overline{f_{cu}}}{n-1}} \qquad (4-25)$$

当混凝土强度等级不大于 C30 时:若计算值 σ 不小于 3.0 MPa,σ 取计算值;若计算值 σ 小于 3.0 MPa,σ 应取 3.0 MPa。

当混凝土强度等级大于 C30 且不大于 C60 时:若计算值 σ 不小于 4.0 MPa,σ 取计算值;若计算值 σ 小于 4.0 MPa,σ 应取 4.0 MPa。

当没有近期的同一品种、同一强度等级混凝土的强度资料时,其强度标准差 σ 可按表 4-16 取值。

表 4-16 标准差 σ 值

混凝土强度等级	≤C20	C25~C45	C50~C55
σ	4.0	5.0	6.0

(2)初步水灰比(W/C)确定

混凝土强度等级不大于 C60 时,混凝土水灰比宜按式(4-26)计算。

$$W/C = \frac{\alpha_a \cdot f_{ce}}{f_{cu,0} + \alpha_a \cdot \alpha_b \cdot f_{ce}} \tag{4-26}$$

式中：f_{ce}——水泥的实际强度（MPa）；当水泥的实际强度无实测值时，可按式4-7计算。

回归系数 α_a 和 α_b 的取值应根据工程所使用原材料，通过试验建立水灰比与混凝土强度的关系确定；当不具备上述试验统计资料时，可由表4-11选用。

（3）按耐久性校核水灰比

《普通混凝土配合比设计规范》（JGJ 55—2011）规定了不同环境条件下考虑耐久性要求的最大水灰比的值，故计算出水灰比后应按耐久性要求进行校核。

若计算水灰比大于查表4-17确定最大水灰比，则取查表确定的水灰比；反之，取计算水灰比。

表4-17 混凝土最大水灰比与最小水泥用量

环境等级	最大水灰比	混凝土的最小水泥用量		
		素混凝土	钢筋混凝土	预应力混凝土
一	0.60	250	280	300
二 a	0.55	280	300	300
二 b	0.50(0.55)	320		
三 a	0.45(0.50)	330		
三 b	0.40	330		

注：处于严寒和寒冷地区二b、三a环境中的混凝土应使用引气剂，并可采用括号中的参数值。

表格中环境等级类别按照《混凝土结构设计规范》（GB 50010—2010）中要求划分，具体见表4-18。

表 4 - 18　环境等级类别分类

环境类别	条件
一	室内正常环境;无侵蚀性静水浸没环境
二 a	室内潮湿环境;非严寒和非寒冷地区的露天环境;非严寒和非寒冷地区与无侵蚀性的水或土壤直接接触的环境;严寒和寒冷地区的冰冻线以下与无侵蚀性的水或土壤直接接触的环境
二 b	干湿交替环境;水位频繁变动环境;严寒和寒冷地区的露天环境;严寒和寒冷地区冰冻线以上与无侵蚀性的水或土壤直接接触的环境
三 a	受除冰盐影响的环境;严寒和寒冷地区冬季水位变动区环境;海风环境
三 b	盐渍土环境;受除冰盐作用环境;海岸环境
四	海水环境
五	受人为或自然的侵蚀性物质影响的环境

（4）每立方米混凝土用水量的确定

每立方米干硬性或塑性混凝土的用水量(m_{w0})应符合下列规定。

①当水灰比在 0.40 ~ 0.80 范围时,根据粗集料的品种、粒径及要求坍落度等,按表 4 - 19 和表 4 - 20 选取。

表 4 - 19　干硬性混凝土的用水量

单位:kg/m^3

拌合物稠度		卵石最大粒径/mm			碎石最大粒径/mm		
项目	指标	10.0	20.0	40.0	16.0	20.0	40.0
维勃稠度/s	16 ~ 20	175	160	145	180	170	155
	11 ~ 15	180	165	150	185	175	160
	5 ~ 10	185	170	155	190	180	165

表 4 - 20　塑性混凝土的用水量

单位:kg/m^3

拌合物稠度		卵石最大粒径/mm				碎石最大粒径/mm			
项目	指标	10.0	20.0	31.5	40.0	16.0	20.0	31.5	40.0
坍落度/mm	10 ~ 30	190	170	160	150	200	185	175	165
	35 ~ 50	200	180	170	160	210	195	185	175
	55 ~ 70	210	190	180	170	220	205	195	185
	75 ~ 90	215	195	185	175	230	215	205	195

注:(1)当采用中砂时,用水量可按本表取值;采用细砂时,每立方米混凝土用水量可增加 5 ~ 10 kg;采用粗砂时,则每立方米混凝土用水量可减少 5 ~ 10 kg。

（2）掺用各种外加剂或掺合料时,用水量相应调整。

②当水灰比小于 0.40 时,用水量可通过试验确定。

干硬性或塑性混凝土掺外加剂后的用水量在以上数据的基础上通过试验进行调整。每立方米流动性或大流动性混凝土(掺外加剂)的用水量(m_{wo})可按式(4－27)计算。

$$m_{w0} = m'_{w0}(1 - \beta) \tag{4-27}$$

式中：m_{w0}——满足实际坍落度要求的每立方米混凝土的用水量,kg/m^3；

　　　　m'_{w0}——未掺外加剂时推定的满足实际坍落度要求的每立方米混凝土用水量(kg/m^3),以表4－20中90 mm 坍落度的用水量为基础,按每增大20 mm坍落度相应增加5 kg 用水量来计算；当坍落度增大到180 mm 以上时,随坍落度相应增加的用水量可减少；

　　　　β——外加剂的减水率(%),经混凝土试验确定。

(5)计算单位水泥用量

根据按耐久性校核后确定的水灰比和单位用水量,计算单位水泥用量。

(6)按耐久性校核水泥用量

《普通混凝土配合比设计规范》(JGJ 55—2011)规定了不同环境条件下考虑耐久性要求的最小水泥用量,故计算出单位水泥用量后应根据要求进行耐久性校核。若计算单位水泥用量大于查表确定最小水泥用量,则取计算值；反之,取查表确定最小水泥用量。

(7)选取合理砂率

砂率选取应根据混凝土拌合物的工作性要求等确定,一般应通过试验确定,若无实际资料时,也可按下述规律选取。

①坍落度小于10 mm 的干硬性混凝土,其砂率应经试验确定。

②坍落度为10～60 mm 的塑性混凝土,其砂率可根据粗骨料品种、最大公称粒径及水灰比(表4－21)选取。

③坍落度大于60 mm 的混凝土,其砂率可经试验确定,也可在表4－21的基础上,按坍落度每增大20 mm、砂率增大1%的幅度予以调整。

表4-21　混凝土的砂率

单位:%

水灰比/	卵石最大粒径/mm			碎石最大粒径/mm		
(W/C)	10.0	20.0	40.0	16.0	20.0	40.0
0.40	26～32	25～31	24～30	30～35	29～34	27～32
0.50	30～35	29～34	28～33	33～38	32～37	30～35
0.60	33～38	32～37	31～36	36～41	35～40	33～38
0.70	36～41	35～40	34～39	39～44	38～43	36～41

注:(1)本表数值系中砂的选用砂率,对细砂或粗砂,可相应地减小或增大砂率;

(2)只用一个单粒级粗骨料配制混凝土时,砂率应适当增大;

(3)采用人工砂配制混凝土时,砂率可适当增大。

(8)计算粗、细骨料单位用量

①采用质量法(又称假定表观密度法)计算粗、细骨料单位用量时,应按式(4-28)、式(4-29)计算。

$$m_{f0} + m_{c0} + m_{g0} + m_{s0} + m_{w0} = m_{cp} \quad (4-28)$$

$$\beta_s = \frac{m_{s0}}{m_{g0} + m_{s0}} \times 100\% \quad (4-29)$$

式中:m_{g0}——每立方米混凝土的粗骨料(石)用量,kg/m³;

m_{s0}——每立方米混凝土的细骨料(砂)用量,kg/m³;

m_{w0}——每立方米混凝土的用水量,kg/m³;

β_s——砂率,%;

m_{cp}——每立方米混凝土拌合物的假定质量(kg/m³),可取2 350 kg～2 450 kg/m³。

②采用体积法(又称绝对体积法)计算粗、细骨料用量时,应按式(4-30)、式(4-31)计算。

$$\frac{m_{c0}}{\rho_c} + \frac{m_{f0}}{\rho_f} + \frac{m_{g0}}{\rho_g} + \frac{m_{s0}}{\rho_s} + \frac{m_{w0}}{\rho_w} + 0.01\alpha = 1 \quad (4-30)$$

$$\beta_s = \frac{m_{s0}}{m_{g0} + m_{s0}} \times 100\% \quad (4-31)$$

式中:ρ_c——水泥的密度(kg/m³),应按《水泥密度测定方法》(GB/T 208—2014)测定,也可取2 900～3 100 kg/m³;

ρ_w——水的密度,可取1 000 kg/m³;

ρ_s、ρ_g——细、粗骨料的表观密度(kg/m³),应按现行行业标准《普通混凝土用砂、石质量及检验方法标准》(JGJ 52—2006)测定;

α—— 混凝土的含气量百分数,在不使用引气剂时,可取1。

2. 配合比的试配、调整与确定

(1)按工作性进行校核,确定基准配合比

上述初步配合比的计算过程可知,各种材料用量的获得均是借助经验公式、经验数据等计算或选择的,因此不能完全符合实际情况,必须通过试拌,根据工作性情况进行调整至符合要求。

根据计算得到的初步配合比称取各种材料,按要求搅拌均匀后进行坍落度试验,测定坍落度大小后,判断黏聚性和保水性情况。若任一性质不满足要求,进行调整。若坍落度值过大,应保证砂率不变,增加砂石用量;若坍落度值过小,应保证水灰比不变,增加水和水泥用量;若黏聚性或保水性不好,应适当增大砂率;每次调整后均应再次试拌,直到工作性符合要求为止。当试拌调整工作完成后,测出混凝土拌合物的表观密度($\rho_{c,t}$)。此时得到的配合比为基准配合比。

混凝土试配的最小搅拌量应符合表4-22的规定,并不应小于搅拌机公称容量的1/4且不应大于搅拌机公称容量。

表4-22　混凝土试配的最小搅拌量

粗骨料最大公称粒径/mm	最小搅拌量/L
≤31.5	20
40.0	25

(2)按强度和密度进行校核,确定实验室配合比

满足工作性要求的配合比,还应进行强度校核。一般以基准配合比确定的水灰比为中值,分别扩大或缩小0.05得三个水灰比,按照固定用水量的原则,分别配制三个水灰比下的混凝土试块,经标准养护28 d分别测抗压强度,通过绘制强度(纵坐标)、灰水比(横坐标)的强度曲线,找出配制强度对应的灰水比,则可得到满足强度要求的配合比。

在制作混凝土强度试块时,应同时测定混凝土表观密度($\rho_{c,t}$),当混凝土表观密度计算值($\rho_{c,c}$)与实测值之差的绝对值不超过计算值的2%时,不需调整用量,强度校核后配合比即为实验室配合比;若混凝土表观密度计算值与实测计算值之差的绝对值超过计算值的2%时,应将每种材料的用量均乘以校正系数δ,得到的即为实验室配合比。混凝土表观密度计算按式(4-32)计算,校正系数δ按式(4-33)计算。

$$\rho_{c,c} = m_c + m_g + m_s + m_w \qquad (4-32)$$

$$\delta = \frac{\rho_{c,t}}{\rho_{c,c}} \qquad (4-33)$$

在有条件的情况下可同时制作一组或几组试块,供快速检验或较早龄期时试压,以便提前定出混凝土配合比供施工使用,但以后仍须以标准养护 28 d 的检验结果为准,调整配合比。

若对混凝土还有其他的技术性能要求,如抗渗等级不低于 S6 级、抗冻等级不低于 D50 级等要求,混凝土的配合比设计应按《普通混凝土配合比设计规程》(JGJ 55—2011)有关规定进行。

3. 施工配合比

从初步配合比到实验室配合比的设计过程,均是以干燥材料为基准的,而工地实际的砂、石材料受环境影响都含有一定的水分。所以配合比设计最后一步应按工地砂、石的含水情况进行修正,修正后的配合比,称为施工配合比。工地存放的砂、石的含水情况受环境影响常有变化,应随时进行修正。

现假定工地实测砂的含水率为 $a\%$、石子的含水率为 $b\%$,则换算施工配合比时,各材料用量按式(4-34)~式(4-37)计算。

$$m'_c = m_c \tag{4-34}$$
$$m'_s = m_s(1 + a\%) \tag{4-35}$$
$$m'_g = m_g(1 + b\%) \tag{4-36}$$
$$m'_w = m_w - m_s \times a\% - m_g \times b\% \tag{4-37}$$

三、普通混凝土配合比设计的实例

某工程现浇钢筋混凝土柱,截面最小尺寸为 300 mm,钢筋间距最小尺寸为 60 mm。该柱使用中露天受雨雪影响。混凝土设计等级为 C30。采用 42.5 普通硅酸盐水泥,实测强度为 47.9 MPa,密度为 3 100 kg/m³;砂子为中砂,表观密度为 2 650 kg/m³,堆积密度为 1 500 kg/m³;石子为碎石,表观密度 2 700 kg/m³,堆积密度为 1 550 kg/m³。混凝土要求坍落度 35~50 mm,施工采用机械搅拌、振捣,施工单位无混凝土强度标准差的历史统计资料。试设计混凝土配合比。

1. 初步配合比的确定

(1)配制强度的确定($f_{cu,0}$)

$$f_{cu,0} \geq f_{cu,k} + 1.645\sigma$$

由于施工单位没有 σ 的统计资料,查表 4-16 可得,σ 取 5.0,同时 $f_{cu,k} = 30$ MPa,代入上式得

$$f_{cu,0} \geq 30 + 1.645 \times 5 = 38.2 \text{ MPa}$$

（2）确定水灰比（W/C）

$$\frac{W}{C} = \frac{\alpha_a \cdot f_{ce}}{f_{cu,0} + \alpha_a \cdot \alpha_b \cdot f_{ce}}$$

采用碎石，$\alpha_a = 0.53$；$\alpha_b = 0.2$。

实测 $f_{ce} = 47.9$ MPa，代入上式得

$$\frac{W}{C} = \frac{0.53 \times 47.9}{38.2 + 0.53 \times 0.2 \times 47.9} = 0.59$$

根据《混凝土结构设计规范》（GB 50010—2010）环境耐久性能的要求，W/C 不大于 0.55，取 $W/C = 0.55$。

（3）确定单位用水量（m_{wo}）

确定粗集料最大粒径：根据规范，粗集料最大粒径不超过结构截面最小尺寸的 1/4，并不得大于钢筋最小净距的 3/4。

$$D_{max} \leqslant (1/4) \times 300 = 75(mm)$$

$$D_{max} \leqslant (3/4) \times 60 = 45(mm)$$

因此，粗集料最大粒径按公称粒级应选用 $D_{max} = 40$ mm，即采用 4.75~40 mm 的碎石集料，查表 4-20，选用单位用水量 175 kg/m³。

（4）计算水泥用量

$$m_{co} = \frac{m_{wo}}{W/C} = \frac{175}{0.55} = 318 \text{ kg/m}^3$$

对照混凝土结构工程耐久性要求，查表 4-17，本工程要求最小水泥用量为 280 kg/m³，故水泥用量选计算值，即 318 kg/m³。

（5）确定砂率

查表 4-21，砂率范围为 32.5%~35.5%，取砂率为 33%。

（6）计算 1 立方米砂石用量（采用体积法）

$$\frac{m_{c0}}{\rho_c} + \frac{m_{g0}}{\rho_g} + \frac{m_{s0}}{\rho_s} + \frac{m_{w0}}{\rho_w} + 0.01\alpha = \frac{318}{3\,100} + \frac{m_{g0}}{2\,700} + \frac{m_{s0}}{2\,650} + \frac{175}{1\,000} + 0.01 \times 1 = 1$$

$$\beta_s = \frac{m_{s0}}{m_{s0} + m_{g0}} \times 100\% = 0.33$$

解方程组得：$m_{s0} = 631$ kg/m³；$m_{g0} = 1\,280$ kg/m³。

经初步计算，每立方米混凝土材料用量为：水泥 318 kg，水 175 kg，砂 631 kg，石子 1 280 kg。

2. 配合比的调整

（1）工作性校核，确定基准配合比

按初步配合比，称取 15 L 混凝土，水泥为 4.77 kg，水为 2.63 kg，砂为 9.47 kg，石子 19.20 kg，按规定方法拌合，测得坍落度为 13 mm，达不到坍落度要求 30~50 mm，

保证水灰比不变,增加水泥和水各5%,则水泥用量为5.01 kg,水为2.76 kg,经拌合测得坍落度为35 mm,混凝土黏聚性、保水性均良好。所以基准配合比为水泥334 kg,水184 kg,砂631 kg,石子1 280 kg。

(2)强度校核

采用水灰比为0.55、0.50和0.60三个不同的配合比,按照固定用水量原则确定各种材料用量,配制三组混凝土试件,并检验和易性,测混凝土拌合物表观密度,分别制作混凝土试块,标准养护28 d后测强度,其结果如表4-23所示。

表4-23 混凝土28 d强度值

水灰比	混凝土配合比/kg				坍落度/mm	实测表观密度/(kg·m⁻³)	强度/MPa
	水泥	砂	石子	水			
0.50	5.5	9.47	19.20	2.75	30	2 460	48.3
0.55	5.0	9.47	19.20	2.75	35	2 455	42.7
0.60	4.58	9.47	19.20	2.75	42	2 450	35.8

根据试验结果,选水灰比为0.55的基准配合比为实验室配合比。按实测表观密度校核。

(3)表观密度的校正

水灰比0.55时对应配合比为:

水泥为333 kg,水为183 kg,砂为631 kg,石子1 280 kg,则计算密度为2 427 kg/m³。

经校核:2 455-2 427<2 427×2%,所以计算得出配合比即为所需配合比。

即该混凝土设计配合比为:

水泥为333 kg,水为183 kg,砂为631 kg,石子为1 280 kg。

思考与练习

1.水泥混凝土组成材料,各材料在混凝土凝结硬化前后的作用。

2.什么是集料的级配?混凝土配合比设计中级配良好的标准。

3.混凝土拌合物和易性包含内容、测定方法,各方法适用范围。

4.影响混凝土和易性的因素,和易性不合格如何调整?

5.砂率的含义,合理砂率的技术及经济意义。

6.影响混凝土强度的内因与外因有哪些?如何提高混凝土强度?

7.减水剂的作用机制,使用减水剂的三种技术经济效益。

8.实验室求得一立方米混凝土的各种材料用量为水泥300 kg,砂660 kg,石子

1 266 kg,水 174 kg,求该混凝土的实验室配合比,如工地所用砂含水率3%,石子含水率1%,求该混凝土的施工配合比。

9.某工地采用 42.5 普通硅酸盐水泥和碎石配制混凝土,其配合比为1:2.1:3.8,$W/C=0.45$,若水泥用量为 330 kg/m³,该混凝土的各材料用量为多少?该混凝土的配制强度能达到多少?

10.某工地采用 42.5 普通硅酸盐水泥和碎石配制混凝土,若施工配合比为1:2.1:3.8,$W/C=0.45$,水泥用量为 330 kg/m³,砂、石含水率分别为 3%、1%,该混凝土的配制强度能达到多少?(已知:$\gamma_c=1.12$,$\alpha_a=0.53$,$\alpha_b=0.20$)

【案例拓展】

2018 年 10 月 24 日上午 9 时,港珠澳大桥正式通车运营。这项超级跨海工程集桥、岛、隧于一体,总长约 55 公里,120 年设计使用寿命,创造多项世界之最,堪称世界桥梁史上的珠穆朗玛峰。

港珠澳大桥的成功建造,是无数人的心血堆砌而成的,其中,中交四航工程研究院建材所副所长张宝兰就是重要的参建者之一。张宝兰多年来一直从事港口、码头、道路桥梁等混凝土材料耐久性、特殊混凝土性能方面的课题研究,新材料的研发、推广应用,以及混凝土材料特殊性能试验检测等工作。港珠澳大桥能否成功建成,关键就在海底沉管隧道。而沉管隧道要保证 120 年在海底不漏水,混凝土材料便是重中之重。张宝兰说:攻克海底沉管隧道混凝土施工配合比技术最大的困难就是整个过程耗时太长,从立项到试验到浇筑施工历时近 7 年,这中间我们要面临气温环境的变化、原材料的变化,还有人员的流动,在这么多变数中要保证混凝土的性能不变,是一个很大的挑战。在耗时近一年,用坏了 4 个搅拌机,进行了海量的试验后,基础配方终于出炉。在混凝土的配比上,张宝兰带领团队反复配比了 100 多吨混凝土,终于研究出提高混凝土抗裂性能的"超级配方"。

从表面上看,混凝土配合比计算只是水泥、砂、石子、水这四种组成材料的用量计量。但实质上是根据组成材料的情况,确定满足上述四项基本要求的三大参数:水灰比、单位用水量和砂率。面对这样的世界级难题,张宝兰坦言,承受的压力前所未有。从配方调整、结构设计、施工过程质量控制、渗水漏水检测,每一道工序都要经过精细考量、严格的工艺检测以及多种形式的验证。每一个步骤都极尽细心、精心打造,从细节上保障质量与安全要求。

第五章　砂　　浆

学习目标：

    1. 掌握建筑砂浆的分类、组成材料及性质。

    2. 掌握建筑砂浆的主要技术性质及测试方法。

    砂浆是由胶凝材料、细集料、水，有时也加入适量掺合料和外加剂等按比例配合、拌制，并经硬化而成的工程材料。砂浆在工程中不直接承受荷载，而主要起黏结、铺垫、传递应力作用。如将块状材料砌筑黏结为整体；在装饰工程中，梁、柱、地面、墙面等在进行表面装饰之前要先用砂浆找平抹面，使其满足功能的需要，并保护结构的内部。

第一节　砂浆的分类与组成材料

一、砂浆的分类

    按不同的分类方法，砂浆可分为很多种，具体分类如下：

    (1)按所用的胶凝材料划分：水泥砂浆、水泥混合砂浆、石灰砂浆、石膏砂浆和聚合物砂浆等。

    (2)按用途划分：砌筑砂浆、抹面砂浆。

    (3)按使用功能划分：防水砂浆、保温砂浆、吸声砂浆、装饰砂浆等。

    (4)按表观密度划分：轻砂浆($<1\ 500\ kg/m^3$)、重砂浆($\geqslant 1\ 500\ kg/m^3$)。

二、砂浆的组成材料

1. 胶凝材料

砂浆中使用的胶凝材料有各种水泥、石灰、石膏和有机胶凝材料等,常用的是水泥和石灰。

(1)水泥。砂浆强度相对较低,在配制砂浆时,一般选择低强度等级水泥或砌筑水泥,所选强度等级不宜大于 32.5。但对于高强砂浆也可选择强度等级为 42.5 的水泥。水泥的品种应结合使用环境和用途合理选择。

(2)石灰。为节约水泥,改善砂浆的和易性,砂浆中常掺入石灰膏配制成混合砂浆,当对砂浆的要求不高时,有时也单独用石灰配制成石灰砂浆。砂浆中使用的石灰应符合技术要求。为保证砂浆的质量,应将石灰预先消化,并经"陈伏",消除过火石灰的膨胀破坏作用后在砂浆中使用。在满足工程要求的前提下,也可使用工业废料,如电石灰膏等。

2. 细集料

细集料在砂浆中起着骨架和填充作用,对砂浆的流动性、黏聚性和强度等技术性能影响较大。性能良好的细集料可提高砂浆的工作性和强度,尤其对砂浆的收缩开裂有较好的抑制作用。

砂浆中使用的细集料,宜选用中砂,且应全部通过 4.75 mm 的筛孔,原则上应采用符合混凝土用砂技术要求的优质河砂。由于砂浆层一般较薄,因此,对砂的最大粒径有所限制。用于砌筑毛石砌体的砂浆,砂子的最大粒径应小于砂浆层厚度的1/5 ~ 1/4;用于砖砌体的砂浆,砂子的最大粒径应不大于 2.5 mm;用于光滑的抹面及勾缝的砂浆,应采用细砂,且最大粒径小于 1.2 mm。用于装饰的砂浆,还可采用白砂、彩砂、石渣等。

砂子中的含泥量对砂浆的和易性、强度、变形性和耐久性均有影响。由于砂子中含有少量泥,增大细集料的比表面积,可改善砂浆的黏聚性和保水性,故砂浆用砂的含泥量可比混凝土略高。对强度等级为 5 MPa 以上的砌筑砂浆,含泥量应小于 5%,对强度等级低于 5 MPa 的砂浆,含泥量应小于 10%。

3. 掺合料和外加剂

在砂浆中,掺合料是为改善砂浆和易性而加入的无机材料,如石灰膏、粉煤灰、沸石粉等。为改善砂浆的和易性及其他性能,还可在砂浆中掺入外加剂,如增塑剂、早强剂、防水剂等。砂浆中掺用外加剂时,不但要考虑外加剂对砂浆本身性能的影响,还要根据砂浆的用途,考虑外加剂对砂浆的使用功能有哪些影响,并通过试验确定外加剂的品种和掺量。

为了改善砂浆韧性,提高抗裂性,还可在砂浆中加入纤维材料等,如麻刀、纸筋等。

4.拌合水

砂浆拌合用水的技术要求与混凝土拌合用水相同,应采用洁净、无油污和无硫酸盐等的可饮用水,为节约用水,经化验分析或试拌验证合格的工业废水也可用于拌制砂浆。

第二节 砌筑砂浆

一、砌筑砂浆的技术性质和标准

能够将砖、砌块等黏结成砌体的砂浆称为砌筑砂浆。其在土木工程中用量很大,起黏结及传递荷载的作用。

1.砌筑砂浆的表观密度

新拌水泥砂浆的表观密度不应小于 1 900 kg/m³,新拌水泥混合砂浆和预拌砂浆的表观密度不应小于 1 800 kg/m³。

2.砌筑砂浆的和易性

和易性是指新拌制砂浆拌合物的工作性能,即在施工中易于操作并保证硬化后砂浆的质量及其与基体材料间黏结质量的性能。和易性主要包括砂浆流动性和保水性两方面。

(1)砂浆流动性

砂浆流动性是指砂浆在重力或外力的作用下产生流动,并能均匀摊铺到基层表面的性能,又称"稠度"。砂浆流动性的大小用沉入度表示,沉入度是指标准试锥在砂浆内自由沉入 10 s 时沉入的深度(又称沉入量,单位 mm),沉入度越大则砂浆流动性越大。砂浆流动性的选择与砌体基材、施工气候、施工方法等有关。砂浆可根据施工经验来拌制,也可按表 5－1 规定选用。

表 5 – 1   砌筑砂浆的施工流动性

砌体种类	沉入度/mm
烧结普通砖砌体、粉煤灰砖砌体	70～90
混凝土砖砌体、普通混凝土小型空心砌块砌体、灰砂砖砌体	50～70
烧结多孔砖、烧结空心砖、轻集料混凝土小型空心砌块、蒸压加气混凝土砌块砌体	60～80
石砌体	30～50

（2）砂浆保水性

保水性是指新拌砂浆保持水分及整体均匀一致的能力。保水性好的砂浆能保持一定的流动性，使砂浆在施工中能均匀地摊铺在砌体中间，形成均匀密实的连接层。保水性不好的砂浆在砌筑时，水分容易被基层材料吸收，从而影响砂浆的正常水化硬化，最终降低砌体的质量。

在拌制砂浆时，为了提高砂浆的流动性和保水性，常加入一定的掺合料（石灰膏、粉煤灰、石膏等）和外加剂。加入的外加剂，不仅可以改善砂浆的流动性、保水性，而且有些外加剂能提高硬化后砂浆的黏结力和强度，改善砂浆的抗渗性和干缩性等。

砂浆的保水性用分层度和保水率来表示。若分层度过大，砂浆易产生分层、离析现象，对施工不好；但若分层度过小，说明水泥浆量过多，易产生干缩开裂现象，也不合适。

砌筑砂浆的保水率应符合表 5 – 2 要求。

表 5 – 2   砌筑砂浆的保水率

砂浆种类	保水率/%
水泥砂浆	≥80
水泥混合砂浆	≥84
预拌砌筑砂浆	≥88

3. 砌筑砂浆的强度及强度等级

砂浆的强度等级是以标准立方体试件（70.7 mm×70.7 mm×70.7 mm），在标准养护条件下，按标准试验方法测定其 28 d 的抗压强度值而定的。水泥砂浆及砌筑砂浆按抗压强度划分为 M30、M25、M20、M15、M10、M7.5、M5 共 7 个强度等级。

实际工程中应根据工程类别及砌体部位等要求选择合适的砌筑砂浆强度等级。一般砖混结构多层住宅，多采用 M5～M10 砂浆；重要砌体，可采用 M15～M20 砂浆；高层混凝土空心砌块用砂浆，应采用 M20 及以上砂浆。

4.砌筑砂浆的其他性能

（1）黏结力

砂浆的黏结力是影响砌体结构抗剪强度、抗震性、抗裂性等的重要因素。为了提高砌体的整体性,保证砌体的强度,要求砂浆要和基体材料有足够的黏结力,随着砂浆抗压强度的提高,砂浆与基体材料的黏结力提高。充分润湿、无杂质、粗糙的基面砂浆的黏结力较好。

（2）砂浆的变形性能

砂浆在硬化过程中,承受荷载或在温度条件变化时均容易变形,变形过大会降低砌体的整体性,导致沉降和裂缝。

（3）砂浆的耐久性

受冻融影响的砌体结构,砂浆还应考虑抗冻性的要求。对冻融循环次数有要求的砂浆,经冻融试验后,质量损失率不得大于 5%,抗压强度损失不得大于 25%。

二、砌筑砂浆的配合比设计

砌筑砂浆配合比一般可结合实际确定所需强度等级,查阅有关资料和表格选定参考配合比,然后进行试配、调整等确定施工配合比。具体应参照《砌筑砂浆配合比设计规程》(JGJ/T 98—2010)中的规定。

1.水泥混合砂浆配合比计算

（1）计算砂浆试配强度

$$f_{m,0} = k \times f_2 \tag{5-1}$$

式中：$f_{m,0}$——砂浆的试配强度,MPa,应精确至 0.1 MPa;

f_2——砂浆强度等级值,MPa,应精确至 0.1 MPa;

k——系数,按表 5-3 取值。

表 5-3　砂浆强度标准差 σ 及 k 值

施工水平	强度等级							k
	强度标准差 σ/MPa							
	M5	M7.5	M10	M15	M20	M25	M30	
优良	1.00	1.50	2.00	3.00	4.00	5.00	6.00	1.15
一般	1.25	1.88	2.50	3.75	5.00	6.25	7.50	1.20
较差	1.50	2.25	3.00	4.50	6.00	7.25	9.00	1.25

砂浆现场强度的标准差 σ 应通过有关资料统计得出,如无统计资料,可按表5-3取用。

(2)计算每立方米砂浆的水泥用量

每立方米砂浆的水泥用量按式(5-2)计算确定。

$$Q_C = \frac{(f_{m,0} - \beta)}{\alpha \cdot f_{ce}}$$ (5-2)

式中:Q_C——每立方米砂浆的水泥用量,kg,应精确至1 kg;

f_{ce}——水泥28 d实测强度,MPa,应精确至0.1 MPa;

α、β——系数,α取3.03,β取-15.09。

注:各地区也可用本地区试验资料确定 α、β 值,统计用的试验组数不得少于30组。

在无法取得水泥的实测强度值时,可按式(5-3)计算。

$$f_{ce} = \gamma_c \times f_{ce,k}$$ (5-3)

式中:$f_{ce,k}$——水泥强度等级值,MPa;

γ_c——水泥强度等级值的富余系数,宜按实际资料统计确定,无统计资料时可取1.0。

(3)计算石灰膏用量

$$Q_D = Q_A - Q_C$$ (5-4)

式中:Q_D——每立方米砂浆的石灰膏用量,kg,应精确至1 kg;石灰膏使用时的稠度宜为(120±5)mm。

Q_A——每立方米砂浆中水泥和石灰膏总量,kg,应精确至1 kg,可为350 kg;

Q_C——每立方米砂浆的水泥用量,kg,应精确至1 kg。

(4)确定每立方米砂浆中砂的用量

砂浆中砂的用量取干燥状态下(含水率小于0.5%)的堆积密度值(单位为kg)

(5)确定每立方米砂浆中用水量

用水量可根据砂浆稠度的要求,在210~310 kg选用。用水量确定时应注意:混合砂浆中的用水量,不包括石灰膏中的水;当采用细砂或粗砂时,用水量分别去上限或下限;稠度小于70 mm时,用水量可小于下限;施工现场气候炎热或干燥季节,可酌情增加用水量。

2. 水泥砂浆配合比选用

现场配制水泥砂浆的试配中各材料用量可按表5-4选用。

表 5 - 4　每立方米水泥砂浆材料用量

强度等级	水泥/(kg·m⁻³)	砂	用水量/(kg·m⁻³)
M5	200 ~ 230		
M7.5	230 ~ 260		
M10	260 ~ 290		
M15	290 ~ 330	砂的堆积密度值	270 ~ 330
M20	340 ~ 400		
M25	360 ~ 410		
M30	430 ~ 480		

注:(1)M15 及 M15 以下强度等级水泥砂浆,水泥强度等级为 32.5;M15 以上强度等级水泥砂浆,水泥强度等级为 42.5;

(2)当采用细砂或粗砂时,用水量分别取上限或下限;

(3)稠度小于 70 mm 时,用水量可小于下限;

(4)施工现场气候炎热或干燥季节,可酌情增加用水量;

(5)试配强度确定与水泥混合砂浆相同。

3. 配合比试配、调整与确定

按计算或查表所得砂浆配合比进行试拌时,应按现行行业标准《建筑砂浆基本性能试验方法标准》(JGJ/T 70—2009)测定其拌合物的稠度和保水率。当稠度和保水率不能满足要求时,应调整材料用量,直到符合要求为止,然后将其确定为试配时的砂浆基准配合比。

试配时至少应采用三个不同的配合比,其中一个配合比为基准配合比,其余两个配合比的水泥用量应按基准配合比分别增加及减少 10% 。在保证稠度、保水率合格的条件下,可将用水量、石灰膏或粉煤灰等活性掺合料用量做相应调整。砂浆试配时稠度应满足施工要求,并应按现行行业标准《建筑砂浆基本性能试验方法标准》(JGJ/T 70—2009)分别测定不同配合比砂浆的表观密度及强度,并应选定符合试配强度及和易性要求、水泥用量最低的配合比作为砂浆的试配配合比。

最后,根据实测的砂浆表观密度对配合比进行校正。根据确定的试配配合比按式(5 - 5)计算砂浆的理论表观密度值。

$$\rho_t = Q_C + Q_D + Q_S + Q_W \qquad (5-5)$$

式中:ρ_t——砂浆的理论表观密度值,kg/m³,应精确至 10 kg/m³。

按式(5 - 6)计算砂浆配合比校正系数 δ。

$$\delta = \frac{\rho_c}{\rho_t} \qquad (5-6)$$

式中:ρ_c——砂浆的实测表观密度值,kg/m³,应精确至 10 kg/m³。

当砂浆的实测表观密度值与理论表观密度值之差的绝对值不超过理论值的2%时,可将计算得到的试配配合比确定为砂浆设计配合比;当超过2%时,应将试配配合比中每项材料用量均乘以校正系数 δ 后,确定为砂浆设计配合比。

第三节 抹面砂浆

凡用于粉刷土木工程的建筑物或构件表面的砂浆,统称为抹面砂浆。抹面砂浆有保护基层、增加美观的功能。抹面砂浆的强度要求不高,但要求保水性好,与基底的黏结力好,容易磨成均匀平整的薄层,长期使用不会开裂或脱落。

抹面砂浆按其功能不同,可分为普通抹面砂浆、防水砂浆和装饰砂浆等。

1. 普通抹面砂浆

普通抹面砂浆用于室外、易撞击或潮湿的环境中,如外墙、水池、墙裙等,一般应采用水泥砂浆。其配合比为水泥:砂 = 1:(2~3)。这样既可以保护结构基层,又能达到平整、美观的效果。

抹面砂浆施工一般分两层或三层。每层作用不同,底层砂浆的作用是保证与基层能牢固黏结;中层砂浆的作用主要是找平,根据工程需要有时可省去不做;面层则主要是为了平整美观。三层总厚度不宜过厚,否则层间连接不好容易出现空鼓、脱落的现象。

常用的普通抹面砂浆有石灰砂浆、水泥砂浆、水泥混合砂浆、麻刀石灰浆(简称麻刀)、纸筋石灰浆(简称纸筋)等。

表 5-5 常用抹面砂浆的配合比和应用范围

材料	体积配合比	应用范围
石灰:砂	1:3	用于干燥环境中的砖石墙面打底或找平
石灰:黏土:砂	1:1:6	干燥环境墙面
石灰:石膏:砂	1:0.6:3	不潮湿的墙及天花板
石灰:石膏:砂	1:2:3	不潮湿的线脚及装饰
石灰:水泥:砂	1:0.5:4.5	勒脚、女儿墙及较潮湿的部位
水泥:砂	1:2.5	用于潮湿的房间墙裙、地面基层

续表

材料	体积配合比	应用范围
水泥:砂	1:1.5	地面、墙面、天棚
水泥:砂	1:1	混凝土地面压光
水泥:石膏:砂:锯末	1:1:3:5	吸音粉刷
水泥:白石子	1:1.5	水磨石
石灰膏:麻刀	1:2.5	木板条顶棚底层
石灰膏:纸筋	1 m³ 石灰膏掺 3.6 kg 纸筋	较高级的墙面及顶棚
石灰膏:纸筋	100:3.8(质量比)	木板条顶棚面层
石灰膏:麻刀	1:1.4(质量比)	木板条顶棚面层

2. 防水砂浆

防水砂浆是一种制作防水层的砂浆。用防水砂浆制作的防水层属于刚性防水层。适用于不受振动或埋深不大并具有一定刚度的防水工程。防水砂浆主要有普通水泥防水砂浆、掺加防水剂的防水砂浆、膨胀水泥防水砂浆和无收缩水泥防水砂浆等。

防水砂浆的配合比一般采用水泥:砂=1:(2.5~3),水灰比在0.5~0.55之间。水泥应采用42.5级普通硅酸盐水泥,砂子应采用级配良好的中砂。

防水砂浆对施工操作技术要求很高。制备防水砂浆应先将水泥和砂干拌均匀,再加入水和防水剂溶液搅拌均匀。粉刷前,先在润湿清洁的底面上抹一层低水灰比的纯水泥浆(有时也用聚合物水泥浆),然后抹一层防水砂浆,在初凝前,用木抹子压实一遍,第2、3、4层都是以同样的方法进行操作,最后一层要压光。粉刷时,每层厚度约为5 mm,共粉刷4~5层,共20~30 mm厚。粉刷完后,必须加强养护。

3. 装饰砂浆

装饰砂浆(又称饰面砂浆)是指粉刷在建筑物内外墙表面,主要以美化装饰为目的的抹面砂浆。装饰砂浆用的胶凝材料可为白水泥、彩色水泥,或在常用水泥中掺加耐碱矿物颜料,配制成彩色水泥砂浆;装饰砂浆采用的集料除普通河砂外,还可使用色彩鲜艳的花岗岩、大理石等,有时也采用玻璃或陶瓷碎粒等。掺颜料的砂浆在室外抹灰工程中使用,总会受到风吹、日晒、雨淋及大气中有害气体的腐蚀。因此,装饰砂浆中的颜料,应采用耐碱和耐光的矿物颜料。

外墙面的装饰砂浆可采用拉毛、水刷石、干粘石、假面砖等多种工艺做出不同装饰效果。另外,还可以采用喷涂、弹涂、辊压等工艺方法,做成丰富多彩、形式多样的装饰面层。装饰砂浆的操作方便,施工效率高。与其他墙面、地面装饰相比,成本低,耐久性好。

4.膨胀砂浆

在水泥砂浆中加入膨胀剂,或使用膨胀水泥,可配制膨胀砂浆。膨胀砂浆具有一定的膨胀特性,可补偿水泥砂浆的收缩,防止干缩开裂。膨胀砂浆还可在修补工程和装配式大板工程中应用,靠其膨胀作用填充缝隙,以达到黏结密封的目的。

5.耐酸砂浆

向水玻璃和氟硅酸钠中加入石英砂、花岗岩砂、铸石,并按适当的比例配制的砂浆,具有耐酸性。耐酸砂浆可用于耐酸地面和耐酸容器的内壁防护层。

6.吸音砂浆

由轻质多孔骨料制成的隔热砂浆,都具有吸音性能。另外,用水泥、石膏、砂、锯末等也可以配制成吸音砂浆。如果在吸音砂浆内掺入玻璃纤维、矿物棉等松软的材料能获得更好的吸音效果。吸音砂浆常用于室内的墙面和顶棚的抹灰。

思考与练习

1.砌筑砂浆流动性测定方法及影响因素。

2.砌筑砂浆保水性测定方法及改善措施。

3.砌筑砂浆的强度测定方法及强度等级。

4.与砌筑砂浆相比,抹面砂浆的特点。

【案例拓展】

某工程砌筑部分在交付使用过程中,出现墙体裂缝、外墙大面积渗水、面砖脱落,以及墙体上挂的空调、热水器掉落等现象,虽然经过维修能够继续使用,但已然造成了巨大的经济损失。

通过分析,造成砌筑工程质量问题的主要原因在于砂浆强度不足,通常砂浆强度受到以下因素的影响:

一是砂浆标养试块强度偏低。二是砂浆试块强度不低,甚至较高。但砌体中砂浆实际强度偏低,标养试块强度偏低的主要原因是计量不准,或者不按配合比计量,水泥过期及塑化剂质量低劣等。由于计量不准,砂浆强度离散性必然偏大。砂浆和易性差主要是砂浆稠度和保水性不符合规定,容易产生沉淀和泌水现象,铺摊和挤浆困难影响砌筑质量,降低砂浆与砖的黏结力。砖砌体所采用的最好砌筑砂浆是水泥石灰混合砂浆和石灰砂浆,基础砌体部分主要是水泥砂浆。砌体的强度由块材强度、砂浆强度共同作用决定,砌体在受力下的破坏面,主要发生在砂浆和砖石的接触面上,当砂浆强度很低时,砌体受压后,灰缝很早就开始破坏。可见砌体的强度主要决定于砌筑砂浆的强度和黏结力,黏结力的大小将影响砌体的抗剪强度、耐久性、稳定性及抗震能力等,砂浆的黏结力与砂浆本身的抗拉强度、砌筑底面的潮湿程度、砖表面的清洁程度及施工养护条件等因素有关。砌体的砌筑质量也是影响砌体强度的重要因素,灰缝要求饱满、均匀、密实,厚度要合适,组砌方法正确,砂浆硬化期要保水等。

第六章　建筑钢材

学习目标:

1. 了解建筑钢材的分类方法。
2. 掌握建筑钢材的技术性质和质量指标。
3. 了解钢材冷加工及时效后的性能变化。
4. 掌握常用钢材的标准及选用方法。

第一节　钢材的冶炼与分类

建筑钢材是建筑工程中应用最为广泛的金属材料。金属材料是一种或多种金属元素或金属元素与非金属元素组成的合金的总称,分为有色金属和黑色金属两大类。有色金属是除黑色金属以外的其他金属,如铝、铅、锌、铜、锡等金属及其合金;黑色金属是以铁元素为主要成分的铁和铁合金,主要包括各种钢和铁。建筑钢材是指用于钢结构的各种型钢、钢板钢筋和钢丝等。

一、钢材的冶炼

将铁矿石、焦炭、石灰石和少量锰矿石按一定比例装入高炉内,在高温条件下,焦炭中的碳与铁矿石中的铁化物发生还原反应生产出生铁。生铁性能硬而脆,塑性差,一般用来生产铸铁和作为钢材的生产原料。

钢材冶炼的原理是将熔融的生铁进行氧化,通过高温氧化作用除去碳及部分杂质,从而提高钢材质量,改善性能。高炉炼铁是现代钢铁生产的主要方法,主要有平炉炼钢法、转炉炼钢法和电炉炼钢法三种。

1.平炉炼钢法

平炉法炼钢法是在平炉中以铁水或固体生铁、废钢铁和适量的铁矿石为原料,以煤气或重油为燃料,靠废钢铁、铁矿石中的氧和氧气氧化杂质。由于冶炼时间长(4~12 h),容易调整和控制成分,钢材杂质少,质量好,但投资大,需用燃料,成本高,现已较少使用。

2.转炉炼钢法

转炉炼钢法有空气转炉法和氧气转炉法两种,目前主要采用氧气转炉法。冶炼时在能前后转动的梨形炉炉顶吹入高压纯氧(99.9%),将铁水中多余的碳和杂质迅速氧化除去,冶炼时间短(25 s~5 min),杂质含量少,钢材质量较好,且不需要燃料。

3.电炉炼钢法

电炉法炼钢法是利用电热冶炼,能够在短时间内达到高温,且温度易于控制。电炉炼钢法能严格控制钢材成分,钢的质量最好,但产量低,耗电量大,成本高,一般用于生产合金钢和优质碳素钢。

二、钢材的分类

根据不同的需要,钢材可以有以下几种分类方式。

1.按冶炼设备分类

(1)平炉钢;(2)转炉钢;(3)电炉钢。

2.按脱氧程度分类

(1)沸腾钢;(2)镇静钢;(3)半镇静钢;(4)特殊镇静钢。

为减少氧对钢材性能的影响,铸锭前需要在钢水中加入脱氧剂。常用脱氧剂有锰铁、硅铁,以及高效的铝脱氧剂。钢材脱氧程度越差,则在铸锭过程中会有越多的CO气体逸出,使钢水出现"沸腾"现象,按脱氧程度分类即是以此现象将钢材进行命名。

沸腾钢脱氧不完全,铸锭时有气体外逸,引起钢水剧烈"沸腾",钢中残留有不少气泡,致密程度较低,质量较差,但成本较低,可用于一般结构。镇静钢脱氧较完全,铸锭时无"沸腾"现象,致密程度高,质量优于沸腾钢,但成本较高,用于承受冲击荷载和其他重要结构中。特殊镇静钢的脱氧程度充分彻底,钢的质量最好,适用于特别重要的结构。半镇静钢的脱氧程度和钢材质量介于沸腾钢和镇静钢之间。

某些元素在钢锭冷却过程中,会向钢锭中心集中,导致化学偏析,对钢的质量有较大影响,其中以硫、磷的偏析最为严重。沸腾钢的偏析现象较为严重,其冲击韧性和可焊性差,尤其是低温冲击韧性更差,但钢锭收缩孔较小,成品率较高。镇静钢质量好,但钢锭的收缩孔大,成品率低。

3. 按化学成分分类

(1)碳素钢(非合金钢)

碳素钢的主要成分为铁,含有不大于 1.35% 的碳和微量的硫、磷等杂质和极少量的硅、锰。其中碳元素对碳素钢的性能起主要作用,根据含碳量又可分为:低碳钢、中碳钢和高碳钢。

(2)合金钢

合金钢是在碳素钢的基础上,加入一种或多种能改善钢材性能的合金元素而制得的钢种,按合金元素的总含量分为:低合金钢、中合金钢和高合金钢。

4. 按质量等级分类

根据钢材中杂质的含量,可分为普通质量、优质和特殊质量三个等级。

5. 按用途分类

按照钢材使用的位置和功能的不同,可将钢材分为工具钢、结构钢、特殊性能钢、专门用途钢等。

第二节　钢材的技术性质

一、抗拉性能

抗拉性能是钢材的重要性能,可通过单向静力拉伸试验测试。测试时,将标准试件放置在材料试验机的夹具中,在常温下以规定的加载速度施加荷载直至试件被拉断。钢材拉伸至断裂的过程中应力与应变的关系如图 6－1 所示,包含以下四个阶段:

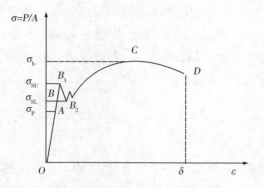

图 6-1　低碳钢的应力-应变曲线

1. 弹性阶段

弹性阶段即图 6-1 中 *OA* 阶段,应力与应变的比值始终为一常数,符合胡克定律 $E = \dfrac{\sigma}{\varepsilon}$,*A* 点所对应的应力 σ_P 值则为钢材的弹性极限。如建筑中常用钢材 Q235 的弹性极限一般为 180~200 MPa。

2. 屈服阶段

屈服阶段即 *AB* 阶段。当应力超过弹性极限 σ_P 后,应变增长速度加快,试件产生弹性变形和塑性变形。应力达到 B_1 点后,塑性变形急剧增加,产生屈服现象,将屈服阶段的最低值 B_2 点所对应的应力称为屈服强度 σ_S,此时,试件尚未断裂,但变形较大,已不能满足使用要求,设计中采用屈服强度作为钢材强度取值的依据。

3. 强化阶段

钢材屈服到一定程度以后,由于内部晶格扭曲、晶粒破碎等原因,阻止了塑性变形的进一步发展,抵抗能力重新提高,应力从屈服平台开始上升直至最高点 *C*,对应的应力称为抗拉极限强度 σ_b,是钢材所能承受的最大拉应力。

屈服强度与抗拉极限强度之比 $\sigma_\mathrm{S}/\sigma_\mathrm{b}$ 称为屈强比,是评价钢材可靠性的一个参数。屈强比越大,钢材受力超过屈服点时的工作可靠性越小,安全性越低;反之,屈强比越小,钢材的工作可靠性越大,安全性越高。但屈强比太小,钢材强度的利用率偏低。所以,应在保证安全性的前提下,尽可能地提高钢材的屈强比。

4. 颈缩阶段

钢材强化达到 *C* 点后,试件应变继续增大,但应力逐渐下降,试件某一断面开始减小,塑性变形急剧增加,产生"颈缩"现象,最终试件被拉断。量出试件被拉断后标距间的长度 l_1,结合原标距长度 l_0,可按式(6-1)计算出钢材的伸长率。

$$\delta = \frac{l_1 - l_0}{l_0} \times 100\% \qquad (6-1)$$

通常,试件的标距取 $l_0 = 5d_0$(试件直径)或 $l_0 = 10d_0$,伸长率则分别用 δ_5 和 δ_{10} 表示。某些钢材的伸长率采用定标距的试件测定,如标距 $l_0 = 100$ mm 或 200 mm,其伸长率用 δ_{100} 或 δ_{200} 表示。伸长率是评定钢材塑性的一个指标,反映了钢材在破坏前可承受塑性变形的能力,一定的塑性变形,可保证应力重新分布,避免结构破坏,但塑性过大时,钢质软,也会影响实际使用。

二、冲击韧性

冲击韧性是钢材抵抗冲击荷载的能力,通过弯曲冲击韧性试验确定。试验过程中用摆锤冲击带缺口的试件,将试件打断,单位截面积上所消耗的功作为冲击韧性值,用 a_k 表示,计算方法如式(6-2)所示。

$$a_k = \frac{A_k}{F} \qquad (6-2)$$

式中:A_k——打断试件所消耗的功,J;

F——试件断口处的面积,mm^2。

钢材的冲击韧性受化学成分、组织状态、冶炼、轧制质量、温度和时间的影响。钢材中硫、磷含量较高时,钢材组织中有非金属夹杂物和偏析现象,冲击韧性降低;沿钢材轧制方向取样的冲击韧性比沿垂直轧制方向取样的要高;钢材的冲击韧性还会随温度的下降而下降,当达到某一温度范围时,会突然大幅度下降,呈现脆性,这种现象称为冷脆性。这时的温度范围称为脆性转变温度或脆性临界温度,如图6-2所示。脆性转变温度值越低,表明钢材的低温冲击韧性越好。在低温下使用的钢材应选用脆性转变温度低于使用温度的钢材。

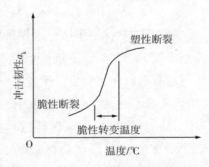

图6-2 钢材冲击韧性的低温转变

随着时间的延长,钢材的强度逐渐提高,塑性和冲击韧性下降的现象称为时效。时效过程可达数十年,钢材经受冷加工或受到振动及交变荷载的影响,可加速时效发展。因时效而导致钢材性能改变的程度称为时效敏感性,对于承受动荷载的重要结构,应选用时效敏感性小的钢材。

三、抗疲劳性

钢材在交变荷载反复作用下,在应力远低于抗拉强度的情况下突然发生破坏的现象称为疲劳破坏。疲劳破坏是拉应力引起的,首先在局部形成细小裂纹,然后在裂纹端部产生应力集中,使裂纹逐渐扩展直至发生突然的脆性断裂。一般将承受交变荷载达 10^7 周次时不破坏的最大应力规定为钢材的疲劳强度。研究表明,钢材的抗疲劳性与其内部组织状态、成分偏析、表面质量、受力状态、抗拉强度等有关,建筑结构中承受反复荷载的钢筋构件,应验算其抗疲劳性。

四、冷弯性能

冷弯性能是指钢材在常温下承受弯曲变形的能力,是建筑钢材重要的工艺性能。钢筋混凝土的钢筋大多要进行弯曲加工,因此,钢筋必须满足冷弯性能的要求。钢材的冷弯性能用弯曲的角度及弯心直径 d 与试件直径(或厚度)a 的比值来表示。试件受弯曲部位不产生裂纹、起层或断裂,即认为冷弯性能合格。

钢材的冷弯性能和伸长率都能反映塑性变形能力。伸长率反映的是钢材在均匀变形条件下的塑性变形能力,冷弯性能则是检验钢材在局部变形条件下的塑性变形能力。冷弯性能可以揭示钢材内部结构是否均匀、是否存在内应力和夹杂物等缺陷,可用来检验钢材焊接接头的焊接质量。

五、焊接性能

焊接性能又称可焊性,可焊性好的钢材易于用一般焊接方法和焊接工艺施焊,焊接后不易形成裂纹、气孔、夹渣等缺陷,焊接接头牢固可靠,硬脆倾向小,焊缝及其附近热影响区的性能仍能保持与原有钢材相近的力学性能。

钢的化学成分及含量、冶炼质量和冷加工等都影响钢材的焊接性能。一般含碳量小于 0.25% 的碳素钢具有良好的可焊性,含碳量超过 0.3% 的碳素钢,可焊性变差。硫、磷及气体杂质含量的增多会使可焊性降低,加入过多的合金也会降低可焊性。

第三节　钢材的晶体结构与化学成分

一、钢材的晶体结构

金属是晶体或晶粒的聚集体,金属原子以金属键相结合。当金属晶体受外力作用时,可保留金属键不断裂,而原子或离子产生滑移,使金属材料表现出较高强度和良好塑性。

在金属晶体中,金属原子按最紧密堆积的规律排列,所形成的空间格子称为晶格,晶格有三种类型:面心立方晶格、体心立方晶格和密集六方晶格,晶格是晶体中排列的最小单位。在金属晶体中原子的排列并非完整有序,而是存在许多缺陷,这些缺陷对金属的强度、塑性和其他性能具有明显影响。

1. 点缺陷

个别能量较高的原子克服了邻近原子的束缚,离开原来的平衡位置形成"空位",跑到另一个结点位置上产生晶格畸变,或者杂质原子的嵌入成为间隙原子,形成点缺陷,如图 6-3(a)所示。存在点缺陷的钢材,由于间隙原子增加了晶面滑移阻力,所以可使强度提高,但使塑性和韧性下降。

2. 线缺陷

晶面间原子排列数目不相等形成"位错"。施加切应力后,并不在受力晶面上克服键力使原子产生移动,而是逐渐向前推移位错。当位错运动到晶体表面时,位错消失而形成一个滑移台阶。位错会导致滑移的阻力大大减小,即位错的存在降低了钢材的强度,但位错是钢材具有塑性的原因。

3. 面缺陷

晶界是晶粒间的边界,金属晶体由许多晶格取向不同的晶粒组成,在晶界处原子的排列规律受到严重干扰,发生晶格畸变。畸变区形成一个面,这些面又交织成三维网状结构,形成面缺陷,如图 6-3(b)所示。晶界增加了滑移时的阻力,因而可提高强度但使塑性降低。

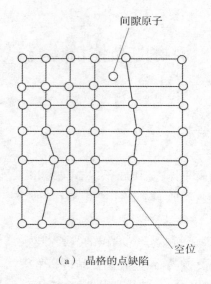

间隙原子

（a）晶格的点缺陷

空位

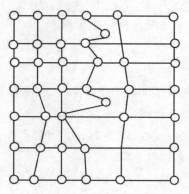

（b）晶格的面缺陷

图6-3 晶体结构的缺陷

二、钢材中铁碳元素的存在方式及钢的显微组织

钢是以铁为主的铁碳合金,碳的含量虽少,但对钢材性能的影响却非常大。在钢水的冷却过程中,铁和碳形成三种Fe-C合金:

(1)固溶体:铁中固溶着微量的碳。

(2)化合物:铁和碳结合成化合物Fe_3C。

(3)机械混合物:固溶碳和化合物的混合物。

三种形式的Fe-C合金在一定条件下形成不同形态的聚合物,构成钢的基本组织。

1. 铁素体

铁素体是 C 在 α - Fe 中的固溶体,碳在铁素体中的溶解度极小,在 727 ℃时最大溶解度为 0.02% ,室温时最大溶解度小于 0.005% ,具有良好的塑性、韧性,但强度、硬度较低。

2. 渗碳体

渗碳体是铁和碳的化合物 Fe_3C ,含碳量极高,为 6.67% ,其晶体结构复杂,塑性差,伸长率接近为零,硬脆,布氏硬度可达 800,抗拉强度值较低,工程中一般不单独使用。

3. 珠光体

珠光体是铁素体和渗碳体的机械混合物,含碳量较低,为 0.8% ,强度、硬度较高,塑性和韧性介于铁素体和渗碳体之间。

碳素钢中基本组织的含量与含碳量的关系密切。含碳量小于 0.8% 时,钢由铁素体和珠光体组成,随含碳量的提高,铁素体逐渐减少而珠光体逐渐增多,从而使钢材的强度、硬度逐渐提高,塑性、韧性却逐渐降低;含碳量为 0.8% 时,钢的基本组织仅为珠光体;含碳量大于 0.8% 时,钢由珠光体和渗碳体组成,随含碳量的提高,珠光体逐渐减少而渗碳体相对增多,从而使钢材硬度逐渐提高,塑性、韧性、强度逐渐降低。

建筑钢材的含碳量均在 0.8% 以下,由硬度低而塑性好的铁素体和强度高的珠光体组成,由此决定了建筑钢材既有较高的强度,也有较好的塑性、韧性,能很好地满足工程需要的技术性能要求。

三、化学成分与钢材性能的关系

钢材的性能主要决定于其化学成分,除铁、碳两种基本化学元素外,还有少量的硅 Si、锰 Mn、磷 P、硫 S、氧 O、氮 N、钛 Ti、钒 V 等元素。

1. 碳(C)

碳是钢中除铁之外含量最多的元素,是决定钢材性质的重要元素。含碳量低于 0.8% 时,强度和硬度随含碳量增加而提高,塑性、韧性和冷弯性能随含碳量增加而下降;含碳量增至 0.80% 时,强度最大;含碳量超过 0.8% 以后,钢材变脆,强度反而下降。随着含碳量的增加,还会使钢材的焊接性能、耐锈蚀性能下降,并增加钢的脆性和时效敏感性。一般工程用碳素钢为低碳钢,含碳量小于 0.25% ,低合金钢含碳量小于 0.52%。

2. 硅(Si)

硅是我国低合金钢的主加合金元素,炼钢时能起脱氧作用,是钢的有益元素。含硅量小于 1.0% 时,大部分溶于铁素体中,提高钢的强度,且对钢的塑性和韧性无明显影响;含硅量大于 1.0% 时,塑性和韧性显著降低,冷脆性增加,可焊性变差。通常碳素钢中的含硅量小于 0.3%,低合金钢含硅量小于 1.8%。

3. 锰(Mn)

锰是我国低合金钢的主加合金元素,炼钢时能起脱氧除硫的作用,是钢的有益元素。锰的脱氧作用比硅要弱一些,但可以削弱硫所引起的热脆性,使钢材的热加工性能得到改善,同时能细化晶粒,提高钢材的强度和硬度。含锰量小于 1.0% 时,对钢材的塑性和韧性影响不大;含锰量大于 1.0% 时,会降低钢材的抗腐蚀性和可焊性。含锰量一般为 1.0% ~2.0%,有较高耐磨性的高锰钢的含锰量可达 11% ~14%。

4. 硫(S)

硫是钢材中最主要的有害元素之一,硫含量是区分钢材品质的重要指标之一,含量一般不超过 0.055%。硫在钢中以硫化亚铁 FeS 的形式存在于晶界上,使晶粒间的结合变弱。FeS 是一种低强度的脆性夹杂物,会降低钢材的物理力学性能,如强度、冲击韧性和疲劳强度、抗腐蚀性等。FeS 还是一种低熔点化合物,使钢在热加工和焊接过程中易出现热裂纹,产生热脆性。硫是钢材中偏析最严重的杂质之一,偏析程度越大,危害越大。

5. 磷(P)

磷是钢材的主要有害元素之一,含量一般不超过 0.045%,也是区分钢材品质的重要指标之一。磷会显著降低钢材的塑性和韧性,特别是在低温下的冲击韧性。磷在钢中偏析较严重,是钢冷脆性增加、可焊性下降的重要原因。但磷可使钢的强度、耐磨性、抗腐蚀性提高,与铜等合金元素配合使用时效果较为明显,还可有效改善钢的切削加工性能。

6. 氧(O)

氧是钢的有害元素,主要存在于非金属夹杂物中,少量溶于铁素体中。氧的有害性与硫相似,会降低钢的力学性能,特别是降低韧性,还会促进钢材的时效敏感性,使热脆性增加,可焊性变差。通常含氧量小于 0.03%。

7. 氮(N)

氮对钢材性质的影响与碳、磷相似,使钢材强度提高,塑性下降,冲击韧性显著下降。溶于铁素体中的氮,有向晶格缺陷移动、聚集的倾向,加剧钢材的时效敏感性和冷脆性,降低可焊性,一般含氮量小于0.008%。

8. 钛(Ti)

钛是我国合金钢常用的微量合金元素,是炼钢的强脱氧剂,能细化晶粒,显著提高强度,并改善冲击韧性和可焊性,减小时效敏感性,但塑性稍有降低。

9. 钒(V)

钒是我国合金钢常用的微量合金元素,是炼钢的弱脱氧剂,在钢中形成碳化物和氮化物,能细化晶粒,有效提高强度,减小时效敏感性,但钒与碳、氮、氧等有害元素的亲和力很强,能增加焊接时的淬硬性。

第四节 钢材的加工与焊接

一、冷加工强化与时效处理

钢材在常温下进行冷拉、冷拔或冷轧,产生塑性变形,从而提高屈服强度,塑性、韧性降低的现象称为冷加工强化。冷加工变形越大,强化越明显,屈服强度提高越多,而塑性和韧性下降也越大。其根本原因在于冷加工的过程中变形区域的晶粒产生相对滑移,晶格严重变形,因而对晶面的进一步滑移起到阻碍作用。

冷加工后的钢材在常温下存放15~20 d或在100~200 ℃条件下存放2~3 h,称为时效处理。前者为自然时效处理,后者为人工时效处理。钢材经时效处理后,屈服强度将进一步提高,抗拉强度、硬度也得到提高,但塑性和韧性将进一步降低。钢材经冷拉和时效处理后的性能变化也明显反映在应力-应变曲线上,如图6-4所示。工程中常对钢筋进行冷拉或冷拔,以达到提高钢材强度和节约钢材的目的。冷拉钢筋的屈服强度可提高20%~25%,冷拔钢筋的屈服强度可提高40%~90%。同时,钢筋冷加工还有利于简化施工工序,冷拉盘条钢筋时可省去开盘和调直工序,冷拉直条钢筋时,则与矫直、除锈等工艺一并完成。

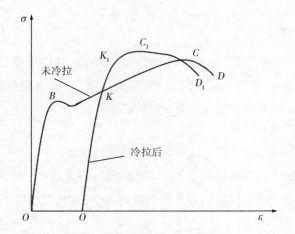

图 6 - 4　钢材冷拉和时效处理前后的抗拉应力 – 应变关系图

二、钢材的热处理

热处理是将钢材按照一定规则进行加热、保温和冷却,通过改变晶体组织,或消除由于冷加工产生的内应力,从而改变钢材的力学性能。

1. 退火

退火是将钢材加热到 723 ~910 ℃ 范围内的某一温度,然后在退火炉中保温,再缓慢冷却的工艺过程。退火能消除钢材中的内应力,改善钢的显微结构,细化晶粒,达到降低硬度、提高塑性和韧性的目的。冷加工后的低碳钢,常在 650 ~700 ℃ 的温度下进行退火,提高其塑性和韧性。

2. 淬火

淬火是将钢加热到 723 ~910 ℃ 范围内的某一温度,保温一定时间使其晶体组织完全转变后,迅速置于水中或油中淬冷的工艺过程。钢材经淬火后,强度和硬度大为提高,脆性增大,但塑性和韧性明显下降。

3. 回火

回火是将淬火后的钢材在 723 ℃ 以下的温度内重新加热,保温后按一定速度冷却至室温的过程。回火可消除淬火产生的内应力,恢复塑性和韧性,但硬度下降。根据加热温度分为高温回火(500 ~650 ℃)、中温回火(300 ~500 ℃)和低温回火(150 ~300 ℃)。回火温度越高,硬度降低越多,塑性和韧性恢复越好。在淬火后随即采用高温回火,称为调质处理,可大大改善强度、塑性和韧性。

4. 正火

正火也称正常化处理,是将钢材加热到 723 ~ 910 ℃ 或更高温度,保持相当长时间,然后在空气中缓慢冷却的过程。正火处理的钢材,能获得均匀细致的显微结构。正火与退火相比较,钢材的强度和硬度得到提高,但塑性比退火处理时小。

三、钢材的焊接

焊接是钢材连接的主要方式,在钢结构工程中焊接结构占 90% 以上。钢材的焊接方法主要有钢结构焊接用的电弧焊和钢筋连接用的接触对焊。焊接时由于在很短的时间内达到很高的温度,金属局部熔化的体积很小,冷却速度很快,在焊接处必然产生剧烈的膨胀和收缩,易产生变形、内应力和内部组织的变化,因而形成焊接缺陷。对性能最有影响的缺陷是裂纹、缺口,以及由硬化引起的塑性、韧性的下降。焊接质量主要取决于钢材的可焊性、正确的焊接工艺和适宜的焊接材料,焊接质量的检验方法主要有取样试件试验和原位无损检测两类。

第五节　钢材的标准与选用

一、结构钢

1. 碳素结构钢

根据《碳素结构钢》(GB/T 700—2006)规定,碳素结构钢共有四个牌号,每个牌号根据硫、磷等有害杂质的含量又分成四个等级,牌号表示为:代表屈服点的字母(Q)、屈服强度数值(MPa)、质量等级符号(A ~ D)、脱氧方法符号(F、Z、TZ)。其中脱氧方法符号:F 表示沸腾钢;Z 表示镇静钢;TZ 表示特殊镇静钢,符号"Z"与"TZ"可以省略。如 Q235 – A. F 表示屈服强度不小于 235 MPa 的平炉或氧气转炉冶炼的 A 级沸腾碳素结构钢;Q235C 表示屈服强度不小于 235 MPa 的平炉或氧气转炉冶炼的 C 级镇静碳素结构钢。碳素结构钢的化学成分应符合表 6 – 1 的规定,力学性能和冷弯性能应符合表 6 – 2 的规定。

表 6 - 1　碳素结构钢的化学成分(GB/T 700—2006)

牌号	等级	厚度(或直径)/ mm	化学成分(质量分数,不大于)/%					脱氧方法
			C	Mn	Si	S	P	
Q195	—	—	0.12	0.50	0.30	0.040	0.035	F,Z
Q215	A	—	0.15	1.20	0.35	0.050	0.045	F,Z
	B					0.045		
Q235	A	—	0.22	1.40	0.35	0.050	0.045	F,Z
	B		0.20			0.045		
	C		0.17			0.040	0.040	Z
	D					0.035	0.035	TZ
Q275	A	—	0.24	1.50	0.35	0.050	0.045	F,Z
	B	≤40	0.21			0.045	0.045	Z
		>40	0.22					
	C	—	0.20			0.040	0.040	Z
	D					0.035	0.035	TZ

表6-2　碳素结构钢的力学性能（GB/T 700—2006）

牌号	等级	拉伸试验							伸长率 δ_5/%					冲击试验	
		屈服强度/MPa						抗拉强度/MPa	钢材厚度（直径）/mm					温度/℃	冲击吸收功（纵向）/J
		钢材厚度（直径）/mm							不小于						
		不小于							≤40	>40~60	>60~100	>100~150	>150~200		
		≤16	>16~40	>40~60	>60~100	>100~150	>150~200								
Q195	—	195	185	—	—	—	—	315~430	33	—	—	—	—	—	—
Q215	A	215	205	195	185	175	165	335~450	31	30	29	27	26	—	—
	B													20	≥27
Q235	A	235	225	215	215	195	185	370~500	26	25	24	22	21	—	—
	B													20	≥27
	C													0	
	D													-20	
Q275	A	275	265	255	245	225	215	410~540	22	21	20	18	17	—	—
	B													20	≥27
	C													0	
	D													-20	

Q235 是土木工程中最常应用的碳素结构钢牌号,具有较高的强度,良好的塑性、韧性和可焊性,能满足一般钢结构和钢筋混凝土结构用钢的要求。其由于塑性好,在结构中能保证在超载、冲击、温度应力等不利条件下的安全。力学性能稳定,对轧制、加热、急剧冷却时的敏感性小,适于各种加工,被大量轧制成型钢、钢板及钢筋使用。其中,Q235 钢仅适用于承受静荷载作用的结构;Q235C、Q235D 可用于重要的焊接结构。另外,由于 Q235D 含有足够的形成细晶粒结构的元素,对硫、磷等有害元素控制严格,所以其冲击韧性很好,具有较强的抗冲击、抗振动的能力,尤其适宜在较低温度下使用。而 Q195、Q215 强度不高,塑性和韧性较好,加工性能与可焊性较好,常用于制作钢钉、铆钉、螺栓及钢丝等。Q235、Q275 强度高,但塑性和韧性较差,不易焊接和冷弯加工,可用于轧制钢筋、螺栓配件等,更多地用于生产机械零件和工具等。

2. 低合金高强度结构钢

低合金高强度结构钢具有强度高、塑性和低温冲击韧性好、耐锈蚀等特点。根据《低合金高强度结构钢》(GB/T 1591—2018)的规定,低合金高强度结构钢的牌号由代表屈服强度"屈"字的汉语拼音首字母 Q、规定的最小上屈服强度数值、交货状态代号、质量等级符号(B、C、D、E、F)四个部分组成。交货状态为热轧时,交货状态代号AR 或 WAR 可省略;交货状态为正火或正火轧制状态时,交货状态代号均用 N 表示。例如,Q355ND 钢材中:

Q ——钢的屈服强度的"屈"字汉语拼音的首字母;

355——规定的最小上屈服强度数值,单位为兆帕(MPa);

N ——交货状态为正火或正火轧制;

D ——质量等级为 D 级。

部分低合金高强度结构钢的化学成分及力学性能应符合表 6 – 3、表 6 – 4 的规定。

表6-3　部分低合金高强度结构钢的化学成分（GB/T 1591—2018）

牌号		化学成分										
钢级	质量等级	C		Si	Mn	P	S	Nb	V	Ti	Cr	Ni
		以下公称直径或厚度/mm		不大于								
		≤40	>40									
		不大于										
Q355	B	0.24		0.55	1.60	0.035	0.035	—		—	0.30	0.30
	C	0.20	0.22			0.030	0.030					
	D	0.20	0.22			0.025	0.025					
Q390	B	0.20		0.55	1.70	0.035	0.035	0.05	0.13	0.05	0.30	0.50
	C					0.030	0.030					
	D					0.025	0.025					
Q420	B	0.20		0.55	1.70	0.035	0.035	0.05	0.13	0.05	0.30	0.80
	C					0.030	0.030					
Q460	C	0.20		0.55	1.80	0.030	0.030	0.05	0.13	0.05	0.30	0.80

表6-4　部分低合金高强度结构钢的拉伸性能（GB/T 1591—2018）

牌号		下屈服强度（不小于）/MPa								抗拉强度/MPa		
钢级	质量等级	公称直径或厚度/mm										
		≤16	>16~40	>40~63	>63~80	>80~100	>100~150	>150~200	>200~250	≤100	>100~150	>150~250
Q355	B、C	355	345	335	325	315	295	285	275	470~630	450~600	450~600
	D											
Q390	B、C、D	390	380	360	340	340	320	—		490~650	470~620	—
Q420	B、C	420	410	390	370	370	350	—		520~680	500~650	—
Q460	C	460	450	430	410	410	390	—		550~720	530~700	—

3. 优质碳素结构钢

优质碳素结构钢分为普通含锰量钢（含锰量＜0.8％）和较高含锰量钢（含锰量

0.7% ~1.2%)两组。优质碳素结构钢一般经热处理后再供货,因此也称为"热处理钢"。优质碳素结构钢对有害杂质含量($S<0.035\%$,$P<0.035\%$)控制严格,对其他缺陷的限制也较严格,质量稳定,性能优于碳素结构钢。根据《优质碳素结构钢》(GB/T 699—2015)规定,优质碳素结构钢共有 28 个牌号,牌号用两位数字表示,表示平均含碳量的万分数,数字后若有"Mn"则表示较高含锰量钢,否则为普通含锰量钢。如 35Mn 表示平均含碳量为 0.35% 的较高含锰量的优质碳素结构钢。优质碳素结构钢成本较高,仅用于重要结构的钢铸件及高强度螺栓等。如用 30、35、40 及 45 号钢做高强度螺栓,45 号钢还常用作预应力钢筋的锚具,65、75、80 号钢可用来生产预应力混凝土用的碳素钢丝、刻痕钢丝和钢绞线。

4.合金结构钢

根据《合金结构钢》(GB/T 3077—2015),合金结构钢牌号由含碳量的万分量的两位数、主要合金元素符号及含量的百分量的一位数组成。合金元素的含量按四舍五入原则标记,如含量小于 1.5% 则只标写元素符号;含量为 1.5% ~2.49%,则标注"2";含量为 2.5% ~3.49% 时,则标注"3";以此类推。如 35Mn2,表示含碳量为 0.35%,含锰量为 1.5% ~2.49%。合金结构钢是用于机械结构的主要钢种,在工程中常用来制作各种轴、杆、铰、高强螺栓等受力构件及钢铸件。

二、钢筋与钢丝

钢筋混凝土结构用的钢筋和钢丝等钢材主要由碳素结构钢、低合金高强度结构钢和优质碳素结构钢经热轧(或冷轨)、冷拔和热处理等工艺加工而成。

1.热轧钢筋

热轧钢筋是经热轧成型并自然冷却的成品钢筋,按外形可分为光圆和带肋两种。带肋钢筋的表面有纵肋和横肋,肋纹形状有等高肋和月牙肋,从而加强钢筋与混凝土之间的握裹力,可用于钢筋混凝土结构的受力钢筋以及预应力钢筋。根据《钢筋混凝土用钢第 1 部分:热轧光圆钢筋》(GB/T 1499.1—2017)和《钢筋混凝土用钢第 2 部分:热轧带肋钢筋》(GB/T 1499.2—2018),热轧钢筋按力学性能分为四类,具有较高的强度、塑性和较好的可焊性,其主要性能和用途列于表 6-5、表 6-6 中。钢筋弯曲试验主要技术要求如表 6-7 所示。

表6-5 热轧光圆钢筋的性能和主要用途(GB/T 1499.1—2017)

钢筋牌号	下屈服强度/MPa	抗拉强度/MPa	伸长率/%	180°弯曲试验
	不小于			
HPB300	300	420	25	$d=a$

表6-6 热轧带肋钢筋的性能和主要用途(GB/T 1499.2—2018)

钢筋牌号	下屈服强度/MPa	抗拉强度/MPa	断后伸长率/%	最大力总延伸率/%	实测抗拉强度/实测下屈服强度	实测下屈服强度/下屈服强度
	不小于					不大于
HRB400	400	540	16	7.5	—	—
HRBF400						
HRB400E			—	9.0	1.25	1.30
HRBF400E						
HRB500	500	630	15	7.5	—	—
HRBF500						
HRB500E			—	9.0	1.25	1.30
HRBF500E						
HRB600	600	730	14	7.5	—	—

表6-7 钢筋弯曲试验主要技术要求

钢筋牌号	公称直径 d/mm	弯曲压头直径/mm
HRB400	6~25	4d
HRBF400 / HRB400E	28~40	5d
HRBF400E	>40~50	6d
HRB500	6~25	6d
HRBF500 / HRB500E	28~40	7d
HRBF500E	>40~50	8d
HRB600	6~25	6d
	28~40	7d
	>40~50	8d

2.冷轧带肋钢筋

冷轧带肋钢筋分为 CRB550、CRB650、CRB800、CRB600H、CRB680H、CRB800H 六个牌号。CRB550、CRB600H 为普通钢筋混凝土用钢筋,CRB650、CRB800、CRB800H 为预应力混凝土用钢筋,CRB680H 既可作为普通钢筋混凝土用钢筋,也可作为预应力混凝土用钢筋。冷轧带肋钢筋的力学性能和工艺性能如表 6-8 所示。

表 6-8 冷轧带肋钢筋的力学性能和工艺性能(GB/T 13788—2017)

分类	钢筋牌号	抗拉强度(不小于)/MPa	断后伸长率(不小于)/%		弯曲试验	反复弯曲次数
			A	$A_{100\,mm}$		
普通钢筋混凝土用	CRB550	550	11.0	—	$D = 3d$	—
	CRB600H	600	14.0	—	$D = 3d$	—
	CRB680H	680	14.0	—	$D = 3d$	4
预应力混凝土用	CRB650	650	—	4.0		3
	CRB800	800	—	4.0		3

冷轧带肋钢筋强度高、塑性好,与混凝土握裹力高,综合性能较好。使用冷轧带肋钢筋可节约钢材,降低成本,如利用 CRB550 替代 HPB235 热轧钢筋时,可节约钢材 30% 以上。冷轧带肋钢筋适用于没有振动荷载和反复荷载作用的混凝土结构用钢。

3.冷轧扭钢筋

冷轧扭钢筋是采用 Q235 低碳钢热轧盘圆条,经冷轧扁和冷扭而成的具有连续螺旋状的钢筋。其刚度大,不易变形,与混凝土的握裹力大,无须再加工(预应力或弯钩),可直接用于混凝土工程,节约钢材 30%。使用冷轧扭钢筋可减小板的设计厚度、减轻自重,施工时可按需要将成品钢筋直接供现场铺设,免除现场加工钢筋。冷轧扭钢筋主要适用于板和小梁等构件,其力学性能应符合表 6-9 的要求。

表6-9　冷轧扭钢筋的力学性能(JG 190—2006)

强度级别	型号	抗拉强度/MPa	伸长率/%	180°弯曲试验 弯心直径=3d (d为钢筋公称直径)
CTB550	Ⅰ	≥550	≥4.5	受弯曲部位钢筋表面不得产生裂纹
	Ⅱ	≥550	≥10	
	Ⅲ	≥550	≥12	
CTB650	Ⅲ	≥650	≥4	

4. 预应力钢材

除 CRB650、CRB800、CRB970 三个牌号的冷轧带肋钢筋外,根据《混凝土结构工程施工质量验收规范》(GB 50204—2015)规定,常用的预应力钢材还有钢丝、钢绞线、热处理钢筋等。

预应力混凝土用钢丝为高强度钢丝,是用 60～80 号的优质碳素结构钢经酸洗、冷拔或再经回火等工艺处理制成的,力学性能应满足表 6-10 的要求。其强度高,柔性好,适用于大跨度屋架、吊车梁等大型构件及 V 形折板等,可节省钢材,施工方便,安全可靠,但成本较高。按加工状态分为冷拉钢丝(WCD)和消除应力钢丝两类,消除应力钢丝按松弛性能又分为低松弛级钢丝(WLR)和普通松弛级钢丝(WNR)。钢丝按外形可分为光圆钢丝(P)、螺旋肋钢丝(H)、刻痕钢丝(I)三种。经低温回火消除应力后钢丝的塑性比冷拉钢丝要高,刻痕钢丝经压痕轧制后与混凝土握裹力大,可减少混凝土裂纹。

表 6-10 预应力混凝土冷拉钢丝的力学性能（GB/T 5223—2002）

公称直径/ mm	抗拉强度/ MPa	屈服强度/ MPa	伸长率/ %	冷弯实验180°			应力松弛性能	
				弯曲次数	断面收缩率/%	弯曲半径/mm	初始应力	1 000 h后应力松弛率/%
				不小于				不大于
3.00	1 470	1 110				7.5		
4.00	1 570	1 180		4		10		
	1 670	1 250			35	15		
5.00	1 770	1 330	1.5			15	0.7	8
6.00	1 470	1 110				15		
7.00	1 570	1 180		5	30	20		
	1 670	1 250				20		
8.00	1 770	1 330				20		

预应力混凝土用钢绞线由 2 根、3 根或 7 根 2.5～5.0 mm 的高强碳素钢丝绞捻后消除内应力而制成,具有强度高、柔性好、无接头等优点,且质量稳定,安全可靠,施工时不需冷拉及焊接,可用于大跨度桥梁、屋架、吊车梁、电杆、轨枕等大负荷的预应力结构。

第六节　钢材的腐蚀与防止

一、钢材的腐蚀

钢材在使用中经常与环境中的介质接触,产生化学反应,导致钢材腐蚀,也称为锈蚀。钢材锈蚀使构件受力面积减小,产生的局部锈坑会造成应力集中,导致结构承载力下降。在动荷载作用下,还将产生锈蚀疲劳现象,使疲劳强度大为降低,出现脆性断裂,影响结构的安全。钢材在大气中的腐蚀是发生了化学腐蚀或电化学腐蚀,但以电化学腐蚀为主。

1. 化学腐蚀

化学腐蚀(干腐蚀)是钢材在常温和高温时发生的氧化或硫化作用。氧化性气体有空气、氧、水蒸气、二氧化碳、二氧化硫和氯等,反应后生成疏松氧化物,其反应速度随温度、湿度升高而提高。在干湿交替环境下,腐蚀更为严重;在干燥环境下,腐蚀速度缓慢。

2. 电化学腐蚀

电化学腐蚀(湿腐蚀)是由电化学现象在钢材表面产生局部电池作用的腐蚀。在潮湿的空气中,由于吸附作用,钢材表面覆盖一层电解质溶液薄膜。由于钢材中的不同晶体组织和杂质成分的电极电位不同,于是在钢材表面形成许多微小电池。在阳极区,铁被氧化成 Fe^{2+},在阴极区氧被还原为 OH^-,两者结合成不溶于水的 $Fe(OH)_2$,并进一步氧化成疏松易剥落的红棕色铁锈 $Fe(OH)_3$。电化学腐蚀是钢材在使用及存放过程中发生的主要腐蚀形式。

二、防腐措施

钢材的腐蚀可以从改变钢材本身的易腐蚀性、隔离环境中的侵蚀性介质或改变钢材表面的电化学过程三方面入手。

1. 保护膜法

保护膜法使钢材表面既不能产生氧化锈蚀反应,也不能形成腐蚀原电池。如涂刷各种防锈涂料(红丹漆、环氧富锌漆、醇酸磁漆、氯磺化聚乙烯防腐涂料等)、搪瓷涂料、塑料涂料,喷镀锌、铬、铝等防护层,或经化学处理使钢材表面形成氧化膜(发蓝处理)或磷酸盐膜。

混凝土中的钢筋处于碱性介质条件下,不易锈蚀。但若混凝土中有大量掺合料,或因碳化反应使内部环境发生变化,或因混凝土外加剂带入一些卤素离子(特别是氯离子),会使锈蚀迅速发展。混凝土中钢筋的防腐蚀要保证混凝土的密实度和钢筋保护层的厚度,限制氯盐类外加剂及加入防锈剂等。对于含碳量较高的预应力钢筋,经过冷加工强化或热处理后,易发生腐蚀,应严禁使用氯盐类外加剂。

2. 电化学防腐

电化学防腐包括阳极保护和阴极保护,适用于不容易或不能涂覆保护膜层的钢结构,如蒸气锅炉、地下管道、港口工程结构等。阳极保护也称外加电流保护法,外加直流电源,将负极接在被保护的钢材上,正极接在废钢铁或难熔的金属上,如高硅铁、铝银合金等。通电后阳极金属被腐蚀,阴极钢材得到保护。阴极保护是在被保护的钢材上接一块比钢铁更为活泼的金属,例如锌、镁等,使活泼金属成为阳极被腐蚀,钢材成为阴极得到保护。

3. 合金化

在碳素钢和低合金钢中加入少量的铜、铬、镍、钼等合金元素制成耐候钢。这种钢在大气作用下,能在表面形成一种致密的防腐保护层,起到抗腐蚀作用,同时保持良好的可焊性。耐候钢的强度级别与常用碳素钢和低合金钢一致,技术指标也相近,但其抗腐蚀能力却高出数倍。

思考与练习

1. 低碳钢拉伸过程各阶段特点。
2. 建筑钢材屈强比定义及对工程的影响分析。
3. 如何评价建筑钢材的冷弯性能?
4. 碳素结构钢的牌号表示方法。
5. 钢材冷加工和时效对钢材性质的影响。
6. 对钢材性能影响中有益、有害元素主要有哪些? 影响哪些方面?

【案例拓展】

三峡大坝由2 689万吨混凝土外加29万吨钢筋和25.5万吨钢材组成。其中从日本进口的一批重达4 000吨,价值170多万美元的热扎钢板,将浇筑在混凝土坝身水轮机组部位永久使用。技术专家称其是承接大坝心脏的主动脉血管,直接关系到三峡工程的内在质量,特别是需要承受水库393亿立方米水形成的强大压力。所以对钢板的屈服强度、抗拉强度、延伸性能和冲击韧性四大项技术要求极高。如若钢板质量出现问题将产生无法估量的损失。

然而,钢板运至现场后,在按要求进行抽样检测过程中,5片样板中的4片样块的冲击韧性达不到合同要求,而且与供货合格单提供的数据相差甚远。面对检验结果,供货商以自己是世界上一流的名牌企业,绝不可能出现这种问题为由,并未采取积极处理。三峡大坝工程负责人再次跨省将样品送到相关研究单位检验,冲击韧性经测仍达不到要求。最终在供货方亲自检验后,承认确是钢板质量有问题,将钢板全部退回。

第七章　合成高分子材料

学习目标：

1. 熟悉高分子材料性能特点及主要的高分子材料品种。

2. 熟悉土木工程中合成高分子材料的主要制品及应用。

3. 了解合成高分子材料的性能。

高分子化合物又称高分子聚合物(简称高聚物)，是组成单元相互多次重复连接构成的物质，因此其相对分子质量虽然很大，但化学组成都比较简单，都是由许多低分子化合物聚合形成的。例如，聚乙烯分子结构为：

$$n\text{CH}_2 =\!\!= \text{CH}_2 \xrightarrow{\text{催化剂}} \text{+\!CH}_2 -\text{CH}_2\text{+}_n$$

这种结构很长的称为分子链，可简写为 $\text{+\!CH}_2 -\text{CH}_2\text{+}_n$。可见聚乙烯是由低分子化合物乙烯($\text{CH}_2 =\!\!= \text{CH}_2$)聚合而成的，这种可以聚合成高聚物的低分子化合物，称为"单体"，而组成高聚物的最小重复结构单元称为"链节"，如—$\text{CH}_2 -\text{CH}_2$—，高聚物中所含链节的数目 n 称为"聚合度"，高聚物的聚合度一般为 $1 \times 10^3 \sim 1 \times 10^7$，因此其相对分子质量必然很大。

高聚物的分类方法很多，经常采用的方法有下列几种：

1. 按高聚物材料的性能与用途，可分为塑料、合成橡胶和合成纤维，此外还有胶黏剂、涂料等。

2. 按高聚物的分子结构，可分为线型、支链型和体型三种。

线型高聚物的链节排列成为线状主链，如图 7-1(a) 所示，如聚乙烯、聚氯乙烯。大多数呈卷曲状，线状大分子间以分子间作用力结合在一起。线型高聚物具有良好的弹性、塑性、柔顺性，但强度较低、硬度小，耐热性和抗腐蚀性较差。

支链型高聚物的分子在主链上带有比主链短的支链，如图 7-1(b) 所示，如聚苯乙烯树脂、ABS 树脂。分子排列较松散，分子间作用力较薄弱，其密度、强度、熔点都低于线型高聚物。

体型高聚物又称网状高聚物,由线型高聚物或支链型高聚物的分子以化学键交联形成,如图7－1(c)所示,如环氧树脂、聚酯树脂。由于化学键结合较强,所以高聚物强度高、弹性模量大,但其塑性小、硬而脆。

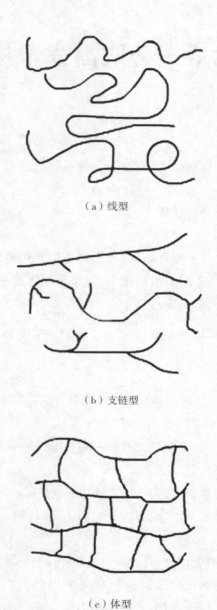

(a)线型

(b)支链型

(c)体型

图7－1　高聚物分子形状示意图

3.按高聚物的合成反应类别,可分为加聚反应和缩聚反应,其反应产物分别为加聚物和缩聚物。

加聚反应又称加成聚合,由许多相同或不相同的不饱和单体,在加热条件及催化剂的作用下,不饱和键被打开,各单体分子相互连接起来而形成高聚物,如聚乙烯、聚氯乙烯等。

缩聚反应又称缩合聚合反应,指具有两个或两个以上官能团的单体,相互缩合并产生小分子副产物(水、醇、氨、卤化氢等),而生成高分子化合物的聚合反应,如酚醛树脂。

高聚物有多种命名方法,在土木工程材料工业领域常以习惯命名。对简单的一种单体的加聚反应产物,在单体名称前冠以"聚"字,如聚乙烯、聚丙烯等,大多数烯类单体聚合物都可按此命名;部分缩聚反应产物则在原料后附以"树脂"二字命名,如酚醛树脂等,树脂又泛指作为塑料基材的高聚物;对一些两种以上单体的共聚物,则从共聚物单体中各取一字,后附"橡胶"二字来命名,如丁二烯与苯乙烯的共聚物称为丁苯橡胶,乙烯、丙烯、乙烯炔的共聚物称为三元乙丙橡胶。

第一节 建筑塑料及其制品

一、塑料的组成

建筑上常用的塑料制品绝大多数都是以合成树脂(即合成高分子化合物)和添加剂组成的多组分材料,但也有少部分建筑塑料制品例外,如"有机玻璃",仅由聚甲基丙烯酸甲酯构成,制成后具有较高的机械强度和良好的冲击力,并且透明度高。

1. 合成树脂:是由低分子化合物通过缩聚或加聚反应合成的高分子化合物,是最主要的成分。树脂受热可软化,它可将其他添加剂胶结在一起组成一种性能稳定的材料,整体起着胶黏剂的作用。在多组分塑料中,合成树脂往往要占到30%~60%。

2. 添加剂:为改善塑料的性能而加入的物质。不同性能塑料加入的添加剂也不同。

常用的添加剂有:

(1)填料又称填充剂,是不可缺少的组成原料,常占塑料组成的40%~70%,在塑料中主要起提高强度、刚度作用,减少在常温下的蠕变及改善热稳定性;降低塑料制品的成本,增加产量。在某些塑料中还可以提高塑料制品的耐磨性、导热性、导电性及阻燃性,并可改善加工性能。常用填料包括木屑、滑石粉、石灰石粉、炭黑、铝粉、玻璃纤维等。

(2)增塑剂一般是高沸点的液体或低熔点的固体有机化合物,可提高聚合物在高温加工条件下的可塑性,用量不多。其作用是提高塑料加工时的可塑性及流动性,改善塑料制品的柔韧性。常用增塑剂有用于改善加工性能及常温的柔韧性的苯二甲酸二丁酯、邻苯二甲酸二辛酯;属于耐寒增塑剂的脂肪族二元酸酯类增塑剂、聚氯乙烯等。可以将聚氯乙烯加工成半硬质到柔软的制品,例如塑料地板和聚氯乙烯防水卷材等。

(3)稳定剂:用以防止受热、光等的作用,使塑料过早老化。

(4)着色剂:着色剂的种类按其在着色介质中或水中的溶解性分为染料和颜料两大类。染料可溶于被着色树脂或水中,透明度好,着色力强,色调和色泽亮度好,但光泽的光稳定性及化学稳定性差,主要用于透明的塑料制品。常见的染料品种有酞青蓝和酞青绿、联苯胺黄和甲苯胺红等。染料不溶于被着色介质或水。在塑料制品中,常用的是无机颜料。无机颜料不仅对塑料具有着色性,同时又兼有填料和稳定剂的作用。如炭黑这种染料,具有光稳定性作用。

二、塑料的分类

通常按照树脂受热时所生变化的不同,分为热塑性塑料和热固性塑料。

1. 热塑性塑料

热塑性塑料的特点是:受热软化、熔融,具有可塑性,冷却后坚硬,再受热又可软化,如此反复,其基本性能不变;可溶解在一定的溶剂中(即具有可溶可熔性);成型工艺简便,形式多种多样,生产效率高,可直接注射、挤压、吹塑成所需形状的制品,而且具有一定的物理力学性能。缺点是:耐热性和刚性都较差,最高使用温度一般只有120 ℃左右,否则就会变形。但近期发展的氟塑料、聚酰亚胺等有突出的性能,如更优良的耐腐蚀、耐高温等性能,成为性能相当优越的工程塑料。

2. 热固性塑料

热固性的特点是:在一定温度下,经过一定时间的加热或加入固化剂后,即可固化成型。固化后的塑料质地坚硬、性质稳定,不再溶于溶剂中,也不能用加热方法使它再软化(即具有不溶不熔性),强热则分解、破坏;抗蠕变性强,受压不易变形,耐热性较高,即使超过其使用温度极限,也只是在表面产生碳化层,不会立即失去功能。缺点是:树脂性质较脆,机械强度不高,必须加入填料或增强材料以改善性能,提高强度;成型工艺复杂,大多只能采用模压或层压法,生产效率低。

三、常见的塑料制品

塑料在土木工程中常用于制作塑料门窗、管材、型材和塑料地板等。

1. 塑料地板

塑料地板包括用于地面的各种板块和铺地卷材。塑料地板不仅起着装饰、美化环境的作用，还赋予步行者以舒适的脚感，而且御寒保温，对减轻疲劳，调整心态有着重要作用。塑料地板可应用于绝大多数的公用建筑，如办公楼、商店、学校等地面。另外，以乙炔黑作为导电填料的防静电 PVC 地板广泛应用于邮电部门、实验室、精密仪表控制车间等的地面铺设，以消除静电危害。

为了保护人类身体健康，国家制定的《室内装饰装修材料 聚氯乙烯卷材地板中有害物质限量》(GB 18586—2001)中除规定禁止使用铅盐做稳定剂外，在标准限量指标上也着重控制氯乙烯单体含量，铅、镉含量，有机化合物挥发总量等，具体指标见表 7 – 1。

表 7 – 1　聚氯乙烯卷材地板中有害物质限量

挥发物限量/ ($g \cdot m^{-2}$)	发泡类卷材地板中挥发物的限量		非发泡类卷材地板中挥发物的限量	
	玻璃纤维基材	其他基材	玻璃纤维基材	其他基材
	≤75	≤35	≤40	≤10
氯乙烯单体含量	不大于 5 mg / kg			
可溶性铅含量	不大于 20 mg / m²			
可溶性镉含量	不大于 20 mg / m²			

2. 塑料门窗

塑料门窗分为全塑门窗及复合塑料门窗两类，全塑门窗多采用改性聚氯乙烯树脂制作。塑料门窗具有隔热、隔音、气密性好、耐腐蚀、维护费用较低等优点，但其线膨胀系数较高，硬度较低，不耐磨。复合塑料门窗常用的种类为塑钢门窗，它是在塑料门窗框内部嵌入金属型材制成。

塑料门按其结构主要有以下三种：镶板门、框板门和折叠门。

塑料门窗与钢木门窗及铝合金门窗相比有以下几大特点：

(1)隔热性优异。常用聚氯乙烯(PVC)的导热系数虽与木材相近，但由于塑料门窗框、扇均为中空异型材，密闭空气层导热系数及低的保温隔热性能远优于木门窗，与钢门窗相比可节约大量能源。

(2)气密性、水密性好。塑料门窗所用的中空异型材，挤压成型，尺寸准确，而且型材侧面带有嵌固弹性密封条的凹槽，使密封性大为改善，如风速为 40 km/h，空气泄漏量仅为 0.03 m³/min。密封性的改善不仅提高了水密性、气密性，也减少了进入室内的灰土,改善了生活、工作环境。

（3）装饰性好。塑料制品可根据需要设计出各种颜色的样式,门窗尺寸准确,一次性成型,具有良好的装饰性。考虑到吸热及老化问题,外窗多为白色。

（4）加工性能好。利用塑料易加工成型的优点,只要改变模具,即可挤压出适合不同强度要求及建筑功能要求的复杂断面的中空异型材。

（5）隔音性能好。塑料门窗的隔音效果优于普通门窗。按德国工业标准DIN4109 试验,塑料门窗隔音达 30 dB,而普通门窗隔音只有 25 dB。

3. 塑料墙纸

塑料墙纸是以一定材料为基础,表面进行涂塑后,再经过印花、压花或发泡处理等多种工艺制成的一种墙面装饰材料。它是目前国内外使用广泛的一种室内墙面装饰材料,也可以用于天棚、梁柱,以及车辆、船舶、飞机表面的装饰。塑料墙纸一般分为三类:普通墙纸、发泡墙纸和特种墙纸。

4. 玻璃钢建筑制品

常见的玻璃钢建筑制品使用玻璃纤维及其织物为增强材料,以热固性不饱和聚酯树脂(UP)或环氧树脂(EP)等为胶黏材料制成的一种复合材料。它的质量小、硬度接近钢材,因此人们常把它称为玻璃钢。常见的玻璃钢建筑制品有玻璃钢波形瓦、玻璃钢采光罩、玻璃钢卫生洁具等。

5. 塑料管材

（1）硬质聚氯乙烯(UPVC)塑料管

UPVC 管是使用最普遍的的一种塑料管,约占全部塑料管材的 80%。UPVC 管的特点是有较高的硬度和刚度,许用应力一般在 10 MPa 以上,价格比其他塑料管低,故UPVC 管在产量中居第一位。UPVC 管有Ⅰ型、Ⅱ型和Ⅲ型产品。Ⅰ型管是高强度聚氯乙烯管,这种管在加工过程中,树脂添加剂中增塑剂成分为最低,所以通常称作未增塑聚氯乙烯管,因而具有较好的物理和化学性能,其热变形温度为 70 ℃,最大的缺点是低温下较脆,冲击强度低。Ⅱ型管又称耐冲击聚氯乙烯管,它是在制造过程中,加入了 ABS、CPE 或丙烯酸树脂等改性剂,因此其抗冲击性能比Ⅰ型管高,热变形温度比Ⅰ型管低,为 60 ℃。Ⅲ型管为氯化聚氯乙烯管,具有较高的耐热性能和耐化学性能,热变形温度为 100 ℃,故称为高温聚氯乙烯管,使用温度可达 100 ℃,可做沸水管道用材。UPVC 管的使用范围很广,可用作给水、排水、灌溉、供气、排气等管道,住宅生活用管道,工矿业工艺管道,以及电线、电缆套管等。

（2）聚乙烯(PE)塑料管

聚乙烯塑料管的特点是比重小、强度与质量比值高,脆化温度低(-80 ℃),优良的低温性能和韧性使其能抗车辆和机械振动、冰冻和解冻及操作压力突然变化的破坏。聚乙烯管性能稳定,在低温下亦能经受搬运和使用中的冲击;不受输送介质中液态烃的化学腐蚀;管壁光滑,介质流动阻力小。高密度聚乙烯(HDPE)管耐热性能和机械性能均高于中密度和低密度聚乙烯管,是一种难透气、透湿,最低渗透性的管材。中密度聚乙烯(MDPE)管既有高密度聚乙烯管的刚性和强度,又有低密度聚乙烯(LDPE)管良好的柔性和耐蠕变性,比高密度聚乙烯管有更高的热熔连接性能,对管道安装十分有利,其综合性能高于高密度聚乙烯管。低密度聚乙烯管的特点是化学稳定性和高频绝缘性能十分优良;柔性、伸长率、耐冲击性和透明性比高、中密度聚乙烯管好,但管材许用应力仅为高密度聚乙烯管的一半(高密度聚乙烯管为 5 MPa,低密度聚乙烯管为 2.5~3 MPa)。聚乙烯管中,中密度和高密度聚乙烯管最适宜做城市燃气和天然气管道,中密度聚乙烯管更受欢迎。低密度聚乙烯管宜做饮用水管、电缆导管、农业喷洒管道、泵站管道,特别是用于需要移动的管道。

(3)聚丙烯(PP)塑料管和 PPR 塑料管

聚丙烯塑料管。聚丙烯塑料管与其他塑料管相比,具有较高的表面硬度、表面光洁度,流体阻力小,使用温度范围为 100 ℃以下;许用应力为 5 MPa;弹性模量为130 MPa。聚丙烯塑料管多用作化学废料排放管、化验室废水管、盐水处理管及盐水管道。

无规共聚聚丙烯(PPR)塑料管。聚丙烯塑料管的使用温度有一定的限制,为此可以在丙烯聚合时掺入少量的其他单体,如乙烯、1－丁烯等进行共聚。由丙烯和少量其他的单体共聚的聚丙烯称为共聚聚丙烯,共聚聚丙烯可以减少聚丙烯高分子链的规整性,从而减小聚丙烯的结晶度,达到提高聚丙烯韧性的目的。共聚聚丙烯又分为嵌段共聚聚丙烯和无规共聚聚丙烯。无规共聚聚丙烯具有优良的韧性和抗温度变形性能,能耐 95 ℃以上的沸水,低温脆化温度可降至－15 ℃,是制作热水管的优良材料,现已在建筑工程中广泛应用。

(4)其他塑料管

ABS 塑料管。ABS 塑料管使用温度为 90 ℃以下,许用压力在 7.6 MPa 以上。由于 ABS 塑料管具有比硬聚氯乙烯管、聚乙烯管更高的冲击韧性和热稳定性,因此可用作工作温度较高的管道。在国外,ABS 塑料管常用作卫生洁具下水管、输气管、污水管、地下电气导管、高腐蚀工业管道等。

①聚丁烯(PB)塑料管,聚丁烯柔性与中密度聚乙烯相似,强度特性介于聚乙烯和聚丙烯之间,聚丁烯具有独特的抗蠕变(冷变形)性能。因此,需要较大负荷才能达到破坏作用,这为管材提供了额外安全系数,使之能反复绞缠而不折断。其许用应力为 8 MPa,弹性模量为 50 MPa,使用温度范围为 95 ℃以下。聚丁烯塑料管在化学性质上不活泼,能抗细菌、藻类或霉菌,因此可用作地下埋设管道。聚丁烯塑料管主要用作给水管、热水管、楼板采暖供热管、冷水管及燃气管道。

②玻璃纤维增强塑料俗称玻璃钢,玻璃钢管具有强度高、质量小、耐腐蚀、不结垢、阻力小、耗能低、运输方便、拆装简便、检修容易等优点,玻璃钢管主要用作石油化工管道和大口径给水管。

③复合塑料管。随着材料复合技术的迅速发展,以及各行各业对管材性能的愈来愈高的要求,出现了塑料管材的复合化。复合的类型主要有以下几种:热固性树脂玻璃钢复合热塑性塑料管材、热固性树脂玻璃钢复合热固性塑料管材、不同品种热塑性塑料的双层或多层复合管材,以及与金属复合的管材,等等。

第二节　建筑涂料

涂料是一类能涂覆于物体表面并在一定条件下形成连续和完整涂膜的材料的总称。早期的涂料主要以干性油或半干性油和天然树脂为主要原料,所以这种涂料被称为油漆。涂料的主要功能是保护基材和美化环境,以及一些特殊功能(绝缘、防锈、防霉、耐热等)。

一、建筑涂料分类

按涂料成膜物质的性质分类(涂料的成膜物质众多),可将其分为有机涂料、无机涂料和复合涂料。

按涂料的形态分类,可将涂料分为液态涂料、粉末涂料、高固体分涂料。

按涂料使用的分散介质分类,可将涂料分为溶剂型涂料和水性涂料。溶剂型涂料是指完全以有机物为溶剂的涂料,水性涂料是指完全或主要以水为介质的涂料。

按涂料是否有颜料成分分类,可将涂料分为清漆、色漆。色漆还可细分为调和漆、磁漆等。涂料组成中不含颜料,涂饰干燥后形成透明涂膜的漆类称为清漆;涂料组成中含有颜料,涂饰后形成各种色彩涂膜的漆称为色漆。

二、涂料的组成

涂料是由多种材料调配而成的,每种材料赋予涂料不同的性能。涂料的一般组成:主成膜物质、颜料、溶剂、助剂。

1.主成膜物质

主成膜物质是将涂料中的其他组分黏结在一起,并能牢固附着在基层表面形成连续均匀、坚韧的保护膜。它包括基料、胶黏剂和固着剂。主成膜物质的性质,对形成涂膜的坚韧性、耐磨性、耐候性以及化学稳定性等起着决定性的作用。

2. 颜料

以微细粉状均匀分散于涂料介质中,赋予涂膜以色彩、质感,起到提高涂膜的抗老化性、耐候性等作用,因而被称为次成膜物质。按功能分类,颜料可分为着色颜料(钛白粉、铬黄等)、防锈颜料(红丹、铝粉、云母)和体质颜料(碳酸钙、滑石粉)。

3. 溶剂

溶剂是一种既能溶解油料、树脂,又易于挥发,能使树脂成膜的有机物质。它的作用是将油料、树脂稀释,并能将颜料和填料均匀分散,调节涂料黏度。

4. 助剂

辅助材料又称助剂,它的用量很少,但种类很多,各有所长,且作用显著,是改善涂料性能不可忽视的重要方面。

三、常用建筑涂料

1. 外墙涂料

外墙涂料的主要功能是装饰和保护建筑物的外墙面,延长建筑物的寿命。

(1)聚氨酯系外墙涂料

聚氨酯系外墙涂料是以聚氨酯树脂或聚氨酯与其他树脂复合物为主要成膜物质,加入填料、助剂组成的优质外墙涂料。

聚氨酯系外墙涂料弹性高、装饰性好,可以承受严重拉伸而不被破坏,装饰效果可达 10 年。适用于混凝土或水泥砂浆外墙的装饰,如高级住宅、宾馆等建筑物的外墙面。

(2)彩砂涂料

彩砂涂料是以丙烯酸共聚乳液为胶黏剂,以高温彩色陶瓷粒或天然带色的石屑作为集料,加入添加剂等多种助剂配制而成的。它具有快干、耐强光、不褪色、耐污染性好等优点,耐久性为 10 年以上。彩砂涂料主要用于各种板材及水泥砂浆抹面的外墙面装饰。

(3)丙烯酸系外墙涂料

丙烯酸系外墙涂料是以改性丙烯酸共聚物为成膜物质,掺入紫外光吸收剂、填料、有机溶剂、助剂等,经研磨而制成的溶剂型外墙涂料。它具有保持原色,装饰效果好,使用寿命长等特点,它是目前外墙涂料中较为常用的涂料之一。

（4）无机涂料

外墙所用的无机涂料是以硅酸钾或硅溶胶为主要胶黏剂,加入填料、颜料及其他助剂等,经混合、搅拌、研磨制成。具有成膜温度低,耐老化,抗紫外线辐射,施工方便等优点。无机涂料常用于工业与民用建筑物的外墙和内墙饰面材料。

2. 内墙涂料

（1）乳胶漆

乳胶漆又叫合成树脂乳液内墙涂料,是以合成树脂乳液为基料的薄型内墙涂料。具有色彩丰富、透气性好、涂刷容易等优点。乳胶漆一般用于室内墙面装饰,不宜用于厨房、卫生间、浴室等潮湿墙面。

（2）多彩内墙涂料

多彩内墙涂料是将带色的溶剂型树脂涂料,掺入到甲基纤维素的水溶液中,搅拌,形成溶剂型油漆涂料的混合悬浊液。具有有弹性、耐磨损、耐污染、耐洗刷和色彩鲜艳等特点。多彩内墙涂料适用于建筑物内墙和顶棚的装饰。

3. 地面涂料

地面涂料的主要功能是装饰与保护室内地面。

用于木质地面,如:聚氨酯漆、酚醛树脂地板漆和钙酯地板漆。

用于地面装饰,形成无缝涂布地面等,如:过氯乙烯地面涂料、聚氨酯地面涂料和环氧树脂厚质地面涂料等。

第三节　建筑胶黏剂

胶黏剂是能够将各种物质黏结在一起的物质,它是土木工程中不可缺少的配套材料之一,在土木工程中得到广泛的应用。胶黏剂用于防水工程、新旧混凝土接缝、室内外装饰工程黏贴和结构补强加固。胶黏剂品种繁多,性能各异。按胶黏剂的固化方式不同,可将胶黏剂分为溶解剂挥发型、化学反应型和热熔型三大类。按胶的来源分类,可分为天然胶黏剂,如虫胶、淀粉糊、血料子、天然胶浆等;合成胶黏剂,分为热固性树脂胶黏剂、热塑性树脂胶黏剂、橡胶胶黏剂和无机胶黏剂等,如环氧树脂胶黏剂、丙烯酸胶黏剂、聚氨酯胶黏剂、酚醛胶黏剂、有机硅胶黏剂、过氯乙烯胶黏剂、铝锭橡胶胶黏剂等。

一、胶黏剂特点

能连接同类或不同类的、软的或硬的、脆性的或韧性的、有机的或无机的各种材料,特别是异性材料连接。例如,钢与铝、金属与玻璃,陶瓷、塑料、木材或织物之间的连接。尤其是薄片材料和蜂窝结构,用其他办法连接非常困难,但是用胶却能很好解决。

可减轻结构质量。通过黏结可以得到挠度小、质量轻、强度大、装配简单的结构。密封性能良好,如用结构胶黏剂粘贴的玻璃幕墙具有优异的气密性和水密性。

应力分布均匀,延长构件寿命。黏结的多层板结构能避免裂纹的迅速发展。

工艺简单,生产效率高,制造成本低。

黏结也有不足之处,如热固性胶黏剂的剥离力比较低,热塑性胶黏剂在受力情况下有蠕变倾向;有些胶黏剂黏结过程比较复杂,黏结前要仔细地进行表面处理和保持清洁,黏结过程中需加温或加压固化;某些胶黏剂易燃、有毒,产生室内污染;有的在冷、热、高温、高湿、生化、日光、化学作用下,以及在增塑剂散失和其他工作环境作用下渐渐老化。

二、胶黏剂黏结原理

胶黏原理是胶结强度形成及其本质的理论分析。胶黏剂能够将材料牢固黏结在一起,是因为二者之间存在黏结力,形成胶结强度。胶结强度主要来源于以下几个方面。

1.机械黏结力

胶黏剂深入材料表面的凹陷处和表面的孔隙内,固化后如同镶嵌在材料内部,产生纯机械咬合或镶嵌作用,正是靠这种机械黏结力将材料黏结在一起。材料表面不可能是绝对平整光滑的,由于胶黏剂具有流动性和对固体表面的润湿性,流入孔隙中的胶黏剂固化后形成无数微小的"销钉",将物体连接在一起。

2.物理吸附力

胶黏剂分子和材料分子间存在的物理吸附力,即范德瓦耳斯力和氢键,有时也有化学键力,将材料黏结在一起。

3.化学键力

某些胶黏剂分子与材料分子间能发生化学反应,即在胶黏剂与材料间存在化学键力,是化学键力将材料黏结为一个整体。化学键力要比分子间作用力大一到两个数量级,因此具有较高的黏结强度。试验证明,聚氨酯胶黏剂、酚醛树脂胶黏剂、环氧树脂胶黏剂等与某些金属表面的确是产生了化学键,现在广泛使用的硅烷偶联剂就是基于这一理论研制成功的。

4. 静电黏结力

胶黏剂与被胶结物具有不同的亲和力,当它们接触时就会在界面产生接触电势,形成双电层而产生胶结。

5. 扩散黏结力

物质的分子始终处于运动之中,由于胶黏剂中的高分子链具有柔性,在胶结过程中,胶黏剂分子与被胶结物分子因相互的扩散作用而更加接近,并形成牢固的黏结。

事实上,以上各种胶黏力仅仅是黏结现象本质的一个方面。与被胶结物之间的牢固黏接是以上各种胶黏力的综合结果。采用不同的胶黏剂、不同的被胶结物、不同的黏结物表面处理方法或不同黏结接头制作工艺,上述五种黏结力对物体黏结的贡献大小也不一样。

值得注意的是,胶黏剂对被胶结物表面的浸润是获得高的黏结力的先决条件。无论黏结界面上发生何种物理的、化学的或机械的作用,都需要胶黏剂对黏结物表面的完全浸润。表面浸润不完全,界面未曾接触到胶黏剂之处就会形成许多空隙,空隙内不仅无法实现吸附、扩散或渗透作用,而且在空隙周围会产生应力集中,大大减弱了黏结力。

三、胶黏剂组成

1. 黏结料

黏结料又称黏料,它是胶黏剂具有黏结结构特性的主要且必需的成分,决定了胶黏剂的性能和用途。

2. 固化剂

固化剂又称硬化剂,它能使线型分子形成网状的体型结构,使胶黏剂固化。

3. 填料

胶黏剂中加入填料可改善胶黏剂的机械性能、温度稳定性和黏度,同时降低胶黏剂成本,加入填料会增加胶黏剂脆性。

4.稀释剂

稀释剂用于调节胶黏剂的黏度、增加胶黏剂的涂覆浸润性。稀释剂分有活性和非活性两种,前者参与固化反应,后者不参与固化反应而只起到稀释作用。

5.增韧剂

增韧剂可提高胶黏剂冲击韧性,改善胶黏剂的流动性、耐寒性和耐振性,但会降低弹性模量、抗蠕变性和耐热性。

四、常用胶黏剂

1.环氧树脂胶黏剂

环氧树脂胶黏剂俗称"万能胶",主要由环氧树脂、固化剂、填料、稀释剂、增韧剂等组成。改变胶黏剂的组成可以得到不同性质和用途的胶黏剂。环氧树脂胶黏剂黏结力强、收缩性小、耐酸耐碱侵蚀性好,可在常温、低温和高温等条件下固化,并对金属、陶瓷、木材、混凝土、硬塑料等均有很高的黏附力。在黏结混凝土方面,其性能远远超过其他胶黏剂,广泛用于混凝土结构裂缝的修补和补强与加固。环氧树脂胶黏剂的主要缺点是耐热性不高,耐候性尤其是耐紫外线性能较差,部分添加剂有毒。

2.聚醋酸乙烯胶黏剂

聚醋酸乙烯胶黏剂由聚醋酸乙烯单体聚合而成,俗称白乳胶。它含有较多的极性基因,对各种极性材料有较高的黏附力,但耐水性、耐热性较差,只能在室温下使用。它是使用方便、价格便宜、应该广泛的一种非结构胶黏剂,能用于黏结玻璃、陶瓷、混凝土、纤维物质、木材、塑料层压板、聚苯乙烯板、聚氯乙烯板及塑料地板等。

3.氯丁橡胶胶黏剂

氯丁橡胶胶黏剂是将橡胶经混炼或混炼后溶于溶剂中而制成的,是目前应用最广的一种橡胶胶黏剂。其主要由氯丁橡胶、氧化锌、氧化镁、填料及助剂组成。

它对水、油、弱酸、弱碱和醇类都具有良好的抵抗力,但它的强度不高,耐热性也不太好,具有徐变性,易老化。

氯丁橡胶胶黏剂可在室温下固化,常用于黏结各种金属和非金属材料,如钢、铝、铜、玻璃、陶瓷、混凝土及塑料制品等。建筑上常用在水泥混凝土、水泥砂浆地面上,以及在墙面上粘贴塑料或者橡胶制品等。

4. 改性酚醛树脂胶黏剂

酚醛树脂胶黏剂常分成酚醛树脂胶黏剂和改性酚醛树脂胶黏剂,后者用丁腈橡胶、氯丁橡胶、硅橡胶、缩醛环氧尼龙等改性,无论是纯酚醛树脂胶黏剂还是改性酚醛树脂胶黏剂都是以酚醛树脂为主题材料配合其他物质组成的,改性酚醛树脂胶黏剂柔性好、耐极高温度、黏结强度大、耐盐雾,以及耐汽油、乙醇和乙酸乙酯等化学介质。

酚醛－丁腈胶黏剂可作为航空业的结构用胶,用于蜂窝结果的黏结。酚醛－缩醛胶黏剂综合了二者的优点,形成韧性的结构胶黏剂,具有优良的抗冲击强度及耐高温老化性能,耐油、耐芳烃、耐盐雾,以及耐候性亦好。两种胶是优良的结构胶黏剂,对钢材、铝合金、陶瓷、玻璃和塑料有较好黏结性。

改性酚醛树脂胶黏剂不足之处是耐水、耐潮湿性能较差,耐久性也不理想,主要用于临时性黏结,如定位用等,以及非结构黏结,不宜大面积使用,较脆;黏结刚性材料时不耐振动和冲击。

5. α－氰基丙烯酸酯胶黏剂

α－氰基丙烯酸酯胶黏剂是一种单组分室温快固型胶黏剂,又称瞬干胶。α－氰基丙烯酸酯容易发生阴离子型聚合,为了防止贮存时发生聚合,需要加入一些酸性物质作为稳定剂。α－氰基丙烯酸酯胶黏剂脆性较大,在配方中加入适量增塑剂可以减小脆性,提高韧性,常用的增塑剂有磷酸三甲酚酯、邻苯二甲酸二丁酯等。

502 胶的主要成分就是 α－氰基丙烯酸酯,它具有黏结速度快,黏度低,透明性好,使用方便,气密性好,以及对极性材料、金属、陶瓷、塑料、木材、玻璃等都有较高的黏结强度。由于 α－氰基丙烯酸酯又是较好的有机溶剂,因此对大多数塑料及橡胶制品都有极好的黏结力。

6. 双组分聚氨酯胶黏剂

双组分聚氨酯胶黏剂是聚氨酯胶黏剂中最重要的一个大类,用途广、用量大。通常是由甲、乙两个组分分开包装的,使用前按一定比例配制即可。甲组分(主剂)为羟基相组分或异氰酸酯基和聚氨酯预聚体,乙组分(固化剂)为含游离异氰酸酯基团的组分。甲组分和乙组分按一定比例混合生成聚氨酯树脂。

聚氨酯胶黏剂中含有很强极性和化学活泼性的异氰酸酯基(—NCO)和氨酯基(—NHCOO—),与含有活泼氢的材料,如泡沫塑料、木材、皮革、织物、纸张、陶瓷等多孔材料和金属、玻璃、橡胶、塑料等表面光洁的材料都有着优良的化学黏结力。而聚氨酯与被胶结物材料之间产生的氢键作用使分子间作用力增强,会使黏结更加牢固。聚氨酯胶黏剂的低温和超低温性能超过所有其他类型的胶黏剂。其黏合层可在 －196 ℃(液氮温度)下使用。聚氨酯胶黏剂具有良好的耐磨、耐水、耐油、耐溶剂、耐化学药品、耐臭氧以及耐细菌等性能。

聚氨酯胶黏剂的缺点是在高温、高湿下易水解而降低黏合强度。

第四节 土工合成材料

土工合成材料是土木工程应用的合成材料的总称。作为一种土木工程材料，它是以人工合成的聚合物（如塑料、化纤、合成橡胶等）为原料，制成各种类型的产品，可置于岩土或其他工程结构内部、表面或各结构层之间，具有加筋、过滤、排水、防渗、隔离和防护等多种功能。土工合成材料是一种新型的建筑材料，由于其自身的独特优点，其发展与应用非常迅速，尤其是在近几年全世界范围内得到迅速的发展，取得了良好的经济、社会和环境效益。

一、土工合成材料的种类

按《土工合成材料应用技术规范》（GB/T 50290—2014）将土工合成材料分为土工织物、土工膜、土工特种材料和土工复合材料等类型。

1. 土工织物

土工织物，主要包括有纺土工织物和无纺土工织物，此类材料拥有良好的透水性。土工织物的质量比较轻，而且连续性较好，施工简单方便，抗腐蚀和抗微生物侵蚀。有纺土工织物也称编织布，在它的生产过程中，把冷却的塑料薄膜切成细条，通过拉伸使大分子定向排列，制成扁丝，因此具有较高强度和较低的延伸率。无纺土工织物大部分是指针刺型的，强度没有显著的方向性，具有较大的延伸率，能适应较大的变形。

2. 土工膜

土工膜是指在土建工程中经常使用的塑料薄膜。土工膜不透水，而且弹性和适应变形的能力很强，适用于不同环境的施工条件，具有良好的抗老化作用，耐久性特别显著。土工膜材料的不透水性，可用作防渗材料，以代替黏土、灰土、混凝土等传统的防渗材料。

3. 土工特种材料

土工合成材料中的特种材料主要包括以下几种，土工网垫及土工格室、土工格栅和土工模袋等。

土工格栅是指经过拉伸形成的矩形格栅的板材。由于在制造过程中经过特殊处理,使聚合物分子沿拉伸方向定向排列,加强了分子链间的连结力,大大提高了抗拉强度,而延伸率却比不上原板材。常用于土工复合型材料的筋材等。

土工网垫以及土工格室都是合成材料特制的结构,土工网垫多为长丝结合而成的透水聚合物网垫,土工格室是由土工膜和条带聚合物等构成的网格状结构,常用于环保工程。

土工模袋是一种双层聚合化纤织物制成的连续袋状材料,可代替模板。施工时用高压泵把混凝土或砂浆灌入模袋中,最后形成板材或其他结构形状的板材。可用于保护环境工程。

4. 土工复合材料

土工复合材料是指由土工织物、土工膜和某些土工特种材料组成,将其中两种或两种以上的材料合成的材料称为土工复合材料。复合材料可以将不同类型的材料性质结合起来,更好地满足具体工程的需要,能起到多种功能的作用。例如土工复合膜,就是将土工膜和土工织物按一定的比例制成的一种土工复合材料。又如土工复合排水材料,它是以无纺土工织物、土工网、土工膜等土工合成材料组成的土工复合排水材料,用于软基排水加固结构和道路排水等的处理。从长远经济利益和环境效益来考虑,国内应该积极采用和提倡土工复合材料的使用,如以玻璃纤维制成的平面网格状材料等。

二、土工合成材料的技术性质和技术标准

目前我国现行公路土工合成材料的技术标准为《公路土工合成材料应用技术规范》(JTG/T D32—2012),新规范与旧规范相比,新规范进一步完善了路堤加筋的稳定性计算方法、加筋材料的安全系数、坡面防护结构形式及要求,土工合成材料在路面裂缝防治中的应用条件、材料与施工要求,土工合成材料应用的质量管理及检查验收;补充了新的防排水材料及其相关的材料要求、应用场合、应用形式,土工格室、植生袋、土工格栅喷射混凝土坡面防护措施;新增了路基不均匀沉降防治、防沙固沙、膨胀土路基处治、盐渍土路基处治等内容,对土工合成材料应用于公路工程的设计、施工、质量管理与验收等都做了较为具体的规定。

1. 路堤加筋

(1)土工合成材料应用于路堤加筋,其主要作用在于提高路堤的稳定性。土工合成材料对路堤的沉降特别是不均匀沉降有一定的减少或调节作用。

(2)土工合成材料加筋路堤对地基的承载力有一定的要求。一方面是为了保证

路堤的稳定,另一方面地基承载力影响着加筋路堤的高度,而且也是为了控制路堤的沉降。

土工合成材料的连接有绑扎、缝合、黏合等方法,一般对土工格栅及土工网采用绑扎法,而对土工织物多采用缝合法和黏合法。根据一些工程经验,当采用绑扎法时,一般每隔 10 ~ 15 cm 应有一绑扎节点,且为使搭接处的强度满足要求,搭接长度一般不小于 10 cm,在受力方向搭接至少应有两个绑扎节点。当采用缝合法进行连接时,一般采用工业用缝纫机,缝接长度在 20 cm 左右。黏合法很难保证连接质量,因此在工程中最好少采用。土工合成材料在铺设时,在工程中为保证土工合成材料的铺设质量,常采用插钉等固定方法。

2. 台背路基填土加筋

在桥涵、通道等横穿公路的构造物与构造物台背的路基填土之间,往往因为刚度悬殊而产生阶梯状不均匀沉降,引起"桥头跳车"现象发生。

采用土工合成材料加筋构造物台背的回填土主要是利用土工合成材料与构造物之间的锚固力以及与回填土之间的嵌锁力和界面摩阻力,将结构物与回填土连为一体,以增强其整体性,减少两者之间的不均匀沉降。

土工合成材料加筋适宜的桥台高度定为 5 ~ 10 m。土工合成材料布设在路基顶面以下 5 m 深度范围内,铺网的最大间距不超过 1 m。

3. 过滤与排水

土工合成材料用于过滤和排水,多为增强和改善过滤结构和排水结构的过滤排水能力。土工合成材料可单独或与其他材料配合,作为过滤体和排水体用于暗沟、渗沟和坡面防护等公路工程结构中。

4. 路基防护

路基防护主要包括坡面防护与冲刷防护。坡面防护用于防护易受自然因素影响而破坏的土质或岩石边坡;冲刷防护用于防护水流对路基的冲刷与淘刷。

(1)坡面防护。土质边坡防护可采用拉伸网草皮、固定草种布或网格固定撒种。岩石边坡防护可采用土工网或土工格栅。沿河路基可采用土工织物软体沉排、土工模袋进行坡面防护。

(2)冲刷防护。冲刷防护是保证路基坚固与稳定的重要措施。冲刷防护有两种类型:一种是直接防护,以加固坡岸为主要措施;另一种为间接防护,以改变水流方向、降低流速、减少冲刷为主要措施。

5. 路面裂缝防治

（1）土工合成材料在道路路面工程中的应用主要是减少或延缓反射裂缝的数量，减少沥青路面的车辙，在半刚性基层沥青路面中还可适当提高（底）基层的疲劳寿命。

（2）土工合成材料放在沥青路面面层上部可减少温度裂缝，放在下部可防止反射裂缝，在（底）基层底部可增加半刚性材料的疲劳寿命。

（3）沥青路面新路施工发现基层已经有裂缝。为了减少反射裂缝的影响，可以采用土工合成材料进行处理。对于老路补强，为了减少老路反射裂缝，同样可以采用土工合成材料进行处理。

（4）应用于路面裂缝防治的土工合成材料主要是玻纤网和土工织物。应用玻纤网从机制上讲，主要是利用材料的抗拉强度和抗拉模量阻止裂缝向路面延伸，因此要求其强度高，延伸率小。土工织物的抗拉强度一般较小，其主要起隔离作用，因此一般要求材料有一定的强度，同时延伸率在一定的范围。

三、土工合成材料在工程应用中的功能和作用

土工合成材料的功能是多方面的。综合起来，可以概括为以下基本功能。

1. 防渗作用，土工膜和土工复合材料，可以作为各种工程的防渗材料。以前许多已建成的混凝土坝存在严重的缺陷，除了剥落和裸露钢筋外，工程上最为关心的缺陷是结构渗漏的增加。但是土工膜有很好的防渗作用。

2. 防护作用，当比较集中的应力或应变从一种物体传到另一种物体时。土工织物可以在中间起到减轻或分散的作用。如厚的无纺织物和土工膜可起保温作用，防冻害。土工合成材料可减轻车辆的集中荷载对基土的影响，防止路面反射裂缝。

3. 过滤作用，是指把土工织物置于土的表面，土中水分可以通过织物排出。同时织物可阻止土粒流失，以免造成土体失稳，可代替砂、砾石等反滤层。

4. 排水作用，是指厚厚的针刺型无纺布和土工复合材料可以在土体中形成排水通道，把土壤中水分汇集起来，沿着材料平面缓慢地排出土体外。

5. 加筋作用，土工合成材料有较好的抗拉强度。埋于土中，作为土堤地基加筋，其应用前景主要是寻找安装加筋的方法。土工合成材料可以承受一部分拉应力，限制土体侧向位移，增加其稳定性，提高土体的强度。

6. 隔离作用，将土工织物置于土、砂石料与地基之间，可把不同粒径的土粒分隔开，以免相互混杂，或发生土粒流失继而失去各种材料和结构的完整性。

如当路堤的稳定性不足时，可采用土工合成材料加筋，以提高路堤的稳定性。加筋是指在土内或其他材料内或界面上掺入或铺设适当的加筋材料，以提高土体或结构强度与抗变形能力的行为。用于路堤加筋的土工合成材料可采用土工格栅、土工

织物、土工网。当土工合成材料单纯用于加筋目的时,宜选择强度高、变形小、糙度大的土工格栅。

四、土工合成材料在道路与桥梁工程中的应用

在道路与桥梁工程中,土工合成材料可以用于路基和路面结构的处理以及路基下和桥台的排水系统。土工合成材料具有施工简单方便、质量较轻、投资少、见效快等优点,并表现出独特的技术效果和经济效益,有助于提高工程质量。

1. 应用于排水

用软的透水管水平镶嵌在路基边缘上排除边坡内部的积水并将其铺在道路中央的分隔带内,为分隔带进行排水。同时可以用土工织物包在鹅卵石等透水材料的外面或者直接包在各种带孔的排水管外部,构成排水系统用于道路横纵向的地表和地下排水,代替一般的排水要求较高而且排水施工困难的道路,或者代替各种材料的排水管材。与此同时,可以用于阻挡土墙背后和桥台背后排水系统或用于隧道排水和防水层。例如,江苏高速公路在道路中间分隔带内部应用土工膜防渗、无纺土工织物过滤,以及软式透水管排水。

2. 应用于植被保护

在西北荒漠地带,用土工网垫进行路堤边坡的植被防护,也可将其铺在绿洲、水库以及河塘岸坡上防止岸坡被冲刷,利用土工织物和土工模袋护坡。如汾灌高速公路临水路堤边坡采用土工模袋进行防护,新台高速公路采用土工网垫植草这种方法进行护坡,既经济又实惠,还采用土工网垫结合锚杆喷混凝土砂浆进行护坡。用土工格栅和复合加筋带构筑加筋土挡墙和桥台或加陡路堤边坡,既增加了其稳定性又节省占地,还能保护环境。

3. 加固道路结构

土工合成材料还可以应用于道路表面与基层之间的柔性路面结构层。将高模量的土工合成材料置于路面结构层中可加强路面结构层的抗拉能力,减小软路面结构层的厚度,保持路面的结构完整性。主要做法就是在龟裂的沥青路面上浇洒黏层油,再将土工织物均匀地满铺道路的表面,然后浇筑沥青面层,其次是混凝土面层,这样能起到控制裂缝发展的作用。调查数据表明,在道路表面加铺土工合成材料后可改善裂缝处的应力集中,增强路面整体强度,减少车辙,延长沥青面层的疲劳寿命。目前,新建的高速公路都会在道路中添加土工合成材料。

4. 应用于临时道路

土工合成材料对于临时道路非常重要,有利于当地的环境保护和道路建设,减少投资,压缩成本。在许多海港和油田及一些军用的临时道路,水文和地质条件不佳的地区,如沼泽或软基道路地区如果采用绕道的方式不仅增加了线路的长度而且加大了资金的投入。若将土工合成材料铺设在软基上可以很好地利用土工合成材料的抗拉强度和变形特性,减少投入,节约成本。用于软基之上的土工合成材料对材料具有隔离的作用,在土工合成材料之上的道路建筑材料是可以回收再利用的。

5. 其他方面的应用

土工合成材料根据自身的特性可以应用于处理道路膨胀和失陷的状况,保护道路。也可以应用于冻融翻浆路段,保持道路温度稳定,减少路基的冻坏等。除此之外,还可以应用于纤维土建造陡坡路基和挡墙。

思考与练习

1. 与传统建筑材料相比,塑料有哪些优缺点?

2. 热塑性树脂与热固性树脂中哪类宜作为结构材料,哪类宜作为防水卷材、密封材料?

3. 某住宅使用 I 型硬质聚氯乙稀(UPVC)塑料管作为热水管。使用一段时间后,管道变形漏水,请分析原因。

4. 什么是涂料? 建筑装饰涂料由哪些部分组成? 各起什么作用?

5. 热塑性树脂胶黏剂与热固性树脂胶黏剂在性质上有何不同?

【案例拓展】

南京市某市政道路建设,施工现场有大量黄土,而用来铺筑路基的常用材料碎石和砂子,施工现场及附近含量较少。而且政府从环保角度出发,禁止了大部分的开山采石、挖河采砂行为,导致建筑市场砂石原料价格一路暴涨。若考虑从较远距离的砂石厂购买砂石,则建造成本将大幅提高。

经多方案比选,一种名叫"路液"的新材料可作为土壤固化剂,使用其固化黄土替代水泥碎石铺设该市政道路。这种土壤固化的新材料,是通过高分子聚合物微粒技术,使土壤永久固化。一般 1 m^3 黄土需要路液 300 mL,然后补充少量石灰、水泥,摊铺压实即可。路液技术可广泛应用于路面基层、荒山复绿、土壤修复、轨道交通基层、软基处理、抑制扬尘、河道治理、生态农业等诸多工程领域,作为一种土壤固化的改良材料,路液同时具有防渗和灰尘控制功能,并能大量减少砂石和水泥的用量。

第八章　沥青及沥青混合料

学习目标：

  1. 了解石油沥青的组分、结构。

  2. 掌握石油沥青的技术性质、技术标准及测定方法。

  3. 掌握沥青混合料的组成、结构与技术性质。

  沥青是一种广泛应用于土木工程中的有机胶凝材料，具有良好的塑性、黏性、憎水性和抗腐蚀性。沥青的构成极为复杂，是由多种高分子碳氢化合物以及非金属衍生物共同组成的。在常温条件下，沥青可以呈现出多种状态，如固态、半固态或液态，颜色多呈现为黑褐色或黑色，可溶于苯或二硫化碳等有机溶剂。沥青具有良好的变形能力，与矿料共同作用，可以形成较高的黏结力。在道路与桥梁工程、建筑工程中都得到了较为广泛的应用，是土木工程建设中重要的黏结材料之一。

  沥青有多种分类方法，最普遍的是按其产源来分类。沥青按产源分为地沥青和焦油沥青两大类。地沥青中的天然沥青指的是存在于自然界中的沥青湖、含有沥青的砂岩等沥青矿中，经过人工提炼、加工而成的沥青产品。地沥青中的石油沥青，顾名思义是指石油原油经分馏提炼出石油产品后的残留物，再进行人工加工而制得的沥青产品。焦油沥青中的煤沥青，得到的过程与石油沥青相似，是煤焦油蒸馏后，残留物经加工而得的沥青产品。焦油沥青中的页岩沥青指的是油页岩炼油工业的副产品。页岩沥青的性质介于石油沥青与煤沥青之间。

第一节　石油沥青

  在土木工程建设过程中，应用最为广泛的是石油沥青。根据石油沥青的生产加工工艺不同，其可分别制得蒸馏沥青、氧化沥青和溶剂沥青等。

一、石油沥青的组成

由于沥青的化学成分复杂,因此对沥青进行细致的化学成分的分析是十分困难的。为了便于分析研究和工程使用,通常将沥青中物理性质相似,化学成分相近,并且具有某些共同特征的部分划分为同一个组,称为组分。沥青的组分分析方法较多,目前比较常用的是三组分法和四组分法。三组分法又称溶解－吸附法,将石油沥青分离为油分、树脂质和地沥青质三个组分。石油沥青三种组分的基本特征见表8－1。

表8－1　石油沥青三组分基本特征表

组分	密度/$(g \cdot m^{-3})$	碳氢比	相对分子质量	含量/%	颜色与状态
油分	0.7~1	0.5~0.7	300~500	40~60	浅黄色—红褐色,液体
树脂质	略大于1	0.7~0.8	600~1 000	15~30	黄色—黑色,半固体
地沥青质	大于1	0.8~1.0	>1 000	10~30	深褐色—黑色,固体颗粒

四组分法将石油沥青划分为饱和分、芳香分、胶质和沥青质。

组成石油沥青的不同组分,对石油沥青的性质有着不同程度的影响。以三组分法为例分析如下:

沥青中相对分子质量和密度最小的组分——油分,在温度高于170 ℃时,经过长时间的加热可以挥发。另外,油分能溶解于大多数的有机溶质中,如三氯甲烷、四氯化碳、丙酮等,但是油分不能溶解于酒精中。沥青的流动性,就是油分对石油沥青性质影响的具体表现。

树脂质,也被称作沥青脂胶,它的相对分子质量和密度比油分大。树脂质绝大部分是中性树脂,能溶解于汽油、三氯甲烷和苯等有机溶质中,但在丙酮和酒精中的溶解度会大幅降低。树脂质赋予石油沥青黏结性和可塑性。

地沥青质,它的相对分子质量和密度在三个组分中最大。地沥青质不能溶解于汽油、酒精中,但能溶解于二硫化碳和三氯甲烷中。地沥青质的含量决定了沥青的稳定性和黏性。它的含量越高,石油沥青的软化点就越高,黏性越强,脆性也越大。

石油沥青中的组分性质并不是一成不变的,相反,它们的性质十分不稳定,受到外界因素的影响,如阳光、空气、水等,各组分之间会发生相互演变。油分、树脂质会逐渐减少,地沥青质逐渐增多,这一演变过程被称作沥青的老化。沥青老化后,其流动性、塑性变差,脆性增强,使沥青变硬,因而易发生脆裂乃至松散,沥青失去防水、防腐等效能。

石油沥青中通常含有杂质,最常见的杂质是蜡,蜡的存在会降低沥青的黏结性、塑性、温度稳定性和耐热性。存在于石油沥青油分中的蜡是一种有害成分,因此,在使用时通常需要限制蜡在油分中的含量,并采用氯盐处理或用高温吹氧等方法进行处理后方可使用。

石油沥青作为一种有机胶凝材料,在常温状态下可以呈现出固体、半固体或液体状态。它所呈现的状态不同,描述其性质的指标也略有差异。

二、石油沥青的主要技术性质

1. 黏滞性

黏滞性简称黏性,指的是沥青材料在外力作用下,其材料内部阻碍(抵抗)产生相对流动(变形)的能力,反映了沥青的软硬、黏稠程度,是划分沥青牌号的主要技术指标。

石油沥青黏度分为绝对黏度和相对黏度两大类。绝对黏度指的是当沥青层间的速度变化梯度(即剪变率)为一个单位时,每单位面积上受到的内摩阻力。绝对黏度也可用动力黏度表示,国际普遍采用的测定方法是真空减压毛细管法。但在实际应用中,由于绝对黏度测定较为复杂,因此多使用"条件黏度"(又称相对黏度)作为评价黏滞性的指标。最常用条件黏度如下:

(1)针入度。针入度试验用于测定黏稠石油沥青的相对黏度。沥青的针入度是指在规定温度和时间内,附加一定质量的标准针贯入沥青试样的深度。标准试验条件为:温度25 ℃的条件下,以质量100 g的标准针,经5 s的时间贯入沥青的深度(单位0.1 mm)来表示。显而易见,针入度值越大,说明沥青越软,稠度越小,流动性越大,黏滞性越差。反之,表示沥青稠度越大,沥青的黏度也越大。

(2)标准黏度试验。主要用于测定液体石油沥青、煤沥青和乳化沥青等材料流动状态的黏度。液体石油沥青的黏滞性,用标准黏度来表示,是指试样在规定温度下,自标准黏度计规定直径的孔口流出50 mL所需的时间。标准试验条件为:温度(20 ℃、25 ℃、30 ℃或60 ℃),经过规定直径(3 mm、4 mm、5 mm或10 mm)的孔,流出50 mL沥青所需要的时间,一般以秒(s)来计。标准黏度大,说明沥青的稠度大,黏滞性就强。

2. 塑性

石油沥青的塑性是指其在外力作用下产生变形而不被破坏,去除外力后仍保持变形后的形状不变的性质,是石油沥青的重要指标之一。

一般用延度来表示石油沥青的塑性。延度就是把沥青试样制成∞字形标准试件

(中间最小截面积为 1 cm²),在规定的拉伸速度(5 mm/min)和规定温度(5 ℃、10 ℃、15 ℃、25 ℃等)下拉断时的伸长长度,以 cm 计。延度值越大,说明石油沥青的塑性越好。

石油沥青的组分、结构和温度都会对其塑性产生一定的影响。石油沥青中的树脂质含量越大,其塑性越大;沥青膜层厚度越大,塑性越大。反之,膜层越薄,塑性越小。当薄至 1 μm 时,石油沥青的塑性几乎消失,接近于弹性;当温度升高时,石油沥青的黏度增大,塑性增强。

塑性还能反映沥青的自愈能力。在常温状态下,塑性良好的沥青在产生裂缝时,由于特有的黏塑性,可能会自行愈合。柔性防水材料多选择用沥青来制造,很大一部分原因来自于沥青的塑性,并且沥青的塑性对冲击振动荷载有一定的吸收能力,能减少摩擦时产生的噪声,因此在道路路面工程中得到了广泛应用。

3. 温度敏感性

石油沥青的温度敏感性,简称感温性,也称为温度稳定性。它是指沥青的黏滞性和塑性随温度变化而变化的性质,是沥青的重要指标。

沥青是一种非晶态高分子材料,没有固定的固化点或液化点。当温度升高时,沥青由固态或半固态逐渐软化,使沥青分子间产生相对的运动,直至像液体一样发生黏性流动,这就是所谓的黏流态。当温度降低时,沥青又逐渐由黏流态,转变为半固态或固态(又称为高弹态)。随着温度的进一步下降,低温下的沥青会变得像玻璃一样又脆又硬(称为玻璃态)。

在这一温度变化的过程中,沥青随温度变化,其黏滞性和塑性也发生变化。温度发生变化时,沥青黏滞性和塑性变化程度小,说明沥青的温度敏感性小,反之则为温度感温性大。土木工程中要求沥青的温度敏感性小,否则,容易发生高温下流淌或低温下变脆,甚至开裂等现象。沥青的温度敏感性,常用软化点和针入度指数来评价。

(1)软化点

沥青的软化点是反映沥青温度敏感性的重要指标,反映了沥青达到某种物理状态时的条件温度。沥青材料处于硬化点至滴落点之间的温度区间时,是一种黏流动状态,一般取固化点到滴落点温度间隔的 87.21% 作为软化点。

沥青的软化点可以通过试验测定。《公路工程沥青及沥青混合料试验规程》(JTG E20—2011)中规定,沥青软化点一般采用环球法试验测定。如图 8 - 1 所示,环球法试验是把沥青试样装入规定尺寸的铜环内,向上放置一个标准的钢球(质量为 3.5 g),浸入水中或甘油中,以规定的升温速率(5 ℃/min)加热沥青,使沥青软化,当下垂量达 25.4 mm 时的温度即为沥青的软化点。一般认为,软化点高的沥青,其温度敏感性小,说明沥青的耐热性能好,温度稳定性高。不同种类的沥青,其软化点也不相同,但大致集中在 25 ~ 100 ℃ 之间。

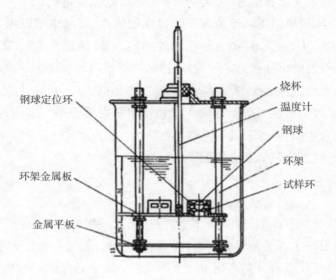

图8-1 软化点测定方法示意图

（2）针入度指数

软化点是沥青性能随温度变化的重要标志点，在软化点之前，沥青主要表现为黏弹态，在软化点之后主要表现为黏流态。但沥青软化点是人为确定的温度标志点，因此仅凭软化点反映沥青性能随温度变化的规律并不全面。目前，用来反映沥青温度敏感性的常用指标为针入度指数（PI）法。

普费科研团队经研究认为，沥青针入度值的对数（lgP）与温度（T）间存在线性关系，即

$$\lg P = A \cdot T + K \qquad (8-1)$$

式中：A——针入度－温度感应性系数，即直线的斜率；

K——回归系数，即直线的截距（常数）。

直线的斜率A表征沥青针入度（lgP）随温度（T）的变化率。A的数值越大，表明在温度变化时，沥青的针入度变化得越快，说明沥青的温度敏感性越强。因此，可以用直线的斜率A来表征沥青的温度敏感性。

理论上，根据标准针入度的测定方法进行取值可以计算出A的数值，但算出来的A值均为小数，为了方便研究，普费推导出针入度－温度感应性系数A与针入度指数的关系式，其计算公式为

$$PI = \frac{30}{1 + 50A} - 10 \qquad (8-2)$$

针入度指数是根据一定温度变化范围内，沥青性能的变化计算出来的。因此，利用针入度指数来反映沥青性能随温度的变化规律更为准确。沥青的针入度指数的范

围为 −10 ~ 20,针入度指数值越大,表明沥青的温度敏感性越低。

针入度指数不仅可以用来评价沥青的温度敏感性,同时也可以用来推断沥青的胶体结构类型:当 $PI < −2$ 时,沥青属于溶胶结构,温度敏感性大;当 $PI > 2$ 时,沥青属于凝胶结构,温度敏感性低;介于两种胶体结构类型间的属于溶−凝胶结构。一般认为 $PI = −1 ~ 1$ 的溶−凝胶型沥青适宜修筑沥青路面。

石油沥青温度敏感性与地沥青质含量和蜡含量密切相关。地沥青质多,温度敏感性就低;地沥青中蜡含量高,其温度敏感性就大。因此,工程上往往加入滑石粉、石灰石粉或其他改性剂来降低沥青的温度敏感性。

4. 大气稳定性

大气稳定性是指石油沥青在大气因素(热、阳光、氧气、水分)的综合作用下抵抗老化的性能,它反映了石油沥青的耐久性。在热、阳光、氧气和水分的综合作用下,沥青中的低相对分子质量组分向高相对分子质量组分发生转化、递变,由于树脂质向地沥青质转化的速度远大于油分变为树脂质的速度,因此,石油沥青随着使用时间的延长,树脂质显著减少,地沥青质显著增加。沥青的塑性减弱而脆性增强,这就是所谓的沥青"老化"。

大气稳定性可以用沥青的蒸发损失及针入度变化来表示,具体的测定方法是:先测定沥青试样的质量、针入度、延度和软化点等性能,然后根据沥青的品种和用途,将其在 163 ℃的温度条件下加热 5 h,待冷却后再次测定以上指标,用质量损失百分率和针入度比两项指标来表示沥青的大气稳定性。质量损失百分率越小,针入度比越大,说明沥青的大气稳定性越好,也可以说沥青的耐老化性能越强,老化的速度也越慢。

沥青的黏滞性、塑性、温度敏感性和大气稳定性,是研究石油沥青材料的主要基本性质。此外,沥青材料受热后会产生易燃气体与空气混合,遇火会发生闪火现象。因此,为了全面评定石油沥青的质量和使用安全,还需要了解石油沥青的闪点和燃点等性质。

沥青的闪点也称为闪火点,是指加热沥青产生的气体和空气的混合物,在规定的条件下与火焰接触,初次产生一闪即灭的蓝色火焰时的温度。若按规定继续加热至沥青试样表面发生燃烧,并持续 5 s 以上时的温度称为燃烧点,也称燃点。

三、石油沥青的选用与技术标准

我国石油沥青产品按用途不同,可分为建筑石油沥青、道路石油沥青和普通石油沥青。土木工程中最常用的是建筑石油沥青和道路石油沥青,由于其应用范围不同,制定的技术标准也有着很大的差别。

1. 建筑石油沥青

建筑石油沥青主要用于屋面及地下防水、沟槽防水与防腐、管道防腐等工程。因此,一般来说,建筑石油沥青针入度较小,软化点较高,黏度较小。针入度小,黏性就高;软化点高,耐热性能就好;黏度小,则塑性也小。根据《建筑石油沥青》(GB/T 494—2010)规定,按照沥青 25 ℃的针入度值,将建筑石油沥青划分为 40 号、30 号和 10 号三个标号。建筑石油沥青的技术性能应符合表 8 - 2 的相关规定。

表 8 - 2　建筑石油沥青技术要求(GB/T 494—2010)

项目	单位	牌号		
		40	30	10
针入度(20 ℃,100 g,5 s)	0.1 mm	36 ~ 50	26 ~ 35	10 ~ 25
延度(25 ℃,5 cm/min)	cm	≥3.5	≥2.5	≥1.5
软化点(环球法)	℃	≥60	≥75	≥95
溶解度(三氯乙烯)	%	≥99.0		
蒸发后质量变化(163 ℃,5 h)	%	≤1		
蒸发后 25 ℃针入度比	%	≥65		
闪点(开口杯法)	℃	≥260		

2. 道路石油沥青

道路石油沥青主要用于道路路面工程或车间地面工程,一般将其拌制成沥青混合料来使用。道路石油沥青的牌号较多,应根据不同的工程要求、施工方法和环境温度等因素选用。道路石油沥青一般选用黏性大、软化点高的石油沥青。

在我国,道路石油沥青采用针入度划分等级,《公路沥青路面施工技术规范》(JTG F40—2004)在针入度分级基础上引入气候分区概念,分区情况见表 8 - 3,并将各牌号道路石油沥青按照质量分为 A、B、C 三个等级,各等级的适用范围见表 8 - 4。

表 8 - 3　气候分区情况

高温指标——最近 30 年内 7 月平均日最高气温			
高温气候区	1	2	3
气候区名称	夏炎热区	夏热区	夏凉区
最热月平均最高气温/℃	> 30	20 ~ 30	< 20

低温指标——极端最低气温				
低温气候区	1	2	3	4
气候区名称	冬严寒区	冬寒区	冬冷区	冬温区
极端最低气温/℃	< - 37.0	-7.0 ~ -21.5	-21.5 ~ -9.0	> -9.0

表 8 - 4　道路石油沥青适用范围

沥青等级	适用范围
A 级沥青	各个等级的公路,适用于任何场合和层次
B 级沥青	1. 高速公路、一级公路沥青下面层及以下的层次、二级及二级以下公路的各个层次; 2. 用作改性沥青、乳化沥青、改性乳化沥青、稀释沥青的基质沥青
C 级沥青	三级及三级以下公路的各个层次

《公路沥青路面施工技术规范》(JTG F40—2004)将道路石油沥青分为 160 号、130 号、110 号、90 号、70 号、50 号、30 号共 7 个牌号。各个沥青等级的适用范围应符合规范的规定,见表 8 - 5。

3. 液体石油沥青

液体石油沥青指的是常温下呈液体状态的石油沥青,也可以是用汽油、煤油、柴油等有机溶剂将石油沥青稀释而成的沥青产品。稀释剂挥发的速度各不相同,因此沥青凝结速度的快慢也不相同。依据凝结速度的快慢,液体石油沥青可分为快凝、中凝和慢凝三个等级,其具体的技术指标见表 8 - 6。

表8-5　道路石油沥青技术标准（JTG F40—2004）

指标	单位	等级	160号[4]	130号[4]	110号	90号	70号[3]	50号[3]	30号[4]	试验方法[1]
针入度（25℃，5 s，100 g）	0.1 mm	—	140~200	120~140	100~120	80~100	60~80	40~60	20~40	T 0604
适用的气候分区	—	—	注[4]	注[4]	2-1 2-2 2-3	1-1 1-2 1-3 2-2 2-3	1-3 1-4 2-2 2-3 2-4	1-4	注[4]	—
针入度指数 PI[2]		A				−1.5 ~ +1.0				T 0604
		B				−1.8 ~ +1.0				
软化点（R&B）不小于	℃	A	38	40	43	45	44 45 46	49	55	T 0606
		B	36	39	42	43	42 43 44	46	53	
		C	35	37	41	42	43	45	50	
60℃动力黏度[2]不小于	Pa·s	A	—	60	120	160	140 160 180	200	260	T 0620
10℃延度[2]不小于	cm	A	50	50	40	30 45	20 25	15	10	T 0605
		B	30	30	30	20 30	15 20	10	8	
15℃延度不小于	cm	A,B				100				T 0605
		C	80	80	60	50	40	30	20	
蜡含量（蒸馏法）不大于	%	A				2.2				T 0615
		B				3.0				
		C				4.5				

续表

指标	单位	等级	沥青标号							试验方法[1]
			160号[4]	130号[4]	110号	90号	70号[3]	50号[3]	30号[4]	
闪点不小于	℃		230			245	260			T 0611
溶解度不小于	%		99.5							T 0607
密度(15℃)	g/cm³		实测记录							T 0603
TFOT(或RTFOT)后[5]										T 0610 或 T 0609
质量变化不大于	%		±0.8							
残留针入度比不小于	%	A	48	54	55	57	61	63	65	T 0604
		B	45	50	52	54	58	60	62	
		C	40	45	48	50	54	58	60	
残留延度(10℃)不小于	cm	A	12	12	10	8	6	4	—	T 0605
		B	10	10	8	6	4	2	—	
残留延度(15℃)不小于	cm	C	40	35	30	20	15	10	—	T 0605

注:[1]试验方法按照现行《公路工程沥青及沥青混合料试验规程》(JTJ 052—2002)规定的方法执行。用于仲裁试验求取 PI 时的 5 个温度的针入度关系的相关系数不得小于 0.997;

[2]经建设单位同意,表中 PI 值、60 ℃动力黏度、10 ℃延度可作为选择性指标,也可不作为施工质量检验指标;

[3]70 号沥青可根据需要,要求供应商提供针入度范围为 60~70 或 70~80 的沥青,50 号沥青可要求提供针入度范围为 40~50 或 50~60 的沥青;

[4]30 号沥青仅适用于沥青稳定基层。130 号和 160 号沥青除适用于沥青稳定基层外,通常用作乳化沥青、稀释沥青、改性沥青的基质沥青;

[5]老化试验以 TFOT 为准,也可以 RTFOT 代替。

表8-6　道路用液体石油沥青技术要求（JTG F40—2004）

试验项目		快凝		中凝						慢凝					
		AL(R)-1	AL(R)-2	AL(M)-1	AL(M)-2	AL(M)-3	AL(M)-4	AL(M)-5	AL(M)-6	AL(S)-1	AL(S)-2	AL(S)-3	AL(S)-4	AL(S)-5	AL(S)-6
黏度	$C_{25,5}$/s	<20	—	<20	—	—	—	—	—	<20	—	—	—	—	—
	$C_{60,5}$/s	—	5~15	—	5~15	16~25	26~40	41~100	101~200	—	5~15	16~25	26~40	41~100	101~200
蒸馏体积	225℃前/%	>20	>15	<10	<7	<3	<2	0	0	—	—	—	—	—	—
	315℃前/%	>35	>30	<35	<25	<17	<14	<8	<5	—	—	—	—	—	—
	360℃前/%	>45	>35	<50	<35	<30	<25	<20	<15	<40	<35	<25	<20	<15	<5
蒸馏后残留物	针入度(25℃)/0.1 mm	60~200	60~200	100~300	100~300	100~300	100~300	100~300	100~300	—	—	—	—	—	—
	延度(25℃)/cm	>60	>60	>60	>60	>60	>60	>60	>60	—	—	—	—	—	—
	漂浮度(5℃)/s	—	—	—	—	—	—	—	—	<20	<20	<30	<40	<45	<50
闪点/℃		>30	>30	>65	>65	>65	>65	>65	>65	>70	>70	>100	>100	>120	>120
含水率/%		≤0.2	≤0.2	≤0.2	≤0.2	≤0.2	≤0.2	≤0.2	≤0.2	≤2.0	≤2.0	≤2.0	≤2.0	≤2.0	≤2.0

第二节　改性沥青及乳化沥青

一、改性沥青

改性沥青是指掺加橡胶、树脂等高分子聚合物,磨细的橡胶粉或其他填料改性剂,与沥青均匀混合后可使沥青性质得以改善并制成的沥青混合物。一般来说,工程中使用的沥青材料都需要具有特定的性能,而普通石油沥青的性能不一定能够全部满足其使用要求。因此,常要采取一些措施对沥青进行改性。性能得到改善后而形成的新沥青就是改性沥青。

1. 橡胶改性沥青

橡胶改性沥青,就是在沥青中掺入适量橡胶后使其改性的橡胶产品。沥青与沥青的相溶性较好,可以赋予沥青一些优良的性能,如沥青的高温变形很小,低温时具有一定的塑性。目前,使用最普遍的橡胶是 SBS 和 SBR。

（1）SBS 改性沥青

SBS 是丁苯橡胶的一种,以丁二烯、苯乙烯为单体,加溶剂、引发剂、活化剂,以阴离子聚合反应生成的共聚物。SBS 在常温下具有橡胶的弹性,而且不需要硫化,当温度升高至 180 ℃时,又可以变软,易于加工,能像橡胶那样流动,具有多次的可塑性,成为可塑性材料。

SBS 用于沥青改性效果十分明显。与普通沥青相比,SBS 改性沥青具有更好的弹性、更大的延伸率和更高的延度。此外,低柔性也得到了很大的改善,冷脆点降至 −40 ℃。SBS 改性沥青具有很好的热稳定性,耐热度也得到了明显的提高,并且也更能对抗气候的影响。

（2）SBR 改性沥青

SBR 改性沥青也是较常用的橡胶类改性沥青,它是丁二烯与苯乙烯单体的共聚物。当 SBR 按照适当比例掺入沥青后,SBR 分子受到沥青中油分分子的作用发生溶胀而彼此分开,并进一步发生溶解和重新黏结,从而形成分散均匀的网状结构。沥青分子则填充到网状结构中,使得 SBR 分子链的可移动性、弹性和塑性增加。并且 SBR 与沥青的牢固结合,改善了沥青的胶体结构,避免了沥青在荷载和阳光等因素作用下发生流动或脆化,其温度稳定性明显提高。

2. 树脂改性沥青

APP 是聚丙烯的一种,属于树脂类。APP 是无规聚丙烯,为黄白色塑料,无明显熔点,加热到 150 ℃开始变软,250 ℃左右熔化,很容易与沥青混溶,并对沥青的改性有明显的效果。研究表明,APP 改性沥青与石油沥青相比,其软化点高,延度大,冷脆点低,黏度大,具有优良的耐热性和抗老化性,尤其适用于气温较高的地区。

二、乳化沥青

乳化沥青是指石油沥青与水在乳化剂、稳定剂等的作用下经乳化加工制得的均匀的沥青产品,也称沥青乳液。其基本原理是将黏稠石油沥青加热至流态,再经高速离心运动、搅拌及剪切等机械作用,使细小微粒分散在有乳化剂 – 稳定剂的水中,并形成均匀稳定的分散系。乳化沥青具有许多优越性,主要优点有:可冷态施工、节约能源;施工便利、节约沥青;环境友好、无毒副作用。

根据乳化剂的亲水基团在水中是否电离,其可以分为离子型和非离子型两大类。离子型乳化剂按照离子的电性,又分为阳离子型乳化剂、阴离子型乳化剂和两性离子型乳化剂。相应地,乳化沥青也可分为阳离子乳化沥青、阴离子乳化沥青和非离子乳化沥青等。在道路工程中,乳化沥青常用于沥青表面处治路面、沥青贯入式路面、冷拌沥青混合料路面,以及修补裂缝,喷洒透层、粘层与封层等。近年来,阳离子乳化沥青得到了较快的发展。由于阳离子沥青微粒带正电荷,润湿后的骨料表面带负电荷,因此即使有水膜存在,两者之间仍然可以相互结合,并且具有较高的结合力。

乳化沥青的品种及适用范围见表 8 – 7。

表 8 – 7　乳化沥青品种及适用范围

分类	品种与代号	适用范围
阳离子乳化沥青	PC – 1	沥青表处、沥青贯入式路面及下封层用
	PC – 2	透层油及基层养生用
	PC – 3	粘层油用
	BC – 1	稀浆封层或冷拌沥青混合料用
阴离子乳化沥青	PA – 1	沥青表处、沥青贯入式路面及下封层用
	PA – 2	透层油及基层养生用
	PA – 3	粘层油用
	BA – 1	稀浆封层或冷拌沥青混合料用
非离子乳化沥青	PN – 2	透层油用
	BN – 1	与水泥稳定集料同时使用(基层路拌或再生)

不同品种的乳化沥青在工程中的应用方式亦有所不同,改性乳化沥青的品种和适用范围可归结为两大类,见表8-8。

表8-8 改性乳化沥青的品种和适用范围

品种	代号	适用范围
喷洒型改性乳化沥青	PCR	粘层、封层、桥面防水黏结层用
拌合用乳化沥青	BCR	改性稀浆封层和微表处用

根据乳化沥青的用途和使用方式,其质量要求也有所不同。一般而言,在高温条件下宜采用黏度较大的乳化沥青,寒冷条件下宜使用黏度较小的乳化沥青。乳化沥青的相关技术要求见表8-9。

表 8 - 9　道路用乳化沥青的技术要求（JTG F40—2004）

试验项目	单位	阳离子				阴离子				非离子	
		喷洒用			拌合用	喷洒用			拌合用	喷洒用	拌合用
		PC-1	PC-2	PC-3	BC-1	PA-1	PA-2	PA-3	BA-1	PN-2	BN-1
破乳速度	—	快裂	慢裂	快裂或中裂	慢裂或中裂	快裂	慢裂	快裂或中裂	慢裂或中裂	慢裂	慢裂
粒子电荷	—	阳离子(+)				阴离子(-)				非离子	
筛上残留物(1.18 mm 筛)	%	≤0.1				≤0.1				≤0.1	
黏度　恩格拉黏度 E_{25}	—	2—10	1—6	1—6	2—30	2—10	1—6	1—6	2—30	1—6	2—30
黏度　道路标准黏度 $C_{25,3}$	s	10—25	8—20	8—20	10—60	10—25	8—20	8—20	10—60	8—20	10—60
蒸发残留物　残留分含量	%	≥50	≥50	≥50	≥55	≥50	≥50	≥50	≥55	≥50	≥55
蒸发残留物　针入度(25 ℃)	0.1 mm	50—200	50—300	45—150	45—150	50—200	50—300	45—150	45—150	50—300	60—300
蒸发残留物　延度(15 ℃)	cm	≥40				≥40				≥40	
蒸发残留物　溶解度	%	≥97.5				≥97.5				≥97.5	
与粗集料的黏附性，裹覆面积	—	≥2/3			—	≥2/3			—	≥2/3	—
贮存稳定性　1 d	%	≤1				≤1				≤1	
贮存稳定性　5 d	%	≤5				≤5				≤5	

第三节　沥青混合料

沥青混合料是矿质混合料(简称矿料)与沥青结合料按照一定的配比和工艺拌合而成的混合料的总称,其中矿料起骨架作用,沥青与填料起胶结和填充作用。沥青混合料经摊铺、压实成型后成为沥青路面,沥青混合料是现代道路路面结构的重要材料之一。

一、沥青混合料的分类

1. 按沥青混合料拌制和铺筑温度分

(1)热拌热铺沥青混合料,简称热拌沥青混合料。沥青与矿料在热态拌合、热态铺筑施工的混合料。热拌沥青混合料的强度高、路用性能优良,适用于高等级道路沥青路面结构的各个层次。

(2)冷拌冷铺沥青混合料,又称常温沥青混合料,它是采用乳化沥青或液体沥青与矿料在常温状态下拌制、铺筑的混合料。此种沥青混合料的黏度较低,路面成型时间较长,且强度不高,主要用于低等级道路和路面修补。

(3)热拌冷铺沥青混合料。采用低黏度沥青结合料与集料在热态下(100 ℃左右)拌合而成沥青混合料。冷却后可常温下储存,使用时在常温下摊铺压实,主要作为路面修补的养护材料使用。

(4)温拌沥青混合料。采用特定的技术或添加剂,使沥青混合料的拌合、摊铺和压实温度介于热拌沥青混合料和常温沥青混合料之间的沥青混合料的统称。这是一种具有节能环保作用的新型沥青混合料生产技术,可以在降低沥青混合料施工温度、降低有害气体排放的同时,保证沥青混合料具有与热拌沥青混合料基本相同的路用性能和施工和易性。

2. 按矿料的级配类型分

(1)连续密级配沥青混合料。按连续密级配原则设计的矿料与沥青结合料拌合而成。根据设计孔隙率不同,又可分为两种类型。设计孔隙率为3% ~6%的密实式沥青混凝土混合料,以 AC 表示;设计孔隙率为3% ~6%的密级配沥青稳定碎石混合料,以 ATB 表示。

(2)半开级配沥青混合料。由适当比例的粗集料、细集料及少量填料(或不加填料)与沥青结合料拌合而成,其典型类型为设计孔隙率在6% ~12%的半开级配沥青稳定碎石混合料,以 AM 表示。

(3)开级配沥青混合料。矿料级配主要由粗集料组成,细集料及填料较少,与高黏度沥青结合料拌合而成,其典型类型如:设计孔隙率在18% ~ 25%的排水式沥青磨耗层混合料,以 OGFC 表示;设计孔隙率大于18%的排水式沥青稳定碎石混合料,以 ATPB 表示。

(4)间断级配沥青混合料。矿料级配组成中缺少一个或几个粒径档次(或很少)而形成的级配间断的沥青混合料。其典型类型是沥青玛蹄脂碎石混合料,以 SMA 表示。

3.按集料的公称最大粒径分

根据集料的公称最大粒径,沥青混合料可分为特粗式、粗粒式、中粒式、细粒式和砂粒式。沥青混合料类型汇总见表8 – 10。

表8 – 10　沥青混合料类型汇总表

沥青混合料类型	公称最大粒径尺寸/mm	最大粒径尺寸/mm	连续密级配		半开级配	开级配		间断级配
			沥青混凝土混合料	沥青稳定碎石	沥青稳定碎石	排水式沥青磨耗层	排水式沥青稳定碎石	沥青玛蹄脂碎石混合料
砂粒式	4.75	9.5	AC – 5	—	AM – 5	—	—	—
细粒式	9.5	13.2	AC – 10	—	AM – 10	OGFC – 10	—	SMA – 10
	13.2	16	AC – 13	—	AM – 13	OGFC – 13	—	SMA – 13
中粒式	16	19	AC – 16	—	AM – 16	OGFC – 16	—	SMA – 16
	19	26.5	AC – 20	—	AM – 20	—	—	SMA – 20
粗粒式	26.5	31.5	AC – 25	ATB – 25	—	—	ATPB – 20	—
	31.5	37.5	—	ATB – 30	—	—	ATPB – 30	—
特粗式	37.5	53.0	—	ATB – 40	—	—	ATPB – 40	—
设计孔隙率/%			3 ~6	3 ~6	6 ~12	>18	>18	3 ~4

二、沥青混合料的优缺点

1.沥青混合料的优点

(1)优良的力学性能。沥青混合料是一种黏弹性材料,用其铺筑的路面平整无接缝,减震吸声,行车舒适。

(2)良好的抗滑性。沥青路面平整而粗糙,具有一定的纹理,即使在潮湿状态下仍可保持较高的抗滑性,有利于行车安全。

（3）机械化施工,断交时间短。采用沥青混合料修筑路面时,施工完成后数小时即可开放交通,断交时间短。若采用工厂集中拌合,机械化施工,则更有利于控制施工质量。

（4）良好的行车条件。在夏季烈日照射下不反光耀眼,便于司机瞭望,为行车提供了良好条件。

（5）便于分期建设和再生利用。

2. 沥青混合料的缺点

（1）老化。沥青是一种有机胶凝材料,在大气因素的影响下会导致其老化。而沥青的老化使沥青混合料在低温时发脆,引起路面松散剥落,甚至破坏。

（2）温度稳定性差。沥青在夏季高温时易软化,使路面在行车作用下易产生车辙、纵向波浪、横向推移等现象;而冬季低温时又易产生脆裂,在车辆冲击和重复荷载作用下,易于产生裂缝而破坏。

三、沥青混合料的组成材料

沥青混合料的性质与质量,与其组成材料的性质和质量有密切关系。为保证沥青混合料具有良好的性质和质量,必须合理选择符合质量要求的组成材料。

1. 沥青

沥青是沥青混合料中最重要的组成材料,其性质直接影响沥青混合料的各种技术性质。所以其品种和标号的选择应随交通量、气候条件以及混合料的类型而有所不同。在气温常年较高的南方地区,沥青路面热稳定性是设计必须考虑的主要方面,宜采用针入度较小、黏度较高的沥青;对于北方严寒地区,为防止和减少路面开裂,应选用针入度较大、黏度较小、延度大的沥青。

2. 粗集料

沥青混合料中粒径大于 2.36 mm 的骨料为粗集料,可以采用碎石、破碎砾石和矿渣等。沥青混合料所用粗集料应该洁净、干燥、无风化,符合一定级配要求;应具有足够的力学性能;应与沥青有较好的黏附性,其质量应符合表 8－11 的相关规定。

表 8-11 沥青混合料用粗集料质量技术要求（JTG F40—2004）

技术指标	高速公路、一级公路		其他等级的公路与城市道路
	表面层	其他层次	
石料压碎值/%	≤26	≤28	≤30
洛杉矶磨耗损失/%	≤28	≤30	≤35
表观相对密度	≤2.60	≤2.50	≤2.45
吸水率/%	≤2.0	≤3.0	≤3.0
坚固性/%	≤12	≤12	—
软石含量/%	≤3	≤5	≤5
水洗法 <0.075 mm 颗粒含量/%	≤1	≤1	≤1
针片状颗粒含量(混合料)/%	≤15	≤18	≤20
其中粒径大于 9.5 mm/%	≤12	≤15	—
其中粒径 <9.5 mm/%	≤18	≤20	—
破碎砾石的破碎面　1 个破碎面	≥100	≥90	≥80(70)
破碎砾石的破碎面　2 个破碎面	≥90	≥80	≥60(50)

对于防滑表层沥青混合料用的粗集料,应该选用坚硬、耐磨、韧性好的碎石或碎砾石,矿渣及软质集料不得用于防滑表层。用于高速公路、一级公路、城市快速路、主干路沥青路面表面层及各类道路防滑表层用的粗集料,应符合表 8-12 中磨光值、黏附性的要求。

表 8-12 粗集料与沥青的黏附性、磨光值的技术要求（JTG F40—2004）

雨量气候区	1(潮湿区)	2(湿润区)	3(半干旱区)	4(干旱区)
年降雨量/mm	>1000	1000 ~ 500	500 ~ 250	<250
粗集料的磨光值 PSV 高速公路、一级公路表面层	≥42	≥40	≥38	≥36
粗集料与沥青的黏附性 高速公路、一级公路表面层	≥5	≥4	≥4	≥3
高速公路、一级公路的其他层次及其他等级公路的各个层次	≥4	≥4	≥3	≥3

在坚硬石料来源缺乏的情况下,允许接入一定比例普通集料作为中等或小颗粒的粗集料,但掺入比例不应超过粗集料总质量的 40% ,破碎砾石的技术要求与碎石相同。但破碎砾石用于高速公路、一级公路、城市快速路、主干路沥青混合料时,5 mm

以上的颗粒中有 1 个以上的破碎面的含量按质量计不得少于 50%。

选用钢渣作为粗集料时,仅限于一般道路,并应经过试验论证取得许可后使用。钢渣应有 6 个月以上的存放期,质量应符合表 8 – 11 的要求。除吸水率允许适当放宽外,各项质量指标应符合表 8 – 11 中的要求,钢渣在使用前应进行活性检验,要求钢渣中的游离氧化钙含量不大于 3%,浸水膨胀率不大于 2%。

经检验属于酸性岩石的石料如花岗岩、石英岩等,用于高速公路、一级公路、城市快速路、主干路时,宜使用针入度较小的沥青,并采用下列抗剥离措施,使其对沥青的黏附性符合表 8 – 12 的要求。

①用干燥的生石灰或消石灰、水泥作为填料的一部分,其用量宜为矿料总量的 1% ~2%。

②在沥青中掺加剥离剂。

③将粗集料用石灰浆处理后使用。

粗集料的粒径规格应按规定选用,见表 8 – 13。如粗集料不符合此表规格,但确认与其他材料配合后的级配符合各类沥青混合料矿料级配要求(表 8 – 14)时,亦不影响使用。

表 8-13　沥青混合料用粗集料规格（JTG F40—2004）

规格名称	公称粒径/mm	通过下列筛孔（mm）的质量百分率/%												
		106	75	63	53	37.5	31.5	26.5	19.0	13.2	9.5	4.75	2.36	0.6
S1	40~75	100	90~100	—	—	0~15	—	0~5						
S2	40~60		100	90~100	—	0~15	—	0~5						
S3	30~60		100	90~100	—	—	0~15	—	0~5					
S4	25~50			100	90~100	—	—	0~15	—	0~5				
S5	20~40				100	90~100	—	—	0~15	—	0~5			
S6	15~30					100	90~100	—	—	0~15	—	0~5		
S7	10~30					100	90~100	—	—	—	0~15	0~5		
S8	10~25						100	90~100	—	0~15	—	0~5		
S9	10~20							100	90~100	—	0~15	0~5		
S10	10~15								100	90~100	0~15	0~5		
S11	5~15								100	90~100	40~70	0~15	0~5	
S12	5~10									100	90~100	0~15	0~5	
S13	3~10									100	90~100	40~70	0~20	0~5
S14	3~5										100	90~100	0~15	0~3

表 8 - 14　密级配沥青混凝土矿料级配范围(JTG F40—2004)

公称粒径/mm	通过下列筛孔(mm)的质量百分率/%														
	31.5	26.5	19.0	16.0	13.2	9.5	4.75	2.36	1.18	0.6	0.3	0.15	0.075
40 ~75	100	90 ~100	75 ~90	65 ~83	57 ~76	45 ~65	24 ~52	16 ~42	12 ~33	8 ~24	5 ~17	4 ~13	3 ~7
40 ~60		100	90 ~100	78 ~92	62 ~80	50 ~72	26 ~56	16 ~44	12 ~33	8 ~24	5 ~17	4 ~13	3 ~7
30 ~60		100	100	90 ~100	76 ~92	60 ~80	34 ~62	20 ~48	13 ~36	9 ~26	7 ~18	5 ~14	4 ~8
25 ~50				100	90 ~100	68 ~85	38 ~68	24 ~50	15 ~38	10 ~28	7 ~20	5 ~15	4 ~8
20 ~40					100	90 ~100	45 ~75	30 ~58	20 ~44	13 ~32	9 ~23	6 ~16	4 ~8
15 ~30						100	90 ~100	55 ~75	35 ~55	20 ~40	12 ~28	7 ~18	5 ~10

3. 细集料

沥青混合料所需的细集料,可选用天然砂、机制砂或石屑。细集料应坚硬、洁净、干燥,不含或少含杂质,无风化现象,并有适当级配。其质量应符合表 8 – 15 的规定。

表 8 – 15   沥青混合料用细集料质量要求(JTG F40—2004)

项目	单位	高速公路、一级公路	其他等级公路
表观相对密度	—	≥2.50	≥2.45
坚固性(>0.3 mm 部分)	%	≥12	—
含泥量(<0.075 mm 的含量)	%	≤3	≤5
砂当量	%	≥60	≥50
亚甲蓝值	g/kg	≤25	—
棱角性(流动时间)	s	≥30	—

天然砂可采用河砂或海砂,通常采用粗、中砂,其规格应符合表 8 – 16 的规定。砂的含泥量超过规定时应水洗后使用,海砂中的贝壳类材料必须筛除,热拌沥青混合料中,天然砂的用量通常不宜超过集料总量的 20% ,沥青玛蹄脂碎石混合料和排水式沥青磨耗层混合料不宜使用天然砂。

表 8 – 16   沥青混合料用天然砂规格(JTG F40—2004)

筛孔尺寸/mm	通过各筛孔的质量百分率/%		
	粗砂	中砂	细砂
9.5	100	100	100
4.75	90～100	90～100	90～100
2.36	65～95	75～90	85～100
1.18	35～65	50～90	75～100
0.6	15～30	30～60	60～84
0.3	5～20	8～30	15～45
0.15	0～10	0～10	0～10
0.075	0～5	0～5	0～5

石屑是采石场破碎石料时,通过 4.75 mm 或 2.36 mm 筛的筛下部分,其规格应符合表 8 – 17 的要求。采石场在生产石屑过程中应具备抽吸设备,高速公路和一级公路的沥青混合料,宜将 S15 与 S16 组合使用。S15 可在沥青稳定碎石基层或其他等

级公路中使用。机制砂宜采用专用的制砂机制造,并选用优质石料生产,其级配应符合 S16 的要求。

表 8 - 17　沥青混合料用机制砂或石屑规格(JTG F40—2004)

规格	公称粒径/mm	水洗法通过下列筛孔(mm)的质量百分率/%							
		9.5	4.75	2.36	1.18	0.6	0.3	0.15	0.075
S15	0～5	100	90～100	60～90	40～75	20～55	7～40	2～20	0～10
S16	0～3	—	100	80～100	50～80	25～60	8～45	0～25	0～15

4. 填料

沥青混合料的填料宜采用石灰岩或岩浆岩中的强基性岩石(憎水性石料)经磨细得到的矿粉。原石料中泥土含量应小于3%,并不得含有其他杂质。矿粉要求干燥、洁净,其质量应符合表 8 - 18 的技术要求,当采用水泥、石灰、粉煤灰作为填料时,其用量不宜超过矿料总量的2%。

表 8 - 18　沥青混合料用矿粉质量要求(JTG F40—2004)

项目		单位	高速公路、一级公路	其他等级公路
表观密度		t/m	≥2.50	≥2.45
含水量		%	≤1	≤1
粒径范围	<0.6 mm	%	100	100
	<0.15 mm	%	90～100	90～100
	<0.075 mm	%	75～100	70～100
外观		—	无团粒结块	—
亲水系数		—	<1	
塑性指数		%	<4	
加热安定性		—	实测记录	

粉煤灰作为填料使用时,烧失量应小于12%,塑性指数应小于4%,其余质量要求与矿粉相同。粉煤灰的用量不宜超过填料总量的50%,并应经试验确认与沥青有良好的黏附性。拌合机采用干法除尘,石粉尘可作为矿粉的一部分回收使用,湿法除尘、石粉尘回收使用时应经干燥粉尘处理且不得含有杂质。回收粉尘的用量不得超过填料总量的50%,掺有粉尘石料的塑性指数不得大于4%,其余质量要求与矿粉相同。

四、沥青混合料的组成结构和强度理论

1. 沥青混合料的组成结构

（1）组成结构理论

沥青混合料是由粗集料、细集料、矿粉与沥青以及外加剂所组成的一种复合材料。粗集料分布在沥青与细集料形成的沥青砂中，细集料又分布在沥青与矿粉构成的沥青胶浆中，形成具有一定内摩阻力和黏结力的多级网络结构。沥青混合料的力学强度，主要由矿质颗粒之间的摩擦与嵌挤作用以及沥青与矿料之间的黏结力所构成。

目前沥青混合料组成结构理论有两种：

①传统理论——表面理论

该理论认为，沥青混合料是由粗集料、细集料和填料组成的密实的矿质骨架，沥青结合料分布在其表面，从而将它们胶结成一个具有强度的整体。该理论较突出矿质骨料的骨架作用，认为强度的关键是矿质骨料的强度和密实度。

②近代理论——胶浆理论

该理论把沥青混合料看作是一种多级空间网状结构的分散系。主要分为 3 个分散系。

粗分散系。以粗集料为分散相，分散在沥青砂浆的介质中

细分散系。以细集料为分散相，分散在沥青胶浆的介质中。

微分散系。以矿粉填料为分散相，分散在高黏度的沥青介质中。

这三个分散系以细分散系最为重要，它的组成结构决定沥青混合料的高温稳定性和低温变形能力。矿粉的矿物成分、级配以及沥青与矿粉表层的交互作用对沥青混合料性能有较大影响。

（2）沥青混合料组成结构类型

按照沥青混合料的矿料级配组成特点将其分为三种类型。在实际工程中，对其类型的选择要综合考虑气候环境、道路功能、路面功能、路面结构层次功能等要求。

①悬浮－密实结构

矿质集料采用连续型密级配，即矿料粒径由大到小连续存在，粒径较大的颗粒被较小一档的颗粒挤开，不能直接接触形成嵌挤骨架结构，彼此分离悬浮于较小颗粒和沥青胶浆之间，而较小颗粒与沥青胶浆较为密实，形成了所谓的悬浮－密实结构，如图 8－2（a）所示。这种结构的沥青混合料具有较高的黏聚力，但内摩阻力较低，由于黏聚力易受温度影响，故高温稳定性较差。按照连续密级配原理设计的 AC 型沥青混合料是典型的悬浮－密实结构。

②骨架－空隙结构

矿质集料采用连续型开级配,较粗集料颗粒彼此接触,形成相互嵌挤的骨架,但细集料数量较少,不足以充分填充骨架空隙,压实后其残余空隙率较大,形成了所谓的骨架－空隙结构,如图8-2(b)所示。这种结构的沥青混合料具有较高的内摩阻角,但黏结力较低,故其结构强度主要依赖于骨料颗粒之间相互嵌挤、摩擦所产生的内摩阻力,其路面的性能受温度的影响相对较小。AM 以及 OGFC 是典型的骨架－空隙结构。

③骨架－密实结构

矿质集料采用间断型密级配,在沥青混合料中既有足够数量的粗集料形成骨架,又有足够数量的细集料和沥青胶浆使之填满骨架空隙,形成较高密实度的骨架结构,如图8-2(c)所示。

这种沥青混合料同时具有较高的黏聚力和内摩阻力,是一种较为理想的结构类型,但施工中应格外关注和易性。SMA 是一种典型的骨架－密实结构。

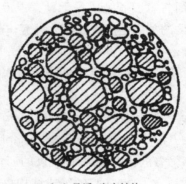

(a) 悬浮-密实结构

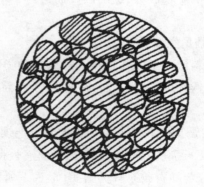

(b) 骨架-空隙结构

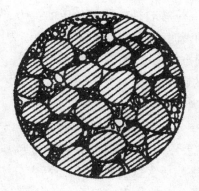

（c）骨架–密实结构

图8-2 沥青混合料的结构类型

2. 沥青混合料的强度理论

沥青混合料的强度特性直接影响着沥青路面的使用性能,如高温稳定性和低温抗裂性,而材料的强度构成特性又与其自然属性有关。目前,沥青混合料强度和稳定性理论,主要是要求沥青混合料在高温时必须具有一定的抗剪强度和抵抗变形的能力。

沥青混合料的抗剪强度,一般采用库仑理论进行分析。通过三轴剪切试验可求得

$$\tau = c + \sigma \tan\varphi \tag{8-3}$$

式中:τ ——沥青混合料的抗剪强度,MPa;

c ——沥青混合料的黏结力,MPa;

σ ——正应力,MPa;

φ ——沥青混合料的内摩阻角,°。

由式(8-3)可知,沥青混合料的抗剪强度主要取决于黏结力 c 和内摩阻角 φ 两个参数。

3. 影响沥青混合料抗剪强度的因素

沥青混合料抗剪强度的影响因素,主要是材料的组成、材料的技术性质,以及外界因素,如车辆荷载、温度、环境条件等。

（1）沥青黏度的影响

沥青混合料作为一个具有多级空间网络结构的分散系,它的黏聚力与分散相的浓度和分散介质黏度有着密切的关系。在其他因素固定的条件下,沥青混合料的黏结力 c 是随着沥青黏度的提高而增加的,同时内摩阻角亦稍有增大。因为沥青的黏

度是沥青内部沥青胶团相互位移时抵抗剪切作用的抗力,所以沥青混合料受到剪切作用时,特别是受到短暂的瞬时荷载时,具有高黏度的沥青能赋予沥青混合料较大的黏滞阻力,因而具有较高的抗剪强度。

(2)沥青与矿料之间的吸附作用

①沥青与矿料的物理吸附

沥青材料与矿料之间在分子引力的作用下,形成一种定向多层吸附层,即为物理吸附。吸附作用的大小,主要取决于沥青中的表面活性物质及矿料与沥青分子亲和性的大小。当沥青表面活性物质含量愈多,矿料与沥青分子亲和性愈大,则物理吸附作用愈强烈,混合料的黏结力也就愈强。但是,水会破坏沥青与矿料的物理吸附作用,不具备水稳定性。

②沥青与矿料的化学吸附

沥青中的活性物质与矿料的金属阳离子产生化学反应,在矿料表面构成单分子层的化学吸附层,即为化学吸附。当沥青与矿料形成化学吸附层时,相互之间的黏结力大大提高。

研究表明:沥青与矿料相互作用后,沥青在矿料表面产生化学组分的重新排列,在矿料表面形成一层厚度为 δ_0 的扩散溶剂膜(图 8-3)。在此膜厚度以内的沥青称为结构沥青,在此膜厚度以外的沥青称为自由沥青。如果矿料颗粒之间接触处是由结构沥青连结的,会具有较大的黏结力;若为自由沥青连结,则黏结力较小。

沥青与矿料相互作用不仅与沥青的化学性质有关,而且与矿料的性质有关。实验表明,碱性石料与沥青的化学吸附作用较强,而酸性石料与沥青的化学吸附作用较物理吸附要强得多,同时具有水稳定性。

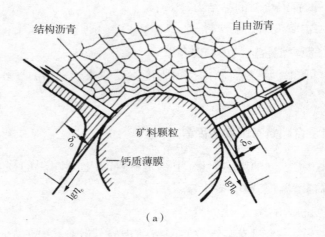

(a)

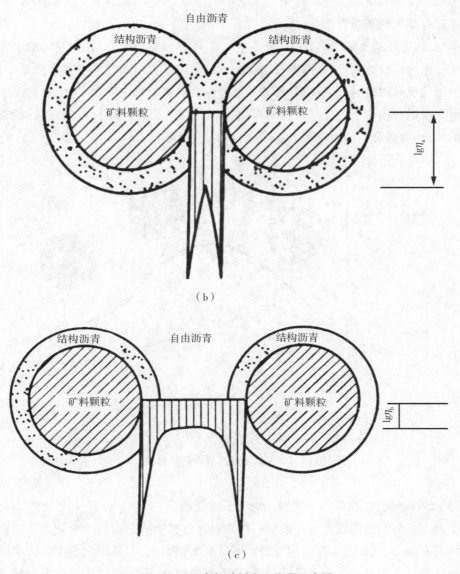

图 8 – 3　沥青与矿料交互作用示意图

（3）矿料比表面积的影响

在相同的沥青用量条件下,与沥青产生相互作用的矿料表面积愈大,则形成的沥青膜愈薄,在沥青中结构沥青所占的比例愈大,沥青混合料的黏结力亦愈高。所以在沥青混合料配料时,必须含有适量的矿料,但不宜过多,否则施工时混合料易结团。

（4）沥青用量的影响

当沥青用量很少时,沥青不足以形成薄膜黏结矿料颗粒。随着沥青用量的增多,结构沥青逐渐形成,沥青较为完满地黏附于矿料表面,使沥青与矿料间的黏结力随着沥青用量的增多而增大。当沥青用量足以形成薄膜并充分黏结在矿料表面时,沥青混合料具有最优的黏结力。

随后,沥青用量继续增多,由于沥青过剩,会将矿料颗粒推开,在颗粒间形成未与矿料相互作用的自由沥青,则沥青胶结物的黏结力随着自由沥青的增加而降低,当沥青用量增加至某用量后,沥青混合料的黏结力主要取决于自由沥青,所以抗剪强度不变。沥青在混合料中不仅起结合料的作用,而且还起着润滑作用,因此,随着沥青数量的增加,沥青混合料的内摩阻力下降,如图8-4所示。

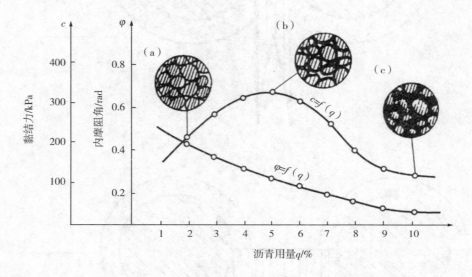

（a）沥青用量不足　　（b）沥青用量适中　　（c）沥青用量过量

图8-4　沥青用量对混合料的影响

（5）矿料级配、颗粒几何形状与表面特征的影响

沥青混合料的抗剪强度与矿质集料在沥青混合料中的分布情况密切相关。沥青混合料有密级配、开级配和间断级配等不同组成结构类型,矿料级配类型是影响沥青混合料抗剪强度的因素之一。另外,颗粒表面粗糙程度、形状对沥青混合料的抗剪强度也有显著影响。通常表面具有棱角、近似正立方体,以及具有明显细微凸出的粗糙表面的矿质集料,受压后能相互嵌挤锁结而具有很大的内摩阻角。所以,在其他条件相同的情况下,颗粒有棱角、近似正立方体、表面粗糙的矿质集料所组成的沥青混合料具有较高的抗剪强度。

（6）温度和变形速度的影响

随着温度提高,沥青混合料的黏结力 c 显著降低,但内摩阻角 φ 受温度变化的影响较小。此外,沥青混合料的黏结力 c 还随变形速度的增加而显著提高,而 φ 随变形速度的变化很小。

五、沥青混合料的技术性质和技术标准

沥青混合料作为一种路面结构的面层材料,在使用过程中承受车辆行驶所产生的车辆反复荷载作用,以及环境和气候因素的影响。沥青混合料应具有足够的高温稳定性、低温抗裂性、水稳定性、抗老化性、抗滑性等技术性能以保证路面优良的服务性能,且应经久耐用。

1.高温稳定性

沥青混合料是典型的黏－弹－塑性材料,在高温时或长时间承受荷载作用后,会产生显著的变形,其中不能恢复的部分称作永久变形。

沥青混合料的高温稳定性是指沥青和矿料在高温条件下,能够抵抗车辆荷载的反复作用,而不发生显著累计永久变形的特性。这种特性是沥青路面产生车辙、波浪等病害的主要原因。在交通量大、重型车辆比例高、频繁变速路段的沥青路面,车辙是最严重、最有危害的破坏形式之一。换句话说,沥青高温稳定性就是在经受车辆反复荷载作用后,不产生车辙等病害的性能。

评价沥青混合料的高温稳定性通常采用高温强度与稳定性作为主要技术指标,测定沥青混合料高温稳定性的试验方法很多,目前,我国采用较为广泛的是马歇尔试验和车辙试验。

（1）马歇尔试验

马歇尔试验最早由 Bruce Marshall 在 1939 年左右提出,经过许多研究者的改进,目前已成为测定沥青混合料高温性能的主要方法。马歇尔试验由于设备简单、操作方便,在我国得到了广泛的应用。

马歇尔试验用于测定沥青混合料试件的破坏荷载和抗变形能力,其主要力学指标为稳定度(MS)、流值(FL)和马歇尔模数(T)。稳定度是指试件在规定的温度和加载速度下,标准尺寸的试件在马歇尔仪中能承受的最大荷载,以 kN 为单位。流值是达到最大破坏荷载时试件的垂直变形,以 0.1 mm 计。一般来说,流值越小,马歇尔稳定度越高,这说明沥青混合料的高温稳定性越好。在我国,马歇尔稳定度与流值既是沥青混合料配合比设计的主要指标,又是沥青路面施工质量控制的重要项目。马歇尔模数是稳定度与流值的比值,即

$$T = \frac{MS \times 10}{FL} \qquad\qquad (8-4)$$

式中：T ——马歇尔模数,kN/mm;

　　　MS ——稳定度,kN;

　　　FL ——流值,0.1 mm。

有研究表明:马歇尔模数与车辙深度有一定的相关性,马歇尔模数越大,车辙深度越小。但也有一些工程经验证实:马歇尔稳定度与实际沥青路面的高温稳定性之间相关性较差。然而,各国的试验和实践已经证明,那些试验具有一定的局限性,因此在评价沥青混合料的高温抗车辙能力时,不能仅采用马歇尔稳定度试验这一指标。

密级配沥青混凝土混合料马歇尔试验技术标准见表 8-19,此表适用于公称最大粒径≤26.5 mm 的密级配沥青混凝土混合料。

表 8-19　密级配沥青混凝土混合料马歇尔试验技术标准

试验指标	单位	高速公路、一级公路				其他等级公路	行人道路
		夏炎热区(1-1、1-2、1-3、1-4区)		夏热区及夏凉区(2-1、2-2、2-3、2-4、3-2区)			
		中轻交通	重载交通	中轻交通	重载交通		
击实次数(双面)	次	75				50	50
试件尺寸	mm	Φ101.6 mm×63.5 mm					
空隙率 VV 深约90 mm以内	%	3~5	4~6	2~4	3~5	3~6	2~4
空隙率 VV 深约90 mm以下	%	3~6		2~4	3~6	3~6	—
稳定度 MS 不小于	kN	8				5	3
流值 FL	mm	2~4	1.5~4	2~4.5	2~4	2~4.5	2~5
矿料间隙率 VMA(不小于)/%	设计空隙率/%	相应于以下公称最大粒径(mm)的最小 VMA 及 VFA 技术要求/%					
		26.5	19	16	13.2	9.5	4.75
	2	10	11	11.5	12	13	15
	3	11	12	12.5	13	14	16
	4	12	13	13.5	14	15	17
	5	13	14	14.5	15	16	18
	6	14	15	15.5	16	17	19
沥青饱和度 VFA/%		55~70		65~75		70~85	

注:①对空隙率大于5%的夏炎热区重载交通路段,施工时应至少提高密实度1%;

②当设计的空隙率不是整数时,由内插确定要求的 VMA 最小值;

③对改性沥青混合料,马歇尔试验的流值可适当放宽。

(2)车辙试验

车辙试验是模拟车辆轮胎在路面上滚动形成车辙的工程试验方法,试验结果能直观地反映出沥青路面车辙深度。我国《公路沥青路面施工技术规范》(JTG F40—

2004)规定,对于高速公路、一级公路和城市快速路、主干路沥青路面的上面层和中面层的沥青混合料,在用马歇尔试验进行配合比设计时,必须采用车辙试验对沥青混合料的抗车辙能力进行检验。不满足要求时,应对矿料级配或沥青用量进行调整,重新进行配合比设计。

在我国,用动稳定度来评价沥青混合料的抗车辙能力。动稳定度是指标准试件在规定温度下一定荷载的试验车轮,在同一轨迹上,在一定时间内反复行走(形成一定的车辙深度)产生 1 mm 变形所需的行走次数。

沥青混合料的动稳定度应符合表 8 - 20 的相关要求,对于交通量大,超载车辆多的路段,可以通过提高气候分区等级来提高对动稳定度的要求,对于轻交通为主的路段,可以根据情况适当降低要求。

表 8 - 20　沥青混合料车辙试验动稳定度技术要求(JTG F40—2004)

气候条件与技术指标	相应于下列气候分区所要求的动稳定度 DS/(次/毫米)								
7 月平均最高气温/℃	1. 夏炎热区(>30 ℃)				2. 夏热区(20~30 ℃)				3. 夏凉区(<20 ℃)
气候分区	1 - 1	1 - 2	1 - 3	1 - 4	2 - 1	2 - 2	2 - 3	2 - 4	3 - 2
普通沥青混合料	≥800	≥1 000			≥600	≥800			≥600
改性沥青混合料	≥2 400	≥2 800			≥2 000	≥2 400			≥1 800
SMA 混合料	非改性	≥1 500							
	改性	≥3 000							
OGFC 混合料	1 500(一般交通路段)、3 000(重载交通路段)								

2. 低温抗裂性

低温抗裂性,指的是在冬季环境较低温度下,沥青混合料抵抗低温收缩,防止开裂的能力。在生活中,我们常会看到沥青路面使用中是带有裂缝的,沥青路面产生裂缝的原因很复杂,一般认为沥青混合料因气候原因而开裂主要有两种类型:一种是由气温骤降造成的沥青面层收缩;另一种是由温度循环而产生的疲劳裂缝。

当冬季气温下降时,沥青面层会产生体积收缩,而沥青混合料不能自由收缩,这样就会在路面结构层中产生温度应力。沥青混合料又具有一定的应力松弛能力,因此当气温缓慢下降时,路面结构层中产生的温度应力会随着时间逐渐松弛减小,所以并不会对沥青路面产生较大的危害。但是,当气温骤降时,路面结构层中所产生的温度应力,由于时间太短来不及松弛,此时温度应力超过沥青混合料的容许应力值,沥青混合料被拉断而产生开裂,导致沥青路面出现裂缝,造成路面的损毁。因此,沥青混合料应具备良好的低温抗裂性,表现为沥青混合料应具有较高的低温强度或较大的低温抗变形能力。

低温收缩试验、直接拉伸试验、弯曲蠕变试验以及低温弯曲试验都可用来评价沥青混合料的低温抗裂性。在我国,采用最多的评价方法是低温弯曲试验。在试验温度 -10 ℃,加荷速率 50 mm/min 的试验条件下,对沥青混合料小梁试件跨中施加集中荷载至断裂破坏,记录跨中荷载与挠度的关系曲线。由破坏时的跨中挠度,按照公式计算沥青混合料的破坏应变。沥青混合料在低温下的破坏应变越大,低温柔性越好,抗裂性能越强。沥青混合料的破坏应变应满足表 8 – 21 的具体要求。

表 8 – 21　沥青混合料低温弯曲试验破坏应变技术要求(JTG F40—2004)

气候条件与技术指标	相应于下列气候分区所要求的破坏应变($\mu\varepsilon$)								
年极端最低气温	1. 冬严寒区 (< -37.5 ℃)		2. 冬寒区 (-37.5 ~ -21.5 ℃)			3. 冬冷区 (-21.5 ~ -9.0 ℃)		4. 冬温区 (> -9.0 ℃)	
气候分区	1 – 1	2 – 1	1 – 2	2 – 2	3 – 2	1 – 3	2 – 3	1 – 4	2 – 4
普通沥青混合料	≥2 600		≥2 300			≥2 000			
改性沥青混合料	≥3 000		≥2 800			≥2 500			

3. 耐久性

沥青混合料的耐久性是指其长时间抵抗外界各种因素(阳光、空气、水、车辆荷载等)的作用,仍能保持原有性能的能力。耐久性是对沥青混合料的性质的综合反映,包含很多方面的含义,其中最为重要的是沥青混合料的水稳定性、抗老化性和抗疲劳性。

(1)水稳定性

沥青混合料的水稳定性是指在受到水侵蚀的作用后,抵抗逐渐产生的沥青膜剥离、松散、坑槽等的能力。水稳定性不足的沥青混合料,在车辆动载的作用下,路面上的水不断进入路面空隙中,产生动水压力或真空负压抽吸的反复作用,使水分不断渗入到沥青与集料的界面上,使沥青黏附性降低而丧失黏结力,致使沥青膜从石料表面脱落,沥青混合料掉粒、松散,形成独立的大小不等的坑槽,这就是常见的沥青路面的"水损害",是沥青路面早期破坏的主要类型之一。

因此,沥青混合料的水稳定性与其空隙率以及沥青膜厚度有很大的关系。当空隙率较大时,外界水分容易进入沥青混合料内部,受水作用产生沥青剥落破坏的可能性也较大;当沥青膜较薄时,水更容易穿透沥青膜层,导致沥青从集料表面剥落,使沥青混合料发生水损害。此外,矿料和沥青的性质、矿料和沥青之间的相互作用也会影响沥青混合料的水稳定性。在我国,通常采用浸水试验和冻融劈裂试验结果来评价沥青混合料的水稳定性。检验沥青混合料在使用时的水稳定性,应符合表 8 - 22 的相关检验标准。

表 8 - 22 沥青混合料水稳定性检验技术要求(JTG F40—2004)

气候条件与技术指标		相应于下列气候分区的技术要求			
年降雨量/mm		>1 000	500 ~ 1 000	250 ~ 500	<250
气候分区		1. 潮湿区	2. 湿润区	3. 半干区	4. 干旱区
浸水马歇尔试验残留稳定度/%					
普通沥青混合料		≥80		≥75	
改性沥青混合料		≥85		≥80	
SMA 混合料	普通沥青	≥75			
	改性沥青	≥80			
冻融劈裂试验残留强度比/%					
普通沥青混合料		≥75		≥70	
改性沥青混合料		≥80		≥75	
SMA 混合料	普通沥青	≥75			
	改性沥青	≥80			

(2)抗老化性

沥青混合料的抗老化性是指因抵抗各种人为和自然因素作用,而逐渐丧失抗变形能力、柔性等各种良好品质与性能的能力。

通常在施工中使用沥青混合料都要对其进行加热,铺好后的沥青路面在使用过程中要受到空气中的氧气、日照、水、紫外线等多重作用,促使沥青发生复杂的物理、化学变化。这些均会使沥青发生老化,使得沥青混合料变硬、变脆、易开裂,抵抗变形能力下降,导致沥青路面在荷载作用下产生各种裂纹和裂缝。

沥青混合料的老化主要取决于沥青的老化程度,此外,与外界因素、密实度、空隙率以及施工工艺也有一定的关系。沥青化学组分中的轻质成分、不饱和烃含量越大,沥青就越容易老化;沥青用量的多少决定了沥青混合料中裹覆矿料的沥青膜厚度,沥青膜越薄,沥青混合料越容易老化;空隙率越大、沥青与空气接触的范围越大,沥青混合料越容易老化;拌合温度过高、拌合时间过长,会导致沥青严重老化,使沥青路面过早地出现裂缝。

因此,在道路工程中,如采用沥青路面,在施工过程中,为了降低沥青老化对工程质量和使用性能的影响,应尽量选择耐老化沥青,并使沥青混合料中的沥青足量,控制拌合、加热温度,保证沥青路面的密实度,以降低沥青在施工和使用过程中的老化速度。

(3)抗疲劳性

沥青混合料的抗疲劳性是指在车轮反复荷载作用下,抵抗因疲劳而产生断裂破坏的能力。沥青路面长期经受反复轮载作用,处于应力应变交迭变化的状态,强度逐渐下降,当反复轮载作用达到一定次数后,沥青路面内产生的应力会超过强度下降后的结构抵抗力,使路面产生断裂破坏。

沥青混合料的抗疲劳性与沥青含量、沥青体积百分率关系密切。沥青用量不足、沥青膜变薄、沥青混合料的延伸能力降低、脆性增加以及沥青混合料的空隙率增大,都会引起沥青混合料在反复轮载作用下发生破坏。

评价沥青混合料抗疲劳性的试验方法,主要分为室内试验和现场试验两大类。由于现场试验方法耗资较大,周期长,因此在评价沥青混合料抗疲劳性时,多采用周期较短、费用相对较少的室内小型试件疲劳试验,主要包括重复弯曲试验、间接拉伸疲劳试验等。

(4)抗滑性

沥青路面的抗滑性是沥青路面设计、施工、使用品质的综合体现。随着现代公路的高速发展和人们对车辆高速行驶的需求不断提高,对沥青路面的抗滑性也提出了更高的要求。

矿料的表面构造深度、颗粒形状与尺寸及抗磨光性都会不同程度地影响沥青路面的抗滑性。矿料的表面构造深度,取决于矿料的矿物组成、化学成分及风化程度;颗粒形状与尺寸,既受到矿物组成的影响,又与矿料的加工方法有关;抗磨光性则受到上述所有因素加上矿物成分、硬度的影响。

因此,为了保证长期高速行驶的交通安全,提高沥青路面的抗滑性,在沥青混合料选择配料时,应尽量选择表面粗糙、抗磨光性好、坚硬耐磨、有棱角、抗冲击性好的粗集料,如碎石或碎砾石等。但这类集料往往为酸性集料,与沥青的黏附性不佳,在使用过程中宜掺入石灰、水泥或饱和石灰水进行处理,必要时也可以掺入耐热、耐水的抗剥落剂。

沥青用量对抗滑性的影响非常大,因此,应严格控制沥青混合料中的沥青含量。沥青用量偏多会明显降低路面的抗滑性。工程实践和研究表明,沥青用量超过最佳用量的0.5%,即可使抗滑系数明显降低。

此外,沥青含蜡量对沥青混合料抗滑性有明显的影响,在配料选择时应尽量选用含蜡量低的沥青,以免沥青表层出现滑溜现象。在我国,对沥青含蜡量有如下规定:A级沥青含蜡量应不大于2.2%,B级沥青含蜡量应不大于3%,C级沥青含蜡量应不大于4.5%。

（5）施工和易性

沥青混合料的施工和易性指的是保证沥青混合料拌合、摊铺时的均匀性和碾压密实的性能。具有良好施工和易性的沥青混合料,易于拌合、摊铺和碾压,集料颗粒分布均匀,表面被沥青膜完整裹覆,经压实能够得到规定的密度,保证沥青路面的使用质量。

影响沥青混合料施工和易性的因素很多,如气温、施工条件及沥青混合料的性质等。单从沥青混合料性质来看,影响沥青混合料施工和易性的因素主要是矿质混合料的级配、沥青用量和矿粉的质量。当粗集料和细集料的粒径相差过大,缺乏中间尺寸时,沥青混合料易产生分层、离析现象;细集料过少,沥青层又不容易均匀地分布在粗颗粒表面;而细集料过多,则会使拌合变得很困难。当沥青用量过少或矿粉用量过多时,沥青混合料因疏松而不易被压实;反之,如沥青用量过多或矿粉质量不好,则容易引起混合料黏结成块而不易摊铺。

在我国,目前尚无可靠的方法和指标可直接用以评价沥青混合料施工和易性,但通过合理地选择组成材料,控制施工条件等措施,可以保证沥青混合料的质量。

六、沥青混合料配合比设计

沥青混合料配合比设计的主要任务是确定沥青混合料中粗集料、细集料、矿粉和沥青的最佳组成比例,使沥青混合料既满足技术要求,又符合经济性原则。其核心内容是矿质混合料级配设计和最佳沥青用量设计。确定沥青混合料配合比设计,包括目标配合比设计、生产配合比设计和生产配合比验证三个阶段。各阶段设计任务及方法见图8-5。

在我国,按照相关规范和标准的规定,通常对热拌沥青混合料的配合比进行设计。热拌沥青混合料是由矿料与黏稠沥青在专门设备中加热拌合而成,用保温运输设备运送至施工现场,并在热态下进行摊铺和压实的混合料,简称HMA。马歇尔试验是目前较为常用的配合比设计方法,本节内容主要介绍密级配热拌沥青混合料的目标配合比设计的过程。

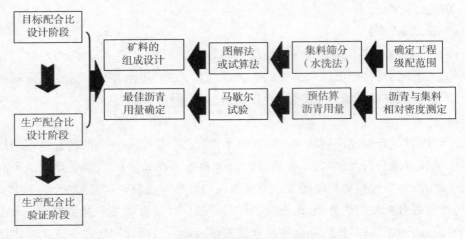

图 8 - 5　沥青混合料配合比设计阶段示意图

1.目标配合比设计阶段

沥青混合料的目标配合比设计主要依据实验室的检验结果进行,分为矿质混合料设计和沥青最佳用量的确定两部分。

(1)矿质混合料设计

矿质混合料设计的目的是选配具有足够压实度,并且有较高内摩阻力的矿质混合料。

①沥青混合料类型和矿料级配的确定

沥青混合料的矿料级配应符合工程设计规定的级配范围,密级配沥青混合料宜根据公路等级、气候及交通条件按表 8 - 23 选择采用粗型(C 型)或细型(F 型)混合料,并在表 8 - 24 规定的范围内确定工程设计级配范围。通常情况下,工程设计级配范围不宜超过表 8 - 24 中的相关要求。

表 8 - 23　粗型和细型密级配沥青混凝土的关键性筛孔通过率(JTG F40—2004)

混合料类型	公称最大粒径/mm	用以分类的关键性筛孔/mm	粗型密级配		细型密级配	
			名称	关键性筛孔通过率/%	名称	关键性筛孔通过率/%
AC - 25	26.5	4.75	AC - 25C	<40	AC - 25F	>40
AC - 20	19	4.75	AC - 20C	<45	AC - 20F	>45
AC - 16	16	2.36	AC - 16C	<38	AC - 16F	>38
AC - 13	13.2	2.36	AC - 13C	<40	AC - 13F	>40
AC - 10	9.5	2.36	AC - 10C	<45	AC - 10F	>45

表 8-24 密级配沥青混合料矿料级配范围(JTG F40—2004)

级配类型		通过下列筛孔(mm)的质量百分率/%												
		31.5	26.5	19	16	13.2	9.5	4.75	2.36	1.18	0.6	0.3	0.15	0.075
粗粒式	AC-25	100	90~100	75~90	65~83	57~76	45~65	24~52	16~42	12~33	8~24	5~17	4~13	3~7
中粒式	AC-20	—	100	90~100	78~92	62~80	50~72	26~56	16~44	12~33	8~24	5~17	4~13	3~7
	AC-16	—	100	100	90~100	76~92	60~80	34~62	20~48	13~36	9~26	7~18	5~14	4~8
细粒式	AC-13	—	—	—	100	90~100	68~85	38~68	24~50	15~38	10~28	7~20	5~15	4~8
	AC-10	—	—	—	—	100	90~100	45~75	30~58	20~44	13~32	9~23	6~16	4~8
砂粒式	AC-5	—	—	—	—	—	100	90~100	55~75	35~55	20~40	12~28	7~18	5~10

②矿质混合料配合比设计

按照规定方法对工程使用的实际材料进行现场取样后,对粗集料、细集料和矿粉进行筛分试验,按筛分结果分别绘出各组成材料的筛分曲线,同时测出各组成材料的相对密度,供后续相关计算使用。然后根据各组成材料的筛分试验资料,采用试算法或图解法计算符合要求级配范围时的各组成材料用量比例。

③调整配合比

一般来说,计算所得的合成级配都需要进行必要的调整,级配调整应根据下列要求来进行。通常情况下,合成级配曲线宜尽量接近推荐级配范围中值,尤其应是0.075 mm、2.36 mm、4.75 mm 筛孔的通过率,尽量接近级配范围中值。根据公路等级和施工设备的控制水平、混合料类型,确定设计级配范围上限和下限的差值。

对于交通量大的高速公路、一级公路、城市快速路和主干路,宜偏向级配范围的下限;一般道路、中小型交通量或人行道路等,宜偏向级配范围的上限。设计级配范围上下限差值必须小于规范级配范围的差值,通常情况下,4.75 mm、2.36 mm 通过率的范围差值宜小于12%。

合成的级配曲线应接近连续或合理的间断匹配,不能有过多的锯齿形交错。当经过再三调整仍有两个以上的筛孔超过级配范围时,必须对原材料进行调整或更换,重新进行设计。

(2)确定沥青混合料的最佳沥青用量

我国现行规范规定,采用马歇尔试验方法确定沥青混合料的最佳沥青用量,一般按照以下步骤进行:

①制备试件

按确定的矿料配合比确定各矿料的用量。根据当地的实践经验选择适宜的沥青用量。以选定的沥青用量为中值,以0.5%间隔变化沥青用量分别制作几组级配的马歇尔试件,试件数量应不少于5组。

②测定试件物理、力学指标

试件脱模、冷却后,分别测定试件高度、空气中的质量、水中的质量、饱和面干质量等,供后续指标计算使用。在规定的试验温度和试验时间内,用马歇尔仪测试试样的稳定度和流值,同时计算毛体积密度、理论密度、空隙率、饱和度和矿料间隙率等指标。

a.毛体积密度

按式(8-5)、式(8-6)分别计算试件的毛体积密度和毛体积相对密度,式(8-7)计算矿料的合成毛体积相对密度,计算结果取3位小数。

$$\rho_f = \frac{m_s}{m_f - m_s} \times \rho_w \qquad (8-5)$$

$$\gamma_f = \frac{m_s}{m_f - m_s} \tag{8-6}$$

式中：ρ_f——试件毛体积密度，g/cm^3；

ρ_w——25 ℃时水的密度，取 0.997 1 g/cm^3；

γ_f——试件毛体积相对密度，无量纲。

$$\gamma_{sb} = \frac{100}{\dfrac{P_1}{\gamma_1} + \dfrac{P_2}{\gamma_2} + \cdots + \dfrac{P_n}{\gamma_n}} \tag{8-7}$$

式中：γ_{sb}——矿料的合成毛体积相对密度，无量纲；

$P_1, P_2, \cdots, P_n$——各种矿料占矿料总质量的百分率，其和为100%；

$\gamma_1, \gamma_2, \cdots, \gamma_n$——各种矿料的相对密度，无量纲。

b. 矿料的合成表观相对密度

按式(8-8)计算矿料的合成表观相对密度，计算结果取 3 位小数。

$$\gamma_{sa} = \frac{100}{\dfrac{P_1}{\gamma_1'} + \dfrac{P_2}{\gamma_2'} + \cdots + \dfrac{P_n}{\gamma_n'}} \tag{8-8}$$

式中：γ_{sa}——矿料的合成表观相对密度，无量纲；

$\gamma_1', \gamma_2', \cdots, \gamma_n'$——各种矿料的表观相对密度，无量纲。

c. 矿料的有效相对密度

对非改性沥青混合料，采用真空法实测理论最大相对密度，取平均值。按式(8-9)计算合成矿料的有效相对密度，计算结果取 3 位小数。

$$\gamma_{se} = \frac{100 - P_b}{\dfrac{100}{\gamma_t} - \dfrac{P_b}{\gamma_b}} \tag{8-9}$$

式中：γ_{se}——合成矿料的有效相对密度，无量纲；

P_b——沥青用量，%；

γ_t——实测的沥青混合料理论最大相对密度，无量纲；

γ_b——25 ℃时沥青的相对密度，无量纲。

d. 空隙率

按式(8-10)计算试件的空隙率，计算结果取 1 位小数。

$$VV = (1 - \frac{\gamma_f}{\gamma_t}) \times 100 \tag{8-10}$$

式中：VV——试件的空隙率，%；

γ_t——沥青混合料理论最大相对密度，对于非改性沥青混合料，采用真空法实测沥青混合料的理论最大相对密度，无量纲；

γ_f——试件的毛体积相对密度，无量纲。

e. 矿料间隙率

按式(8-11)计算试件的矿料间隙率,计算结果取 1 位小数。

$$VMA = \left(1 - \frac{\gamma_f}{\gamma_{sb}} \times \frac{P_s}{100}\right) \times 100 \qquad (8-11)$$

式中:VMA ——沥青混合料试件的矿料间隙率,%;

　　　P_s ——各种矿料占沥青混合料总质量的百分率之和,%。

f. 有效沥青饱和度

按式(8-12)计算有效沥青饱和度,计算结果取 1 位小数。

$$VFA = \frac{VMA - VV}{VMA} \times 100 \qquad (8-12)$$

式中:VFA ——沥青混合料试件的有效沥青饱和度,%。

沥青混合料技术要求应符合规范规定,并有良好的施工性能。密级配沥青混凝土混合料马歇尔试验技术标准参照表 8-19。

③确定最佳沥青用量

a. 绘制沥青用量(油石比)与指标关系图

以沥青用量(油石比)为横坐标,马歇尔试验的各项指标为纵坐标,将试验结果绘制成沥青用量(油石比)与物理力学指标的关系图,如图 8-6 所示。确定各项指标均符合热拌沥青混合料技术标准要求的沥青用量范围 $OAC_{min} \sim OAC_{max}$,选择的沥青用量范围必须涵盖设计空隙率的全部范围,并尽可能涵盖沥青饱和度的要求范围。

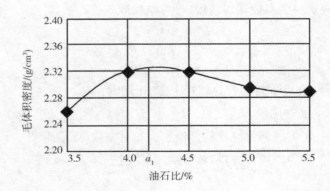

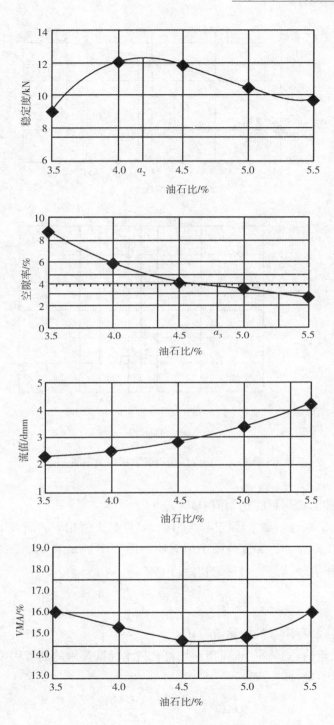

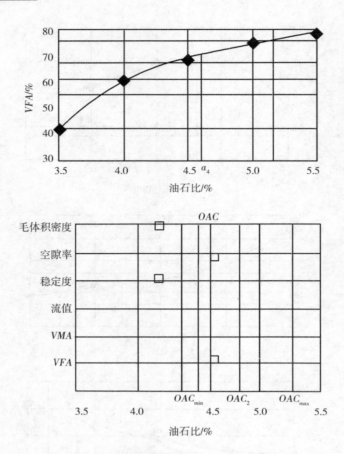

图 8 – 6　沥青用量与各项指标关系图

b. 确定最佳沥青用量的初始值 OAC_1

在图 8 – 6 中取与马歇尔稳定度和毛体积密度最大值相应的沥青用量 a_1 和 a_2，以及与设计要求空隙率和饱和度范围中值对应的沥青用量 a_3 和 a_4，按式（8 – 13）计算三者的平均值作为最佳沥青用量的初始值 OAC_1。

$$OAC_1 = \frac{a_1 + a_2 + a_3 + a_4}{4} \tag{8 – 13}$$

c. 确定最佳沥青用量的初始值 OAC_2

以稳定度、流值、空隙率、VFA 指标均符合技术标准要求的沥青用量范围 $OAC_{min} \sim OAC_{max}$，其中值作为 OAC_2，即

$$OAC_2 = \frac{OAC_{min} + OAC_{max}}{2} \tag{8 – 14}$$

通常情况下，OAC_1 和 OAC_2 的平均值作为最佳沥青用量 OAC。按最佳沥青用量初始值求取相应的各项指标值，检查是否符合规定的马歇尔设计配合比技术要求，同时检验矿料空隙率是否符合要求。

d. 综合确定最佳沥青用量

综合考虑沥青路面工程实践经验、道路等级、交通特性和气候条件等因素确定最终最佳沥青用量。检查计算得到的最佳沥青用量是否相近，如相差较大，应查明原因，必要时要调整级配进行配合比设计。

炎热地区公路、高速公路、一级公路等重载交通路段及山区公路的长大坡度路段，产生较大车辙的可能性较大。宜在空隙率符合要求的范围内将计算的最佳用量减小 0.1% ~0.5% 作为设计沥青用量。此时，除空隙率外的其他指标可能会超出马歇尔试验配合比设计标准，配合比设计报告或设计文件必须予以说明。

对寒区公路、旅游公路等交通量少的公路，最佳沥青用量可以在 OAC 的基础上增加 0.1% 到 0.3%，以适当减小设计空隙率，但不能降低密实度要求。

④计算有效沥青含量

按式(8-15)、式(8-16)计算沥青结合料被集料吸收的比例及有效沥青含量。

$$P_{ba} = \frac{\gamma_{se} - \gamma_{b}}{\gamma_{se} \times \gamma_{b}} \times \gamma_{b} \times 100 \qquad (8-15)$$

$$P_{be} = P_{b} - \frac{P_{ba}}{100} \times P_{s} \qquad (8-16)$$

式中：P_{ba} ——沥青混合料中被集料吸收的沥青结合料比例，% ；

　　　P_{be} ——沥青混合料中的有效沥青用量，% ；

　　　γ_{se} ——矿料的有效相对密度，无量纲；

　　　γ_{sb} ——材料的合成毛体积相对密度，无量纲；

　　　γ_{b} ——沥青的相对密度，无量纲；

　　　P_{b} ——沥青含量，% ；

　　　P_{s} ——各种矿料占沥青混合料总质量的百分率之和，% 。

(3)配合比设计检验

对用于高速公路和一级公路的密级配沥青混合料，需要在配合比设计的基础上按规范要求进行各种使用性能的检验，不符合要求的沥青混合料，必须更换材料或重新进行配合比设计。其他等级公路的沥青混合料可参照执行。

配合比设计检验按计算确定的设计最佳沥青用量在标准条件下进行。如按照前述方法将计算的设计沥青用量调整后作为最佳沥青用量，或者改变试验条件时，各项技术要求均应适当调整。

①高温稳定性检验。对公称最大粒径等于或小于 19 mm 的混合料，按规定方法进行车辙试验，动稳定度应符合表8-20 的要求。

②水稳定性检验。按规定的试验方法进行浸水试验和冻融劈裂试验，残留稳定度及残留强度比均必须符合表8-22 的规定。

③低温抗裂性检验。对公称最大粒径等于或小于 19 mm 的混合料，按规定方法

进行低温弯曲试验,其破坏应变符合表 8-21 要求。

④根据需要,可以改变试验条件进行配合比设计检验,如按照调整后的最佳沥青用量、变化最佳沥青用量 $OAC \pm 0.3\%$、提高试验温度、加大试验荷载、采用现场密实度进行车辙试验,在施工后的残余空隙率(如 $7\% \sim 8\%$)条件下进行水稳定性试验和渗水试验等。

2. 生产配合比设计

生产配合比阶段是在目标配合比确定后,利用实际施工的拌合机进行试拌以后确定生产配合比。其主要任务与目标配合比的差别见图 8-7。

试验前,应确定各热料仓的材料比例,供拌合机控制室使用,同时反复调整冷料仓进行比例,以达到供料均衡,油石比可取目标配合比得出的最佳沥青用量及其 $\pm 0.3\%$ 三档试验,通过试验得到生产配合比的最佳沥青用量,供试拌试铺使用。

3. 试拌试铺配合比调整

此阶段也被称作生产配合比验证阶段。拌合机按生产配合比结果进行试拌、试铺,并取样进行马歇尔试验,同时从路上钻芯取样,若生产配合比符合要求,则可确定标准配合比,否则还应进行调整。标准配合比的矿料合成级配中至少应包括 0.075 mm、2.36 mm、4.75 mm 及公称最大粒径的通过率接近优选的工程设计级配范围中值,并避免在 0.3 ~ 0.6 mm 处出现"驼峰"。对确定的标准配合比,宜再次进行车辙试验和水稳定性检验。

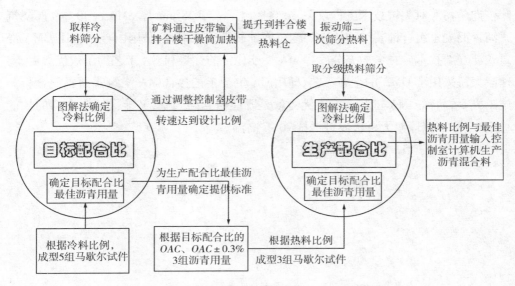

图 8 – 7　目标配合比设计与生产配合比设计对比图

思考与练习

1．石油沥青组分划分的方法有哪些？各组分含量变化对石油沥青性能有何影响？

2．石油沥青主要技术性质有哪些？各用什么指标表示？

3．沥青混合料定义及分类方法有哪些？

4．沥青混合料强度的形成原理，影响沥青混合料强度的因素有哪些？

5．沥青用量对沥青混合料性能有什么影响？

6．马歇尔试验要求测定的指标有什么？各代表什么含义？

【案例拓展】

钢桥在国内桥梁建设中应用的比例不高，由于钢箱梁是大型薄壁空间结构，在荷载作用下，钢箱梁会发生伸长、缩短、弯曲、扭转等变形，所以桥面铺装要求具有追随钢箱梁一起协同变形的能力；另一方面，桥面铺装直接承受车轮荷载碾压，需要抵抗车轮荷载产生的局部变形，还要保持外观平整，便于行车。这种互相矛盾的需求就决定了钢桥面铺装工程技术的复杂性，钢桥面的铺装也一直是行业性难题。

港珠澳大桥主要采用正交异性钢箱梁桥面板，其对铺装层受力状态、铺装材料的基本强度、变形性能、高温稳定性能、黏接性能、疲劳性能、施工工艺性能等要求很高，是一项世界性的技术难题，而且桥面铺装面积约 70 万平方米，相当于 100 个足球场，这样大的规模在国内也是前所未有的。

港珠澳大桥管理局早在 2010 年就开始委托华南理工大学牵头开展了港珠澳大桥桥梁工程钢桥面铺装方案的预研究。在经过广泛调研后，设计单位、施工队伍、国际咨询公司等对关键技术进行攻关,最终提出了采用 38 mm 厚 SMA +30 mm 厚浇筑式沥青混凝土组合铺装结构体系的钢桥面铺装设计方案,这是国内首次应用 GMA 浇筑式沥青新技术。在考虑充分发挥 MA 性能稳定的优势和 GA 工艺的工效优势后,港珠澳大桥采用了 GMA 的全新工艺,即用 GA 生产工艺拌合 MA 浇筑式沥青混合料的施工方案,简称 GMA 工艺。主要优势就是既能做到高效率,又能保证混合料的性能稳定,经测试港珠澳大桥桥面可抵抗 70 ℃高温。

第九章 建筑功能材料

学习目标:

1. 熟悉建筑材料按功能分类及各类材料的特点和用途。
2. 掌握防水、防火材料的品种及使用。

第一节 墙体材料与围护材料

我国传统的墙体材料和围护材料是用黏土烧制的砖和瓦,即烧土制品,它具有悠久的历史。但是,随着现代建筑的发展,这些传统材料已无法满足使用要求,而且砖瓦自重大、体积小、生产能耗高,需要耗用大量的农田,严重影响生态环境。因此,应加速发展保温、隔热、轻质、高强和施工效率高的新型墙体材料和屋面材料,大幅度提高新型墙体材料在城市新建房屋所用墙体材料中的比例,并大幅度减少毁田面积,降低生产能耗,改善建筑节能效果,提高工业废渣利用率,这是墙体改革的目标。

用于砌筑墙体的材料主要有砖、砌块和板材三类。

墙体砖按所用原料不同分为黏土砖(N)、页岩砖(Y)、煤矸石砖(M)、粉煤灰砖(F);按生产方式不同分为烧结砖(经焙烧而制成的砖)、蒸养砖(经常压蒸汽养护硬化而成的砖)、蒸压砖(经高压蒸汽养护硬化而成的砖)、免烧砖(以自然养护而成,如各种混凝土砖);按孔洞率不同分为实心砖(孔洞率小于15%,尺寸为 240 mm × 115 mm × 53 mm)、多孔砖、空心砖。

砌块可分为烧结空心砌块、混凝土砌块、硅酸盐砌块和加气混凝土砌块等。板材可分为混凝土大板、石膏板、加气混凝土板、玻纤水泥板、植物纤维板及各种复合墙板等。用于屋面的材料为各种材质的瓦和板材。

用于墙体保温的材料属于新型墙体材料,主要有有机类、无机类、复合材料类。有机类有聚苯乙烯泡沫板、硬质泡沫聚氨酯、聚碳酸酯等,无机类有珍珠岩水泥板、泡沫水泥板、复合硅酸盐板等,复合材料类如轻质金属夹芯板等。墙体保温除了采用附着保温层外,还能用保温砖和保温砌块直接砌筑,该材料砌墙可以不做墙体附着保温层,达到建筑节能一体化。

用于膜结构的膜材料属于新型屋面材料。膜结构是 20 世纪中叶发展起来的一种新型建筑结构形式,具有造型优美、覆盖跨度空间很大、防火抗震、轻质的特点。作为膜结构的膜材料,常用的主要分为 PVC 膜材、PTFE 膜材、ETFE 膜材三类,具有轻质、透光、柔韧、自洁等优点,尤其是 ETFE 膜材料,透光性特别好,号称"软玻璃"。

一、烧结砖

烧结砖是以黏土、页岩、煤矸石或粉煤灰为主要原料,经焙烧而制成的砖。在传统的墙体材料中使用最多的是以黏土为原料的烧结砖,为了节约黏土和充分利用工业废渣,近年来大力推广使用煤矸石、页岩、粉煤灰等作为烧砖原料,代替或部分代替黏土生产各种烧结砖。目前使用最成功的是页岩砖。

根据国家标准《烧结普通砖》(GB/T 5101—2017)的规定,烧结普通砖按其主要原料分为黏土砖(N)、页岩砖(Y)、煤矸石砖(M)和粉煤灰砖(F)。烧结普通砖的规格为 240 mm×115 mm×53 mm(公称尺寸)的直角六面体。在烧结普通砖砌体中,加上灰缝约 10 mm,每 4 块砖长、8 块砖宽或 16 块砖厚均为 1 m,所以 1 m³ 砌体需用砖 512 块。

1. 烧结普通砖的主要技术性质

根据《烧结普通砖》(GB/T 5101—2017),烧结普通砖的技术性质包括尺寸偏差、外观质量、强度、抗风化性能、泛霜、石灰爆裂、放射性物质等,并划分为 MU30、MU25、MU20、MU15、MU10 五个强度等级。

(1)强度

烧结普通砖根据 10 块试样抗压强度的试验结果,分为五个强度等级。各强度等级的抗压强度应符合表 9 - 1 的规定,否则为不合格品。

表 9 – 1　烧结普通砖强度等级要求

强度等级	抗压强度平均值 $\bar{f}$ / MPa	强度标准值 f_k / MPa	单块最小抗压强度值 f_{min} / MPa
MU30	≥30.0	≥22.0	≥25.0
MU25	≥25.0	≥18.0	≥22.0
MU20	≥20.0	≥14.0	≥16.0
MU15	≥15.0	≥10.0	≥12.0
MU10	≥10.0	≥6.5	≥7.5

（2）尺寸偏差

烧结普通砖根据20块试样的公称尺寸检验结果，分为优等品（A）、一等品（B）及合格品（C）。各质量等级砖的尺寸偏差应符合表9－2的规定。

表 9 – 2　烧结普通砖尺寸偏差

单位：mm

公称尺寸	优等品		一等品		合格品	
	样本平均偏差	样本极差	样本平均偏差	样本极差	样本平均偏差	样本极差
240	±2.0	≤6.0	±2.5	≤7.0	±3.0	≤8.0
115	±1.5	≤5.0	±2.0	≤6.0	±2.5	≤7.0
53	±1.5	≤4.0	±1.6	≤5.0	±2.0	≤6.0

（3）外观质量

烧结普通砖的外观质量应符合规范要求。产品中不允许有欠火砖、酥砖和螺旋纹砖（过火砖），否则为不合格品。

砖烧成的时候，如果时间不足，则成为欠火砖，颜色较浅、声音沙哑、吸水率大、强度低、耐久性差；如果烧结的时间过长，则为过火砖，颜色较深、声音清脆、吸水率小、强度高，但有弯曲变形。

（4）泛霜

原料中含有硫、镁等可溶性盐，在砖使用中，盐类会随砖内水分蒸发而在砖表面产生白色物质，如在砖表面形成絮团状斑点，严重的会起粉、掉角或脱皮。轻微泛霜就能对清水砖墙的建筑外观产生较大影响。国家标准规定，优等品砖不允许有泛霜现象；一等品砖不得有中等泛霜现象；合格品砖不得有严重泛霜现象。

（5）石灰爆裂

生产砖的原料中有石灰，烧成过程中石灰可留在砖内，使用时如果砖内吸收外界的水分，石灰消化并产生体积膨胀，导致砖发生胀裂破坏的现象称为石灰爆裂。

石灰爆裂对砖砌体影响较大，轻者影响美观，重者将使砖砌体强度降低直至破坏。砖中石灰质颗粒越大，含量越多，对砖体强度影响越大。国家标准规定，优等品砖不允许出现最大破坏尺寸大于 2 mm 的爆裂区域；一等品砖不允许出现大于 10 mm 的爆裂区域，且每组砖样中 2~10 mm 爆裂区域也不得多于 15 处；合格品砖不允许出现大于 15 mm 的爆裂区域，每组砖样中不得多于 15 处，其中大于 10 mm 的不得多于 7 处。

（6）抗风化性能

砖的抗风化性能是指砖在干湿变化、温度变化、冻融变化等物理因素作用下，材料不被破坏并长期保持其原有性质的能力，是烧结普通砖耐久性的重要标志之一。砖的抗风化性能越好，砖的使用寿命越长。其主要影响因素是砖的吸水率，通常以抗冻性、吸水率和饱和系数等指标来判定砖的抗风化性能。国家标准《烧结普通砖》（GB/T 5101—2017）规定，根据工程所处的地区，对砖的抗风化性能（吸水率、饱和系数及抗冻性）提出不同要求。

我国根据风化程度不同，分为严重风化区（东北、西北及华北各省区）、非严重风化区（山东省及黄河以南地区）。其中，对特别严重风化区（东北、内蒙古及新疆地区）使用的砖，必须进行冻融试验，将 5 块砖样经 15 次冻融后，每块砖样不允许出现裂纹、分层、掉皮、缺棱、掉角等冻坏现象，且质量损失不大于 2%，则抗风化性能合格。其他省区的砖，抗风化性能根据其吸水率及饱和系数来评定。根据《烧结普通砖》（GB/T 5101—2017）的规定，砖的抗风化性能应符合表 9-3 的规定。当符合表 9-3 的规定时，可不做冻融试验，评为风化性能合格，否则，必须进行冻融试验。

表 9-3 烧结普通砖抗风化性能

砖种类	严重风化区				非严重风化区			
	5 h 沸煮吸水率(≤)/%		饱和系数≤		5 h 沸煮吸水率(≤)/%		饱和系数≤	
	平均值	单块最大值	平均值	单块最大值	平均值	单块最大值	平均值	单块最大值
黏土砖、建筑渣土砖	18	20	0.85	0.87	19	20	0.88	0.90
粉煤灰砖	21	23			23	25		
页岩砖煤矸石砖	16	18	0.74	0.77	18	20	0.78	0.80

2. 烧结普通砖的应用

烧结普通砖主要用于砌筑建筑工程的承重或非承重墙体、基础,还可用于拱、烟囱、沟道、挡土墙等构筑物,有时也用于闸墩、涵管、渡槽等小型水利工程。烧结普通砖砌筑的砖砌体,其强度不仅取决于砖的强度,而且受砂浆强度的影响。砖的吸水率大,一般为15%~20%,在砌筑时将大量吸收砂浆中的水分,致使水泥不能正常凝结硬化,导致砂浆强度下降以至影响砖砌体强度。因此,在砌筑前,必须预先将砖进行吮水润湿。为了增强砖砌体的稳定性,可在砖砌体中加配钢筋。

二、非烧结砖

随着现代工业的不断发展,各种废料的排放量剧增。为保护环境,近年来利用工业废料废渣,开发研究并生产了不少新型墙体材料,如各种烧结砖和非烧结砖。

1. 蒸压灰砂砖

蒸压灰砂砖简称灰砂砖。砖的主要原料是磨细砂子,加入10%~20%的石灰,坯体需经高压蒸汽养护,使二氧化硅和氢氧化钙在高温高湿条件下反应生成水化硅酸钙而具有强度。根据国家标准《蒸压灰砂实心砖和实心砌块》(GB/T 11945—2019),将砖按浸水24 h后的抗压强度分为MU30、MU25、MU20、MU15、MU10五个等级。

由于灰砂砖中的水化硅酸钙、氢氧化钙等不耐酸,也不耐热,若长期受热会产生分解、脱水,甚至还会使石英发生晶型转变,因此灰砂砖应避免用于长期受热高于200 ℃、受急冷急热交替作用或有酸性介质侵蚀的建筑部位。另外,砖也不能用于有流水冲刷的地方,使用较久将风化或严重风化,耐久性较差。

2. 蒸养粉煤灰砖

蒸养粉煤灰砖是以粉煤灰、石灰为主要原料,掺加适量石膏和骨料,经坯料制备、压制成型、常压或高压蒸汽养护而制成的实心砖。粉煤灰具有火山灰性,尤其是在水热环境中,和碱性激发剂的作用下,易形成水化硅酸钙、水化硫铝酸钙等多种水化产物,获得一定的强度。中华人民共和国建材行业标准《蒸压粉煤灰砖》(JC/T 239—2014)根据砖的抗压强度,将其分为 MU30、MU25、MU20、MU15、MU10 五个强度等级。

我国有大量的粉煤灰,如果进行堆埋,会污染环境,占用土地,所以尽量利用粉煤灰生产建筑用砖,可保护环境,还可以节约黏土资源。粉煤灰砖可用于建筑的墙体和基础,但用于基础或易受冻融和干湿交替作用的建筑部位必须使用一等品砖与优等品砖。粉煤灰砖也不能用于长期受热(200 ℃以上)、受急冷急热和有酸性介质侵蚀的建筑部位。用粉煤灰砖砌筑的建筑物,应适当增设圈梁及伸缩缝或采用其他措施,以避免或减少收缩裂缝的产生。

3. 炉渣砖

炉渣砖又称为煤渣砖,是以煤燃烧后的炉渣为主要原料,加入适量石灰、石膏(或电石渣、粉煤灰)与水搅拌均匀,并经陈伏、轮碾、成型、蒸汽养护而成。炉渣砖按抗压强度和抗折强度分为 MU20、MU15、MU10 三个强度等级。

炉渣砖可用于一般工程的内墙和非承重外墙。其他使用要点与灰砂砖、粉煤灰砖相似。

三、建筑砌块

砌块是用于砌筑的人造块材,外形多为直角六面体,砌块一般较砖或长或厚或宽。砌块分类见表 9-4。工程中常用的砌块有水泥混凝土砌块、轻集料混凝土砌块、炉渣砌块、粉煤灰砌块、硅酸盐砌块、水泥混凝土铺地砖等。砌块按体积密度,分为 B03、B04、B05、B06、B07、B08 六个密度级别。制作砌块可以充分利用地方材料和工业废料,且砌块尺寸比较大,施工方便,能提高砌筑效率,还可改善墙体功能。因此,近年来,在建筑领域砌块的应用越来越广泛。优点:比较大,施工方便,能提高砌筑效率,还可改善墙体功能。因此,近年来在建筑领域砌块的应用越来越广泛。

表9-4 砌块的分类

按尺寸分类	按空心率大小分类	按主要材料分类
大型砌块 （主规格高度 >980 mm）	实心砌块	普通混凝土砌块
中型砌块 （主规格高度 380~980 mm）	（空心率小于25%或无孔洞）空心砌块	轻骨料混凝土砌块 粉煤灰硅酸盐砌块
小型砌块 （主规格高度 115~380 mm）	（空心率大于或等于25%）空心砌块	煤矸石砌块 加气混凝土砌块

1. 蒸压加气混凝土砌块

蒸压加气混凝土砌块是在钙质材料（如水泥、石灰）和硅质材料（如砂子、粉煤灰、矿渣）中加入铝粉作为加气剂，经加水搅拌、浇筑成型、发气膨胀、预养切割，再经高压蒸汽养护而成的多孔轻质块体材料。国家标准《蒸压加气混凝土砌块》（GB 11968—2006）规定，砌块的规格（公称尺寸），长度（L）有 600 mm；宽度（B）有 100 mm、120 mm、125 mm、150 mm、180 mm、200 mm、240 mm、250 mm、300 mm；高度（H）有 200 mm、240 mm、250 mm、300 mm 等多种。砌块的质量，按其尺寸偏差、外观质量、密度级别及强度级别分为优等品（A）、一等品（B）及合格品（C）三个质量等级。砌块强度级别按 100 mm × 100 mm × 100 mm 立方体试件抗压强度值（MPa）划分为 A1.0、A2.0、A2.5、A3.5、A5.0、A7.5、A10.0 七个强度级别，不同强度级别砌块抗压强度应符合表 9-5 的规定。砌块密度级别，按其干燥体积密度（干密度）分为 B03、B04、B05、B06、B07、B08 六个级别。不同质量等级砌块的干密度值应符合表 9-6 的规定。

表9-5 各强度等级砌块的立方体抗压强度

单位:MPa

强度级别	A1.0	A2.0	A2.5	A3.5	A5.0	A7.5	A10.0
立方体抗压强度平均值≥	1.0	2.0	2.5	3.5	5.0	7.5	10.0
立方体抗压强度单组最小值≥	0.8	1.6	2.0	2.8	4.0	6.0	8.0

表 9 - 6　砌块的干密度

单位:kg/m³

干密度级别	B03	B04	B05	B06	B07	B08
优等品(A)≤	300	400	500	600	700	800
合格品(B)≤	325	425	525	625	725	825

蒸压加气混凝土砌块选用脱脂铝粉作为发气剂,铝粉极细,产生的氢气使混凝土中均匀分布大量小气泡,具有许多优良特性,如表观密度低,且具有较高的强度、抗冻性能及较低的导热系数[导热系数≤0.1 ~ 0.16 W/(m·K)],是良好的墙体材料及隔热保温材料。蒸压加气混凝土砌块多用于高层建筑非承重的内外墙,也可用于一般建筑物的承重墙和非承重隔墙,还可用于屋面保温。但蒸压加气混凝土砌块不能用于建筑物基础和处于浸水、高湿和有化学侵蚀的环境(如强酸、强碱或高浓度CO_2),也不能用于表面温度高于 80 ℃的承重结构部位。

2. 混凝土小型空心砌块

混凝土小型空心砌块是由水泥、粗细骨料加水搅拌,经装模、振动(或加压振动或冲压)成型,并经养护而成。分为承重砌块和非承重砌块两类。其主要规格尺寸为 390 mm × 190 mm × 190 mm。国家标准《普通混凝土小型砌块》(GB/T 8239—2014)按砌块的抗压强度将其分为 MU40、MU35、MU30、MU25、MU20、MU15、MU10.0、MU7.5、MU5.0 九个强度等级。

混凝土小型空心砌块具有质量轻、生产简便、施工速度快、适用性强、造价低等优点,广泛用于低层和中层建筑的内外墙。这种砌块在砌筑时一般不需吮水,但在气候特别干燥炎热时,可在砌筑前稍喷水润湿。

如用轻集料(粉煤灰陶粒、黏土陶粒、页岩陶粒、天然轻集料等),可制成轻集料混凝土小型空心砌块。根据国家标准《轻集料混凝土小型空心砌块》(GB/T 15229—2011),按砌块孔的排数分为四类:单排孔、双排孔、三排孔和四排孔;按砌块密度等级分为八级:700、800、900、1 000、1 100、1 200、1 300 和 1 400;按砌块强度等级分为五级:MU2.5、MU3.5、MU5.0、MU7.5、MU10.0。

3. 粉煤灰硅酸盐中型砌块

粉煤灰硅酸盐中型砌块简称为粉煤灰砌块。粉煤灰砌块是以粉煤灰、石灰、石膏和骨料等为原料,经加水搅拌、振动成型、蒸汽养护而制成的密实砌块。其主要规格尺寸为 880 mm × 380 mm × 240 mm 及 880 mm × 430 mm × 240 mm 两种。建材行业标准《粉煤灰砌块》(JC 238—1991)按砌块的抗压强度,将其分为 MU10 和 MU13 两个强度等级。

粉煤灰砌块可用于一般工业和民用建筑的墙体和基础。但不宜用在有酸性介质侵蚀的建筑部位,也不宜用于经常受高温影响的建筑物,如铸铁和炼钢车间、锅炉房等的承重结构部位。在常温施工时,砌块应提前浇水润湿,冬季施工时则不需浇水润湿。

粉煤灰、页岩等材料还可做成空心砌块,表观密度较低,但具有一定的强度,可以作为填充墙体材料。为了便于砌筑和增强砌体的隔热保温性能,砌块的孔可设为盲孔,其导热系数可小至 0.09 W/(m·K),满足节能材料的要求,可作为自保温的填充墙体材料。

四、建筑板材

建筑物的屋面和墙体采用的板材具有质量轻、施工速度快、造价低等优点。常用的板材有预应力空心墙板、玻璃纤维增强水泥板、轻质隔热夹芯板、网塑夹芯板和纤维增强低碱度水泥建筑平板等。

1.预应力空心墙板

预应力空心墙板是用高强度低松弛预应力钢绞线,52.5 早强水泥及砂、石为原料,经过张拉、搅拌、挤压、养护、放张、切割而成的混凝土制品。

预应力空心墙板板面平整,尺寸误差小,施工使用方便,减少了湿作业,加快了施工速度,提高了工程质量。该墙板可用于承重或非承重的外墙板及内墙板,并可根据需要增加保温吸声层、防水层和各种饰面层(彩色水刷石、剁斧石、喷砂和釉面砖等),也可以制成各种规格尺寸的楼板、屋面板、雨罩和阳台板等。

2.玻璃纤维增强水泥 – 多孔墙板(GRC – KB)

该多孔墙板是以低碱度水泥为胶结料,抗碱玻璃纤维和中碱玻璃纤维加隔离覆被的网格布为增强材料,以膨胀珍珠岩、加工后的锅炉炉渣、粉煤灰为集料,按适当配合比经搅拌、灌注、成型、脱水、养护等工序制成的。

GRC – KB 主要用作建筑物隔墙,其特点是轻质、施工方便,绝热吸声效果好,适用于民用与工业建筑的分室、分户,以及厨房、厕浴间、阳台等非承重的内外墙体部位,抗压强度≥10 MPa,也可用于建筑加层和两层以下建筑的内外承重墙体部位。现在GRC – KB 广泛用于低层到高层住宅,写字楼、学校、医院、体育场馆、候车室、商场、娱乐场所和各种星级宾馆中,其耐火极限可达 3.0 h。采用双凹槽 GRC 平板和 L 型板、T 型板的后压力灌注安装方法,可解决传统 GRC – KB 和其他轻质隔墙板面抹灰层容易开裂的问题,增强了轻质隔墙的稳固性、抗裂性。

3. 轻质隔热夹芯板

轻质隔热夹芯板外层是高强材料,内层是轻质绝热材料,通过自动成型机,用高强度黏结剂将两者黏合,经加工、修边、开槽、落料而成板材。

外层材料可为涂漆热浸镀锌钢板、热浸镀铝钢板、镀锌合金钢板、镀锌铝合金钢板、高耐候性热轧制钢板、冷轧不锈钢板等,芯材有聚苯乙烯泡沫塑料、硬质聚氨酯泡沫塑料、岩棉、矿渣棉、玻璃棉等。夹芯板材的防火性能和隔热性能取决于芯材的性能,夹芯板材的耐久性能取决于表面涂层和板缝连接处的质量和性能。该板质量约为 $10 \sim 14 \ kg/m^2$,导热系数多为 $0.021 \ W/(m \cdot K)$,具有良好的绝热和防潮等性能,又具备较高的抗弯和抗剪强度,并且安装灵活快捷,可多次拆装重复使用。常用于厂房、仓库、净化车间、办公楼、商场、影剧院等工业和民用建筑,以及房屋加层、组合式活动房、室内隔断、天棚、冷库等。

4. 网塑夹芯板

网塑夹芯板是以呈三维空间受力的镀锌钢丝笼格作为骨架,中间填以阻燃型发泡聚苯乙烯,内外侧浇筑细石混凝土或水泥砂浆层后组合而成的一种复合墙板。该板具有自重轻、强度高、保温、隔声、防火、抗震性能好和安装简便等优点,主要用于宾馆、办公楼等的内隔墙。

5. 纤维增强低碱度水泥建筑平板(TK 板)

纤维增强低碱度水泥建筑平板是以低碱度水泥、中碱玻璃纤维和石棉纤维为原料制成的薄型建筑平板。具有质量轻,抗折、抗冲击强度高,不燃、防潮、不易变形,可锯、可钉、可涂刷等优点。TK 板与各种材质的龙骨、填充料复合后,可用做多层框架结构体系、高层建筑、旧房加屋改造中的内隔墙。

6. 玻璃纤维增强石膏板

玻璃纤维增强石膏板是以石膏为主要材料制成的空心板材,规格有 666 mm × 500 mm × 100 mm、500 mm × 333 mm × 180 mm 等,表观密度不大于 700 kg/m² ,断裂荷载不小于 1.5 kN,可用于框架结构的内隔填充墙。向板的空腔内灌注混凝土并配以适量钢筋,可作为承重墙使用,与传统的砖砌墙体和混凝土墙体相比,施工省时、方便、经济效益好。

7. 钢丝网增强水泥轻质内隔墙板

钢丝网增强水泥轻质内隔墙板是以水泥为胶凝材料,以粉煤灰为填充材料,以黏土陶粒、膨胀珍珠岩等为轻质材料,以钢丝网为增强材料,加入一定量的掺加剂制成的空心墙板。采用双面铺设钢丝网作为增强材料,避免了用玻璃纤维网、炉渣墙板耐久性差等问题,而且可增加墙板抗折、抗冲击能力。可用于工业与民用建筑中非承重内隔墙。

第二节　建筑防水材料

防水材料是防止雨水、雪水、地下水及其他水分等对建筑物和各种构筑物的渗透、渗漏和侵蚀的材料。其质量的优劣直接影响建筑物的使用功能和寿命,是建筑工程中不可缺少的主要建筑材料之一。

防水材料品种繁多,可按不同方法分类。按防水材料的形态,可分为液态(涂料)、胶体(或膏状)及固态(卷材及刚性防水材料)等。按组成成分,可分为有机防水材料、无机防水材料(如防水砂浆、防水混凝土等)、金属防水材料(如镀锌薄钢板、不锈钢薄板、紫铜止水片等)及复合类防水材料(如 JS 复合防水涂料)。有机防水材料又可分为沥青基防水材料、塑料基防水材料、橡胶基防水材料以及复合防水材料等。按防水材料的物理特性,可分为柔性防水材料和刚性防水材料。按防水材料的变形特征,可分为普通型防水材料和自膨胀型防水材料(如膨胀水泥防水混凝土、遇水膨胀橡胶嵌缝条等)。

防水工程的质量首先取决于防水材料的优劣,同时也受到防水构造设计、防水工程施工等因素的影响。国内外使用沥青作为防水材料已有悠久的历史,目前其仍是一种用量较多的防水材料。沥青材料成本较低,但性能较差,防水寿命较短。近年来,新型防水材料得到迅速发展,防水材料已向改性沥青材料和合成高分子材料方向发展;防水层构造已由多层向单层方向发展;施工方法已由热熔法向冷粘贴法方向发展。

我国建筑防水材料的发展方向:大力发展改性沥青防水卷材,积极推进高分子卷材,适当发展防水涂料,努力开发密封材料,注意开发地下止水、堵漏材料和硬质发泡聚氨酯防水保温一体材料,逐步减少低档材料和提高中档材料的比例。

本节主要介绍常用的有机防水材料及其制品。

一、防水涂料

防水涂料是以沥青、高分子合成材料等为主体,在常温下呈无定型流态或半固态,经涂布能在结构物表面结成坚韧防水膜的物料的总称。

防水涂料的主要组成材料一般包括:成膜物质、溶剂及催干剂,有时也加入增塑剂及硬化剂等。涂布于基材表面后,经溶剂或水分挥发或各组分间的化学反应,形成具有一定厚度的弹性连续薄膜(固化成膜),使基材与水隔绝,起到防水、防潮的作用。

防水涂料按主要成膜物质可划分为沥青类、高聚物改性沥青类、合成高分子类及水泥类四种。按涂料的分散介质和成膜机制,可分为溶剂型、水乳型及反应型三种。按涂料的组分,可分为单组分和双组分两种。

防水涂料特别适合于结构复杂不规则部位的防水,能形成无接缝的完整防水层。它大多采用冷施工,减少了环境污染、改善了劳动条件。防水涂料可人工涂刷或喷涂施工,操作简单、进度快、便于维修。但是防水涂料为薄层防水,且防水层厚度很难保持均匀一致,使防水效果受到影响。防水涂料适用于普通工业与民用建筑的屋面防水、地下室防水和地面防潮、防渗等防水工程,也用于渡槽、渠道等混凝土面板的防渗处理。

1. 沥青基防水涂料

这类涂料的主要成膜物质是沥青,包括溶剂型和水乳型两种,主要品种有冷底子油、沥青胶、水性沥青基防水涂料。

(1)冷底子油

冷底子油是指将沥青稀释溶解在煤油、轻柴油或汽油中制成的,涂刷在水泥砂浆或混凝土基层面做打底用,因多在常温下用于防水工程的底层,故称冷底子油。它的黏度小,能渗入到混凝土、砂浆、木材等材料的毛细孔隙中,待溶剂挥发后,便与基面牢固结合,使基面具有一定的憎水性,为黏结同类防水材料创造了有利条件。

(2)沥青胶(玛蹄脂)

沥青胶是为了提高沥青的耐热性,降低沥青层的低温脆性,在沥青材料中加入粉状或纤维状的填料混合而成的。粉状填料有石灰石粉、滑石粉、白云石粉等,纤维状填料有木质纤维、石棉屑等。

根据《屋面工程质量验收规范》(GB 50207—2012),沥青胶的质量要求应符合表9-7的规定。

表 9 - 7　沥青胶的技术指标

标号 指标名称	S - 60	S - 65	S - 70	S - 75	S - 80	S - 85
耐热度	用 2 mm 厚沥青胶黏和两张沥青油纸,在不低于下列温度(℃)中,在 1：1 坡度上停放 5 h 后,沥青胶不应流淌,油纸不应滑动					
	60	65	70	75	80	85
柔韧度	涂在沥青油纸上的 2 mm 厚的沥青胶层,在(18 ±2)℃时围绕下列直径(mm)的圆棒,用 2 s 的时间以均衡速度弯成半周,沥青胶不应有裂纹					
	10	15	15	20	25	30
黏结力	将两张用沥青胶粘贴在一起的油纸慢慢地一次撕开,从油纸和沥青胶的粘贴面的任何一面的撕开部分,应不大于粘贴面积的 1/2					

沥青胶主要用于沥青或改性沥青卷材的黏结,沥青防水涂层和沥青砂浆层的底层。沥青胶的标号应根据屋面的使用条件、坡度和当地历年极端最高温度进行选择。

沥青胶有冷用和热用两种,一般工地施工是热用,冷沥青胶可在常温下施工,但会耗用大量有机溶剂,黏结质量也不及热沥青胶好,故工程上应用较少。

（3）水乳型沥青防水涂料

水乳型沥青防水涂料是指乳化沥青以及在其中掺入各种改性材料的水乳型防水涂料。水乳型沥青防水涂料按产品性能分为 H 型和 L 型两大类。按产品类型和标准号顺序标记,如 H 型水乳型沥青防水涂料标记为：H JC/T 408—2005。

再生胶等橡胶水分散体,常温时为液体,具有流平性的防水涂料,其代号为 AE - 2 类。根据《水乳型沥青防水涂料》(JC/T 408—2005),水乳型沥青防水涂料的物理力学性能应满足表 9 - 8 的要求。

表 9 - 8　水乳型沥青防水涂料的物理力学性能

项目		L	H
固体含量/%		≥45	
耐热度/℃		80 ± 2	80 ± 2
		无流淌、滑动、滴落	
不透水性		0.10 MPa,30 min 无渗水	
黏结强度/MPa		≥0.30	
表干时间/h		≤8	
实干时间/h		≤24	
低温柔度/℃	标准条件	-15	0
	碱处理	-10	5
	热处理		
	紫外线处理		
断裂伸长率/%	标准条件	≥600	
	碱处理		
	热处理		
	紫外线处理		

水乳型沥青防水涂料属于低档防水材料,主要用于Ⅲ、Ⅳ级防水等级的屋面防水工程,以及道路、水利等工程中的辅助性防水工程。

2. 高聚物改性沥青防水涂料

高聚物改性沥青防水涂料是以高聚物改性沥青为基料,用合成橡胶、再生橡胶或SBS聚合物对沥青进行改性而制成的防水涂料。其成膜物质中的胶黏材料是沥青和橡胶(再生橡胶或合成橡胶等)。该类涂料有溶剂型和水乳型两类,品种有再生橡胶改性沥青防水涂料、氯丁橡胶沥青防水涂料及SBS橡胶改性沥青防水涂料等。

溶剂型涂料以石油沥青与橡胶(再生橡胶或合成橡胶)为基料,掺入适量的溶剂(汽油或苯),并配以助剂制成的一种防水涂料。其优点是能在各种复杂表面形成无接缝的防水膜,具有一定的柔性、耐久性和耐候性;涂料成膜较快,涂膜较致密完整;能在常温及较低温度下进行冷施工。缺点是一次涂刷成膜较薄,难以形成厚涂膜;以汽油或苯为溶剂,在生产、贮运过程中有燃爆危险,同时溶剂在施工过程中的挥发对环境有污染,操作人员要有防护措施。

水乳型涂料是用化学乳化剂配制的乳化沥青为基料,掺有氯丁胶乳或再生胶等橡胶水分散体的一种防水涂料。其优点是以水做分散介质,无毒、无味、不燃,安全可靠,可在常温下冷施工作业,不污染环境;操作简单,维修方便,在稍潮湿而无积水的表面上可施工。缺点是产品质量易受工厂生产条件影响,涂料成膜及贮存稳定性易出现波动,同时气温低于5 ℃时不宜施工。

由于采用了高聚物改性沥青,因此,与沥青基涂料相比,无论在柔性、抗裂性、强度方面,还是在耐高低温性能、使用寿命、气密性、耐化学腐蚀性、耐燃性、耐光、耐候性等方面都有了很大的改善。常用的高聚物改性沥青防水涂料的技术性能见表9-9。

表9-9　高聚物改性沥青防水涂料物理力学性质

项目	再生橡胶改性沥青		氯丁橡胶改性沥青		SBS 聚合物改性水乳型沥青涂料
	溶剂型	水乳型	溶剂型	水乳型	
固体含量	—	≥45%	—	≥43%	≥50%
耐热度(45°)	80 ℃,5 h,无变化	80 ℃,5 h,无变化	80 ℃,5 h,无变化	80 ℃,5 h,无变化	80 ℃,5 h,无变化
低温柔性	-28~-10 ℃,绕 φ10 mm无裂纹	-10 ℃,绕 φ10 mm无裂纹	-40 ℃,绕 φ5 mm无裂纹	-15~-10 ℃,绕 φ10 mm无裂纹	-20 ℃,绕 φ10 mm无裂纹
不透水性(无渗漏)	0.2 MPa,水压2 h	0.1 MPa,水压0.5 h	0.2 MPa,水压3 h	0.1~0.2 MPa,水压0.5 h	0.1 MPa,水压0.5 h
耐裂性(基层裂纹宽)	0.2~0.4 mm涂膜不裂	≤2.0 mm涂膜不裂	≤0.8 mm涂膜不裂	≤2.0 mm涂膜不裂	≤1.0 mm涂膜不裂

高聚物改性沥青防水涂料,适用于Ⅰ、Ⅱ、Ⅲ级防水等级的工业与民用建筑工程的屋面防水,混凝土地下室和卫生间的防水工程,以及水利、道路等工程的一般防水处理。

3.合成高分子防水涂料

合成高分子防水涂料是指以合成橡胶或合成树脂为主要成膜物质,加入其他辅料而配成的单组分或多组分防水涂料。

合成高分子防水涂料的种类繁多,不易明确分类,通常情况下,一般都按化学成分即按其不同的原材料来进行分类和命名。如进一步简单地按其形态进行分类,则主要有三种类型,第一类为反应型,属双组分高分子防水材料,其特点是用液状高分子材料作为主剂,与固化剂进行反应而成膜(固化);第二类为乳液型,属单组分高分子防水材料中的一种,其特点是经液状高分子材料中的水分蒸发而成膜;第三类为溶剂型,也是单组分高分子防水材料中的一种,其特点是经液状高分子材料中的溶剂挥发而成膜。

合成高分子防水涂料的具体品种更是多种多样,如聚氨酯、丙烯酸、硅橡胶(有机硅)、氯磺化聚乙烯、氯丁橡胶、丁基橡胶、偏二氯乙烯涂料以及它们的混合物等。合成高分子防水涂料除聚氨酯、丙烯酸和硅橡胶(有机硅)等涂料外,均属中低档防水涂料,若用涂料进行一道设防,其防水耐用年限可达 10 年以上,但也不超过 15 年,参照屋面防水等级、防水耐用年限、设防要求,涂膜防水屋面主要适用于屋面防水等级为Ⅲ、Ⅳ级的工业与民用建筑。既然涂膜防水可单独做成一道设防,同时涂膜防水又具有整体性好,对屋面结点和不规则屋面便于做防水处理等特点,因此涂膜防水也可作Ⅰ、Ⅱ级屋面多道设防中的一道防水层。

二、防水卷材

防水卷材是一种可卷曲的片状防水材料。其尺寸大,施工效率高,防水效果好,主要用于建筑物的屋面防水、地下防水,以及其他防止渗漏的工程部位,是建筑工程中最常用的柔性防水材料。

防水卷材的品种很多。按其组成材料,可分为沥青防水卷材、高聚物改性沥青防水卷材和合成高分子防水卷材三大类。沥青防水卷材是传统的防水材料,被广泛应用于地下、水工、工业及其他建筑物和构筑物中,特别是屋面工程中仍被普遍采用。按卷材的结构不同,又可分为有胎卷材与无胎卷材两种。所谓有胎卷材,即是用纸、玻璃布、棉麻织品、聚酯毡或玻璃丝毡(无纺布)、塑料薄膜或编织物等增强材料作为胎料,将沥青、高分子材料等浸渍或涂覆在胎料上,所制成的片状防水卷材。所谓无胎卷材,即将沥青、塑料或橡胶与填料、添加剂等经配料、混炼压延(或挤出)、硫化、冷却等工艺而制成的防水卷材。各类防水卷材均应有良好的耐水性、温度稳定性和大气稳定性(抗老化性),并应具备必要的机械强度、柔性。

1. 沥青防水卷材

沥青防水卷材有石油沥青防水卷材和煤沥青防水卷材两种。一般生产和使用的多为石油沥青防水卷材。石油沥青防水卷材有石油沥青纸胎油毡、油纸及石油沥青玻璃纤维胎油毡或石油沥青玻璃布胎油毡等。

(1)石油沥青纸胎油毡

石油沥青纸胎油毡是采用低软化点石油沥青浸渍原纸,然后用高软化点石油沥青涂盖油纸两面,再涂或撒隔离材料所制成的一种纸胎防水卷材。所用隔离材料为粉状材料(如滑石粉、石灰石粉)时,为粉毡;用片状材料(如云母片)时,为片毡。

根据《石油沥青纸胎油毡》(GB 326—2007),石油沥青纸胎油毡的标号、等级及物理性能应符合表 9 - 10 的要求。

表 9 – 10　石油沥青纸胎油毡物理力学性能

项目		指标		
		Ⅰ	Ⅱ	Ⅲ
单位面积浸涂材料总量/(g·m⁻²)		≥600	≥750	≥1 000
不透水性	压力 /Mpa	≥0.02	≥0.02	≥0.10
	保持时间/min	≥20	≥30	≥30
吸水率/%		≤3.0	≤2.0	≤1.0
耐热度		(85±2)℃,2 h 涂盖层无滑动、流淌和集中性气泡		
拉力(纵向)/(N/50 mm)		≥240	≥270	≥340
柔度		(18±2)℃,绕 φ20 mm 棒或弯板无裂纹		
卷重/(千克/卷)		≥17.5	≥22.5	≥28.5

　　Ⅰ、Ⅱ型油毡适用于辅助防水、保护隔离层、临时性建筑防水、防潮及包装等;Ⅲ型油毡适用于屋面工程的多层防水。

　　(2)石油沥青玻璃纤维胎油毡及石油沥青玻璃布胎油毡

　　石油沥青玻璃纤维胎油毡(简称玻纤胎油毡),是以无纺玻璃纤维薄毡为胎芯,用石油沥青浸涂薄毡两面,并涂撒隔离材料所制成的防水卷材。石油沥青玻璃布胎油毡是采用玻璃布为胎基,浸涂石油沥青并在两面涂撒隔离材料所制成的防水材料。

　　根据《石油沥青玻璃纤维胎防水卷材》(GB/T 14686—2008),石油沥青玻璃纤维胎防水卷材产品按单位面积质量分为 15 号和 25 号,按上表面材料分为 PE 膜、砂面,也可按生产要求采用其他类型的表面材料。按力学性能,分为Ⅰ型和Ⅱ型。其规格公称宽度为 1 m,公称面积为 10 m²、20 m²。标记方法为产品名称、型号、单位面积质量、上表面材料、面积。石油沥青玻璃纤维胎防水卷材单位面积质量要求符合表 9 – 11 的要求,材料物理力学性能要求符合表 9 – 12 的要求。

表 9 – 11　石油沥青玻璃纤维胎防水卷材单位面积质量

标号	15 号		25 号	
上表面材料	PE 膜面	砂面	PE 膜面	砂面
单位面积质量/(kg·m⁻²)	≥1.2	≥1.5	≥2.1	≥2.4

表 9 – 12　石油沥青玻璃纤维胎防水卷材物理力学性质

序号	项目		Ⅰ型	Ⅱ型
1	可溶物含量/ （g·m⁻²）	15 号	≥700	
		25 号	≥1 200	
		试验现象	胎基不燃	
2	拉力/ （N/50 mm）	纵向	≥350	≥500
		横向	≥250	≥400
3	耐热性		85 ℃	
			无滑动、流淌、滴落	
4	低温柔性		10 ℃	5 ℃
			无裂缝	
5	不透水性		0.1 MPa,30 min 不透水	
6	钉杆撕裂强度/N		≥40	≥50
7	热老化	外观	无裂纹,无起泡	
		拉力保持率/%	≥85	
		质量损失率/%	≤2	
		低温柔性	15 ℃	10 ℃
			无裂缝	

　　玻纤胎油毡质地柔软,非常适用于建筑物表面不平整部位（如屋面阴阳角部位）的防水处理,其边角服帖、不易翘曲、易与基材黏结牢固。15 号玻纤胎油毡适用于一般工业与民用建筑的多层防水,并可用于包扎管道（热管道除外）做防腐保护层。25号、35 号玻纤胎油毡适用于屋面、地下、水利等工程的多层防水,其中 35 号玻纤胎油毡可用于热熔法施工的多层（或单层）防水。

　　石油沥青玻璃布胎油毡适用于铺设地下防水、防腐层,并用于屋面做防水层及金属管道（热管道除外）的防腐保护层。

2. 高聚物改性沥青防水卷材

　　高聚物改性沥青防水卷材是以合成高聚物改性沥青为涂盖层,以纤维织物、纤维毡或塑料薄膜为胎基,以粉状、粒状、片状或薄膜材料为覆面材料制成的可卷曲的防水材料。近几年来高聚物改性沥青防水卷材的研制与应用发展比较迅速,是重点发展的一类中高档防水产品。

　　高聚物改性沥青防水卷材按涂盖层材料分类,分为弹性体改性沥青防水卷材（SBS 卷材）、塑性体改性沥青防水卷材（APP 卷材）及橡塑共混体改性沥青防水卷材三类。胎体材料有聚酯毡、玻纤毡、聚乙烯膜等。高聚物改性沥青防水卷材常用品种有弹性体改性沥青防水卷材、塑性体改性沥青防水卷材、改性沥青聚乙烯胎防水卷材等。

（1）弹性体改性沥青防水卷材

弹性体改性沥青防水卷材是以苯乙烯－丁二烯－苯乙烯（SBS）热塑性弹性体作为改性剂，以聚酯毡（PY）或玻纤毡（G）为胎基，两面覆盖以聚乙烯膜、细砂（S）、粉料或矿物粒（片）料（M）制成的卷材，简称SBS卷材。

根据《弹性体改性沥青防水卷材》（GB 18242—2008），卷材幅宽1 000 mm，聚酯毡卷材厚度有3 mm、4 mm两种，玻纤毡卷材厚度有2 mm、3 mm、4 mm三种。按物理性能分为Ⅰ型、Ⅱ型，其物理性能见表9－13。

表9－13　弹性体改性沥青防水卷材的物理力学性能

胎基		聚酯毡		玻纤毡	
型号		Ⅰ型	Ⅱ型	Ⅰ型	Ⅱ型
可溶物含量/ （g·m⁻²）	3 mm	≥2 100			
	4 mm	≥2 900			
不透水性	压力/MPa	≥0.3	≥0.2	≥0.3	
	保持时间/min	≥30			
耐热度/℃		90	105	90	105
		无滑动、流淌、滴落			
拉力/（N/50 mm）	纵向	≥450	≥800	≥350	≥500
	横向			≥250	≥300
最大拉力时延伸率/%	纵向	30	40		
	横向				
低温柔度/℃		−20	−25	−20	−25
		无裂纹			
撕裂强度/N	纵向	≥250	≥350	≥250	≥350
	横向			≥170	≥200
人工气候加速老化	外观	一级，无滑动、流淌、滴落			
	纵向拉力保持率/%	≥80			
	低温柔度/℃	−10	−20	−10	−20
		无裂纹			

SBS卷材属高性能的防水材料，结合了沥青防水的可靠性和橡胶的弹性，提高了柔性、延展性、耐寒性、黏附性、耐候性，具有良好的耐高温、低温性能，可形成高强度防水层。耐穿刺、硌伤、撕裂和疲劳，出现裂缝能自我愈合，能在寒冷气候热熔搭接，

密封可靠,是大力推广使用的防水卷材品种。

虽然在成本方面,SBS 卷材价格略高,但其耐久性可观,比 APP 卷材更适用于严寒地区,使其在建筑防水材料中占据绝对优势。目前,SBS 改性沥青聚酯胎防水卷材已具有最大份额的市场占有率,且对于此种材料的研发还在继续,不断有性能更好的 SBS 卷材出现。例如,将 SBS 改性沥青与长丝聚酯胎复合,使 SBS 卷材的优势更加突出,适用于更复杂的防水环境。

(2)塑性体改性沥青防水卷材

APP 卷材是由纤维垫或纤维织物作为胎体的一种塑料沥青防水卷材。在胎基上浸涂 APP 改性沥青,并于材料上表面撒布细粒矿物、薄片或聚乙烯薄膜,在下表面撒细砂或由聚乙烯薄膜制成的可卷曲片材防水材料。这种防水卷材的温度稳定性、拉伸性能、抗腐蚀性能和抗撕裂性能均较好。该材料在施工性能上也独具优势,即可热熔施工,亦可冷粘,故因其优良的防水、黏结、密封性和施工便捷性,被广泛用于工业和民用建筑工程中,如屋顶、地下室、墙壁、浴室、游泳池,地铁、隧道、桥梁和管道防腐等工程。

(3)改性沥青聚乙烯胎防水卷材

改性沥青聚乙烯胎防水卷材是以改性沥青为基料,以高密度聚乙烯膜为胎体,以聚乙烯膜或铝箔为上表面覆盖材料,经滚压、水冷、成型制成的防水卷材。

根据《改性沥青聚乙烯胎防水卷材》(GB 18967—2009),按基料,将产品分为改性氧化沥青防水卷材、丁苯橡胶改性氧化沥青防水卷材、高聚物改性沥青防水卷材和高聚物改性沥青耐根穿刺防水卷材四类;按产品的施工工艺,分为热熔型和自粘型两种。

改性沥青聚乙烯胎防水卷材,综合了沥青和塑料薄膜的防水功能,具有抗拉强度高、延伸率大、不透水性强,并可热熔黏结等特点,适用于各类非外露的建筑与设施防水工程。

3. 合成高分子防水卷材

合成高分子防水卷材又称高分子防水片材,是以合成橡胶、合成树脂或两者共混体为基料,加入适量化学助剂、填料等,采用经混炼、塑炼、压延或挤出成型、硫化、定型等工序加工制成的可卷曲片状防水材料。

合成高分子防水卷材拉伸强度和抗撕裂强度高,断裂伸长率极大,耐热性和低温柔性好、耐腐蚀、耐老化,适宜冷粘施工,性能优异,是目前大力发展的新型高档防水卷材。常用的合成高分子防水卷材有:三元乙丙橡胶防水卷材、聚氯乙烯防水卷材、氯化聚乙烯防水卷材、氯化聚乙烯 – 橡胶共混防水卷材等。

(1)三元乙丙橡胶防水卷材

三元乙丙橡胶防水卷材是以三元乙丙橡胶或在三元乙丙橡胶中掺入适量的丁基

橡胶为基本原料,加入软化剂、填充剂、补强剂、硫化剂、促进剂、稳定剂等,经精确配料、密炼、塑炼、过滤、拉片、挤出或压延成型、硫化、检验、分卷、包装等工序加工而成的可卷曲的高弹性防水卷材。

其产品有硫化型和非硫化型两类,非硫化型是指生产过程不经硫化处理的一类。硫化型三元乙丙橡胶防水卷材代号为 JL1,非硫化型三元乙丙橡胶防水卷材代号为 JF1。

根据《高分子防水材料　第 1 部分:片材》(GB 18173.1—2012),三元乙丙橡胶防水卷材的物理力学性能应符合表 9 - 14 的要求。

表 9 - 14　三元乙丙橡胶防水卷材的物理力学性能

项目		硫化型 JL1	非硫化型 JF1
拉伸强度/MPa	常温(23 ℃)	≥7.5	≥4.0
	常温(60 ℃)	≥2.3	≥0.8
拉断伸长率/%	常温(23 ℃)	≥450	≥400
	常温(-20 ℃)	≥200	≥200
撕裂强度/(kN·m^{-1})		≥25	≥18
不透水性(30 min)		0.3 MPa 无渗漏	0.3 MPa 无渗漏
低温弯折		-40 ℃无裂纹	-30 ℃无裂纹
加热伸缩量/mm	延伸	≤2	≤2
	收缩	≤4	≤4
热空气老化(80 ℃×168 h)	拉伸强度保持率/%	≥80	≥90
	拉断伸长率保持率/%	≥70	≥70
耐碱性[饱和 Ca(OH)$_2$ 溶液,23 ℃×168 h]	拉伸强度保持率/%	≥80	≥80
	拉断伸长率保持率/%	≥80	≥90
臭氧老化(40 ℃×168 h)	伸长率40%(500×10^{-8})	无裂纹	无裂纹
	伸长率20%(200×10^{-8})	—	—
	伸长率20%(100×10^{-8})		
人工气候老化	拉伸强度保持率/%	≥80	≥80
	拉断伸长率保持率/%	≥70	≥70
黏结剥离强度(片材与片材)	标准试验条件/(N·mm^{-1})	≥1.5	
	浸水保持率(23 ℃×168 h)/%	≥70	

广泛采用的硫化型三元乙丙橡胶防水卷材有耐老化性能好,使用寿命长,拉伸强度高,抗裂性能极佳,耐高低温性能好等优点,且可以单层施工,因此在国内外发展很

快,产品在国内属于高档防水材料。

三元乙丙橡胶防水卷材适用于屋面、楼房地下室、地下铁道、地下停车场的防水,桥梁、隧道工程的防水,排灌渠道、水库、蓄水池、污水处理池等工程的防水隔水等。

(2)聚氯乙烯防水卷材(PVC 卷材)

聚氯乙烯防水卷材是以聚氯乙烯(PVC)树脂为主要原料,加入适量添加剂制成的均质防水卷材。

根据《聚氯乙烯(PVC)防水卷材》(GB 12952—2011),产品按组成分为均质卷材(代号 H)、带纤维背衬卷材(代号 L)、织物内增强卷材(代号 P)、玻璃纤维内增强卷材(代号 G)和玻璃纤维内增强带纤维背衬卷材(GL)。

(3)氯化聚乙烯防水卷材

氯化聚乙烯防水卷材是以氯化聚乙烯树脂为主要原料,加入适量添加剂制成的弹塑性防水卷材。

根据《氯化聚乙烯防水卷材》(GB 12953—2003),产品按有无复合层分类:无复合层的为 N 类,用纤维单面复合的为 L 类,织物内增强的为 W 类。每类产品按理化性能分为 Ⅰ 型和 Ⅱ 型。

氯化聚乙烯防水卷材具有热塑性弹性体的优良性能,具有耐热、耐老化、耐腐蚀等性能,且原材料来源丰富,价格较低,生产工艺较简单,可冷施工操作,施工方便,故发展迅速,目前,在国内属中高档防水卷材。

氯化聚乙烯防水卷材适用于各种工业和民用建筑物屋面,各种地下室,其他地下工程以及浴室、卫生间和蓄水池、排水沟、堤坝等的防水工程。由于氯化聚乙烯呈塑料性能,耐磨性能很强,故还可作为室内装饰地面的施工材料,兼有防水与装饰作用。

三、建筑密封材料

建筑密封材料又称嵌缝材料。建筑施工中的施工缝、构件连接缝、建筑物的变形缝等,必须填充黏结性能好、弹性好的材料,使这些接缝保持较高的气密性和水密性,这种材料就是建筑密封材料。

建筑密封材料按形态分为定型密封材料和非定型密封材料两大类。定型密封材料是具有一定形状和尺寸的密封材料,如止水带,密封条、带、密封垫等。非定型密封材料,又称密封胶、密封膏,是溶剂型、乳剂型或化学反应型等黏稠状的密封材料,如沥青嵌缝油膏、聚氯乙烯建筑防水接缝材料。

密封材料按其嵌入接缝后的性能分为弹性密封材料和塑性密封材料。弹性密封材料嵌入接缝后呈现明显弹性,当接缝产生位移时,在密封材料中产生的应力值几乎与应变量成正比;塑性密封材料嵌入接缝后呈现塑性,当接缝产生位移时,在密封材料中发生塑性变形,其残余应力迅速消失。密封材料按使用时的组分,分为单组分密封材料和多组分密封材料。按组成材料,分为改性沥青密封材料和合成高分子密封材料。

1.建筑防水密封膏

建筑防水密封膏一般是由高分子化合物加入各种助剂配制而成的具有防水密封性能的膏体材料,属非定型密封材料。一般要求具有较好的气密性和水密性,较好的弹性、耐老化性等特点。

建筑防水密封膏所用材料主要有改性沥青材料和合成高分子材料两类。目前,常用的建筑防水密封膏:建筑防水沥青嵌缝油膏、聚氯乙烯建筑防水接缝材料、硅酮建筑密封胶、聚氨酯密封胶等。

（1）建筑防水沥青嵌缝油膏

建筑防水沥青嵌缝油膏是以石油沥青为基料,加入改性材料、稀释剂、填料等配制而成。产品按耐热性和低温柔性分为702和801两个标号,外观应为黑色均匀膏状、无结块和未浸透的填料。

根据《建筑防水沥青嵌缝油膏》（JC/T 207—2011）,建筑防水沥青嵌缝油膏的各项物理力学性能应符合表9-15的规定。

表9-15　建筑防水沥青嵌缝油膏的物理力学性能

项目		技术指标	
		702	801
密度/（g·cm⁻³）		产品说明书规定值±0.1	
施工度/mm		≥22.0	≥20.0
耐热性	温度/℃	70	80
	下垂值/mm	≤4.0	
低温柔性	温度/℃	-20	-10
	黏结状况	无裂纹、无剥离	
拉伸黏结性/%		≥125	
浸水后拉伸黏结性/%		≥125	
渗出性	渗出幅度/mm	≤5	
	渗出张数/张	≤4	
挥发性/%		≤2.8	

建筑防水沥青嵌缝油膏采用冷施工方法,施工方便,具有较好的黏结性、防水性、低温性、耐久性,以塑性性能为主,延伸性好,回弹性差。适用于屋面、墙面防水密封及桥梁、涵洞、输水洞及地下工程等的防水密封。

（2）聚氯乙烯建筑防水接缝材料（简称 PVC 接缝材料）

聚氯乙烯建筑防水接缝材料是以聚氯乙烯树脂为基料,加入改性材料（如煤焦油等）及其他助剂（如增塑剂、稳定剂）和填料等配制而成的防水密封材料,简称 PVC 接缝材料。

根据《聚氯乙烯建筑防水接缝材料》（JC/T 798—1997）,PVC 接缝材料按施工工艺分为两种类型:J 型是用热塑法施工的产品,俗称聚氯乙烯胶泥,外观为均匀黏稠状、无结块、无杂质;G 型是用热熔法施工的产品,俗称塑料油膏,外观为黑色块状物,无焦渣等杂物,无流淌现象。按耐热性和低温柔性分为 801 和 802 两个型号,其物理力学性能应符合表 9－16 的规定。

表 9－16　聚氯乙烯建筑防水接缝材料的物理力学性能

项目		技术指标	
		801	802
密度/(g·m^{-3})		产品说明书规定值 ±0.1[①]	
下垂值(80 ℃)/mm		≤4	
低温柔性	温度/℃	－10	－20
	柔性	无裂缝	
拉伸黏结性	最大抗拉强度/MPa	0.02～0.15	
	最大延伸率	≥300	
浸水后拉伸黏结性	最大抗拉强度/MPa	0.02～0.15	
	最大延伸率/%	≥250	
恢复率/%		≥80	
挥发性[②]/%		≤3	

注:①规定值是指企业标准或产品说明书所规定的密度值;②挥发率仅限于 G 型 PVC 接缝材料

PVC 接缝材料耐热性强,夏天不流淌、不下坠,适合我国各地区气候条件下使用;具有优良的弹塑性、抗老化性、抗腐蚀性,适用于各种屋面嵌缝或表面涂布成防水层,也可用于大型墙板嵌缝,渠道、涵洞、管道等的接缝处理。

（3）聚氨酯密封胶

聚氨酯密封胶是以含异氰酸基的化合物（预聚体）为基料,和含有活泼氢化物的固化剂所组成的一种常温固化型弹性密封材料,是一种高分子化学反应型密封材料。聚氨酯密封胶产品按包装形式分为单组分（Ⅰ）和双组分（Ⅱ）两个品种,按流动性分为非下垂型（N）和自流平型（L）两个类型,按位移能力分为 25、20 两个级别,按拉伸模量分为高模量（HM）和低模量（LM）两个级别。

聚氨酯密封胶具有弹性模量低、弹性高、延伸率大、抗老化、耐低温、耐水、耐油、耐酸碱、耐疲劳等特性;与水泥、木材、金属、玻璃、塑料等多种建筑材料有很强的黏结力;固化速度较快,能适用于工期进度要求快的工程,其性价比在目前的防水密封材料中较高。适用于混凝土墙板、贮水池、游泳池、窗框、落水管等接缝部分的防水密封,混凝土构件裂缝的修补,工业与民用建筑的地下室、伸缩缝、沉降缝的密封处理,混凝土、铝、砖、木、钢材之间的黏结。

2. 止水带

止水带又名封缝带,系处理建筑物或地下构筑物接缝(如伸缩缝、施工缝、变形缝等)用的定型密封材料。传统的止水带是用金属 – 沥青材料制成的,随着高分子工业的发展,塑料止水带和橡胶止水带的应用已逐渐增多,几乎已取代了金属 – 沥青止水带。目前,塑料止水带在挤出成型工艺上与橡胶止水带相比,外观尺寸误差较大,且物理力学性能略差于橡胶止水带,故其使用不及橡胶止水带,而橡胶止水带则因其材料质量稳定,适应变形能力强,在国内外应用较为普遍。

(1)塑料止水带

塑料止水带目前多为软质聚氯乙烯塑料止水带,是由聚氯乙烯树脂、增塑剂、稳定剂、防老剂等原料,经塑炼、造粒、挤出、加工成型而成的带状防水隔离材料。

塑料止水带产品原料充足,成本低廉(仅为天然橡胶止水带的 40% ~50%),耐久性好,抗腐蚀性好,物理力学性能一般能满足使用要求。其适用于工业与民用建筑的地下防水工程,隧道、涵洞、坝体、溢洪道、沟渠等的变形缝防水。

(2)橡胶止水带

橡胶止水带又称止水橡皮或止水橡胶构件,是以天然橡胶与各种合成橡胶为主要原料,掺加各种助剂和填充剂,经塑炼、混炼、压制成型。其品种规格较多,如 P 型橡胶止水带、桥型橡胶止水带等。

根据《高分子防水材料　第 2 部分:止水带》(GB 18173.2—2014),橡胶止水带按其用途分为三类:变形缝用止水带(B),施工缝用止水带(S),沉管隧道接头缝用止水带(J)。沉管隧道接头缝用止水带又分为可卸式止水带(JX)和压缩式止水带(JY)。橡胶止水带的物理力学性能应符合表 9 – 17 的要求。

表 9 - 17　橡胶止水带的物理力学性能

项目		指标		
		B,S	J	
			JX	JY
硬度(邵尔 A)/度		60 ± 5	60 ± 5	40 ~ 70
拉伸强度/MPa		≥10	≥16	≥16
拉断伸长率/%		≥380	≥400	≥400
压缩永久变形/%	70 ℃ ×24 h,25%	≤35	≤30	≤30
	23 ℃ ×168 h,25%	≤20	≤20	≤15
撕裂强度/(kN·m^{-1})		≥30	≥30	≥20
脆性温度/℃		≤ -45	≤ -40	≤ -50
热空气老化 (70 ℃ ×168 h)	硬度变化(邵尔 A)/度	≤ +8	≤ +6	≤ +10
	拉伸强度/MPa	≥9	≥13	≥13
	拉断伸长率/%	≥300	≥320	≥300
臭氧老化 50 ×10^{-8},20% ,(40 ±2)℃ ×48 h		无裂纹		
橡胶与金属黏合		橡胶间破坏	—	—
橡胶与帘布黏合强度/(N·mm)		—	≥5	—

　　橡胶止水带具有良好的弹性、耐磨性、耐老化和抗撕裂性能,适应变形能力强,防水性能好。但橡胶止水带的适用范围有一定的限制,在 -40 ~40 ℃条件下有较好的耐老化性能,当作用于止水带上的温度超过 50 ℃,以及止水带使用环境受到强烈的氧化作用或受到油类等有机溶剂的侵蚀时,均不宜使用橡胶止水带。

　　橡胶止水带适用于地下构筑物、小型水坝、贮水池、游泳池、屋面及其他建筑物和构筑物的变形缝防水。

第三节　绝热材料

　　建筑物中起保温、隔热作用的材料,称为绝热材料,其中,控制室内热量外流的材料称为保温材料,防止热量进入室内的材料称为隔热材料。绝热材料主要用于墙体及屋顶、热工设备及管道、冷藏设备及冷藏库等工程或冬季施工等。在建筑中合理地采用绝热材料,能提高建筑物的使用性能,减少热损失,节约能源,降低成本。据统计,绝热良好的建筑,其能源消耗可节省 50% ~65% ,部分可达 75% 以上。

一、绝热材料的分类及基本要求

热量的传递分为导热、对流、热辐射三种方式,在每一实际的传热过程中,往往同时存在着两种或三种传热方式。例如,通过实体结构本身的传热过程,主要是靠导热,但一般建筑材料内部或多或少地存在孔隙,在孔隙内除存在气体的导热外,同时还有对流和热辐射。根据其绝热机制的不同,绝热材料大致可以分为多孔型、纤维型和反射型三种类型。

对绝热材料的基本要求是:导热性低[导热系数小于 0.23 W/(m·K)]、表观密度小(不大于 600 kg/m³)、有一定的强度(块状材料抗压强度大于 0.3 MPa)。其中,导热系数是绝热材料中最重要最基本的热物理指标。除此之外,还要根据工程的特点,考虑材料的吸湿性、温度稳定性、抗腐蚀性等性能以及技术经济指标。

二、材料绝热性能的影响因素

1. 材料的性质

不同材料的导热系数不同。一般来说,金属导热系数值最大,非金属次之,液体较小。对于同一种材料,内部结构不同,导热系数差别也很大,结晶结构的导热系数最大,微晶体结构的导热系数次之,玻璃体结构的导热系数最小。对于多孔的绝热材料,由于孔隙率高,气体(空气)对导热系数的影响起主要作用,而固体部分的结构无论是晶态或玻璃态对其影响都不大。

2. 表观密度与孔隙特征

材料中固体物质的导热能力比空气大得多,故表观密度小的材料,因其孔隙率大,导热系数小。在孔隙率相同的条件下,孔隙尺寸越大,导热系数越大;互相连通孔隙比封闭孔隙导热性要高。对于表观密度很小的材料,特别是纤维状材料(如超细玻璃纤维),当其表观密度低于某一极限值时,导热系数反而会增大,这是孔隙率增大时互相连通的孔隙大大增多,而使对流作用加强的结果。因此,这类材料存在一最佳表观密度,即在这个表观密度时导热系数最小。

3. 湿度

材料吸湿受潮后,其导热系数增大,这在多孔材料中最为明显。这是由于当材料的孔隙中有了水分(包括水蒸气)后,孔隙中蒸气的扩散和水分子将起主要传热作用,而水的导热系数比空气的导热系数大 20 倍左右。如果孔隙中的水结成了冰,冰的导热系数更大,其结果使材料的导热系数增大。故绝热材料在应用时必须注意防水避潮。

4. 温度

材料的导热系数随温度升高而增大,因此绝热材料在低温下的使用效果更佳。

5. 热流方向

对于各向异性的材料,如木材等,热流方向与纤维排列方向垂直时材料的导热系数要小于平行时的导热系数。

三、常用绝热材料

绝热材料一般为轻质疏松的多孔体、松散颗粒、纤维状材料、轻质泡沫板材等。常见的绝热材料的导热系数见表9-18。

表9-18 常见绝热材料的导热系数

序号	名称	表观密度/(kg·m^{-3})	导热系数/(W·m^{-1}·K^{-1})
1	矿棉	45~150	0.049~0.44
	矿棉毡	135~160	0.048~0.052
	酚醛树脂矿棉板	<150	<0.046
2	玻璃棉(短)	100~150	0.035~0.058
	玻璃棉(超细)	>80	0.028~0.037
3	陶瓷纤维	130~150	0.116~0.186
4	微孔硅酸钙	250	0.041
	泡沫玻璃	150~600	0.06~0.13
	发泡水泥板	150~300	0.065~0.080
5	模塑聚苯乙烯泡沫板	15~60	0.030~0.044
	挤塑聚苯乙烯泡沫板	22~35	0.025~0.030
	硬泡聚氨酯板	≥35	0.018~0.027
	酚醛泡沫板	≤55	0.028~0.033
6	膨胀蛭石	80~200(堆积密度)	0.046~0.07
	膨胀珍珠岩	40~300(堆积密度)	0.025~0.048

第四节　吸声材料

一、吸声材料与隔声材料

吸声材料是一种能在较大程度上吸收由空气传递的声波能量的建筑材料,主要用于音乐厅、影剧院、大会堂、播音室等的内部墙面、地面、天棚等部位,能改善声波在室内传播的质量,获得良好的音响效果。隔声材料则是能够隔绝或阻挡声音传播的材料,如建筑内外墙体,能够阻挡外界或邻室的声音而获得安静的环境。

声音起源于物体的振动。声源的振动迫使邻近的空气跟着振动而形成声波,并在空气介质中向四周传播。声音在传播过程中,一部分声能随着距离的增大而扩散,另一部分则因空气分子的吸收而减弱。当声波传播到某一边界面时,一部分声能被边界面反射(或散射),一部分声能被边界面吸收(这包括声波在边界材料内转化为热能被消耗掉或转化为振动能沿边界构造传递转移),另有一部分直接透射到边界的另一面空间。在一定面积上被吸收的声能(E)与入射声能(E_0)之比称为材料的吸声系数 α,即

$$\alpha = \frac{E}{E_0} \tag{9-1}$$

吸声系数介于 0 与 1 之间,是衡量材料吸声性能的重要指标。吸声系数越大,材料的吸声效果越好。

材料的吸声性能除与声波方向有关外,还与声波的频率有密切关系。同一材料对高、中、低不同频率声波的吸声系数可以有很大差别,故不能按一个频率的吸声系数来评定材料的吸声性能。为了全面地反映材料的吸声频率特性,工程上通常将125 Hz、250 Hz、500 Hz、1 000 Hz、2 000 Hz、4 000 Hz 六个频率的平均吸声系数大于0.2 的材料,称为吸声材料。常用材料的吸声系数见表 9-19。

表 9 – 19　常见材料的吸声系数

材料	厚度/cm	各种频率(Hz)下的吸声系数					装置情况
		125	250	500	1000	2000	
(一)无机材料							
吸声砖	6.5	0.05	0.07	0.10	0.12	0.16	贴实
石膏板	—	0.03	0.05	0.06	0.09	0.04	贴实
水泥砂浆	1.7	0.21	0.16	0.25	0.40	0.42	—
砖(清水墙面)	—	0.02	0.03	0.04	0.04	0.05	
(二)木质材料							
木丝板	3.0	0.10	0.36	0.62	0.53	0.71	钉后留空气层
三夹板	0.3	0.21	0.73	0.21	0.19	0.08	在后留空气层
木质纤维板	1.1	0.06	0.15	0.28	0.30	0.33	上后留空气层
(三)泡沫材料							
泡沫水泥	2.0	0.18	0.05	0.22	0.48	0.22	紧靠粉刷
吸声蜂窝板	—	0.27	0.12	0.42	0.86	0.48	
泡沫塑料	1.0	0.03	0.06	0.12	0.41	0.85	—
(四)纤维材料							
矿棉板	3.13	0.10	0.21	0.60	0.95	0.85	贴实
玻璃棉	5.0	0.06	0.08	0.18	0.44	0.72	贴实
工业毛毡	3.0	0.10	0.28	0.55	0.60	0.60	紧靠墙面

二、影响多孔材料吸声性能的因素

1. 材料的表观密度

同一种多孔材料(如超细玻璃纤维),当其表观密度增大时(即孔隙率减小时),对低频声波的吸声有所提高,而对高频声波的吸声效果则有所降低。

2. 材料的厚度

增加多孔材料的厚度,可提高对低频声波的吸声效果,而对高频声波则没有多大影响,因而为提高材料的吸声能力盲目增加材料的厚度是不可取的。

3. 材料的孔隙特征

孔隙越多、越细小,吸声效果越好。如果孔隙太大,则吸声效果较差。如果材料中的孔隙大部分为单独的封闭的气泡(如聚氯乙烯泡沫塑料),则因声波不能进入,从吸声机制上来讲,就不属于多孔吸声材料。当多孔材料表面涂刷油漆或材料吸湿时,则因材料表面的孔隙被水分或涂料所堵塞,其吸声效果大大降低。

4. 材料背后的空气层

空气层相当于增大了材料的有效厚度,因此它的吸声性能一般来说随空气层厚度增加而提高,特别是改善对低频声波的吸收,它比增加材料厚度来提高对低频声波的吸声效果更有效。当材料离墙面的安装距离(即空气层厚度)等于1/4波长的奇数倍时,可获得最大的吸声系数。温度对材料的吸声性能影响不显著,温度的影响主要改变入射波的波长,使材料的吸声系数产生相应的改变。湿度对多孔材料的影响主要表现在多孔材料容易吸湿变形,滋生微生物,从而堵塞孔洞,使材料的吸声性能降低。

三、常用吸声材料(或吸声结构)

1. 多孔吸声材料

声波进入材料内部互相贯通的孔隙,空气分子受到摩擦和黏滞阻力,使空气产生振动,从而使声能转化为机械能,最后因摩擦而转变为热能被吸收。这类多孔吸声材料的吸声系数,一般从低频到高频逐渐增大,故对中频和高频的声音吸收效果较好。

凡是符合多孔吸声材料构造特征的,都可以当成多孔吸声材料来利用。目前,市场上出售的多孔吸声材料品种很多,有呈松散状的超细玻璃棉、矿棉、海草、麻绒等;有的已加工成毡状或板状材料,如玻璃棉毡、玻璃棉板、半穿孔吸声装饰纤维板、软质木纤维板、木丝板;另外还有微孔吸声砖、矿渣膨胀珍珠岩吸声砖、泡沫玻璃等。

2. 薄板振动吸声结构

薄板振动吸声结构是在声波作用下发生振动,板振动时板内部和龙骨间出现摩擦损耗,使声能转变为机械振动,而起吸声作用。由于低频声波容易激发薄板产生振动,所以具有低频吸声特性。建筑中常用的薄板振动吸声结构的共振频率在80~300 Hz之间,在此共振频率附近吸声系数最大,为0.2~0.5,而在其他频率附近的吸声系数就更低。常用的材料有:胶合板、薄木板、硬质纤维板、石膏板、石棉水泥板、金属板等,把它们周边固定在墙或顶棚的龙骨上,并在背后留有空气层,即成为薄板振动吸声结构。

3. 共振吸声结构

共振吸声结构具有封闭的空腔和较小的开口,很像个瓶子。当瓶腔内空气受到外力激荡时,会产生一定频率的振动,这就是共振吸声器。每个单独的共振吸声器都有一个共振频率,在其共振频率附近,颈部空气分子在声波的作用下像活塞一样进行往复运动,因摩擦而消耗声能。若在腔口蒙一层细布或疏松的棉絮,可以提高共振频率范围的吸声量。为了获得较宽频带的吸声性能,常采用组合共振吸声结构或穿孔板组合共振吸声结构。

4. 穿孔板组合共振吸声结构

这种结构是用穿孔的胶合板、硬质纤维板、石膏板、硅酸钙板、石棉水泥板、铝合金板、薄钢板等,将周边固定在龙骨上,并在背后设置空气层。它可看作是许多单独共振吸声器的并联,起扩宽吸声频带的作用,特别对中频声波的吸声效果较好。穿孔板厚度、穿孔率、孔径、背后空气层厚度,以及是否填充多孔吸声材料等,都直接影响吸声结构的吸声性能。此种形式在建筑上使用得比较普遍。

5. 悬挂空间吸声体

将吸声材料制成平板形、球形、圆锥形、棱锥形等多种形式,悬挂在顶棚上,即构成悬挂空间吸声体。此种构造增加了有效的吸声面积,再加上声波的衍射作用,可以显著地提高实际吸声效果。

6. 帘幕吸声体

帘幕吸声体是用具有通气性能的纺织品,安装在离墙面或窗洞一定距离处,背后设置空气层。这种吸声体对中、高频都有一定的吸声效果。帘幕的吸声效果与材料种类和褶裥等有关。帘幕吸声体安装、拆卸方便,兼具装饰作用,因此应用价值较高。

7. 柔性吸声材料

具有密闭气孔和一定弹性的材料,如聚氯乙烯泡沫塑料,声波引起的空气振动不易直接传递至材料内部,只能相应地产生振动,在振动过程中由于克服材料内部的摩擦而消耗了声能,引起声波衰减。此种材料的吸声特性是在一定的频率范围内出现一个或多个吸收频率。

第五节 装饰材料

在建筑上,把铺设、粘贴或涂刷在建筑物内外表面,主要起装饰作用的材料,称为装饰材料。现代装饰装修材料的应用,不仅能起到保护建筑物主体结构的作用,提高建筑物艺术上的美感,而且能改善建筑物的使用功能,如绝热、防火、防潮、吸声等,以满足建筑物使用功能和装饰功能的要求。

装饰材料按其装饰部位,分为外墙、内墙、地面及吊顶装饰材料。按组成成分分为有机装饰材料(如塑料地板、有机高分子涂料等)和无机装饰材料。无机装饰材料又有金属材料(如铝合金)与非金属材料(如陶瓷、玻璃制品、水泥类装饰制品等)之分。对于装饰要求较高的大型公共建筑物,如纪念馆、大会堂、高级宾馆等,用于装饰上的费用可能高达建筑总造价的 30% 以上。

一、装饰材料的基本要求

1. 装饰效果

装饰效果是指装饰材料通过调整自身的颜色、光泽、透明性、质感、形状与尺寸等要素,构成与建筑物使用目的和环境相协调的艺术美感。材料的颜色实质上是材料对光的反射,并非是材料本身固有的。颜色对于材料的装饰效果极为重要。光泽是材料表面的一种特性,是有方向性的光线反射性质。在评定材料的外观时,光泽的重要性仅次于颜色。材料的透明性也是与光线有关的一种性质。按透光及透视性能,分为透明体(如门窗玻璃)、半透明体(如磨砂玻璃、压花玻璃等)、不透明体(如釉面砖等)。质感是材料质地的感觉,主要通过线条的粗细、凸凹不平程度反映光线吸收、反射强弱的不同,从而产生观感上的差别。

2. 保护功能

保护功能是指装饰材料通过自身的强度和耐久性,来延长主体结构的使用寿命,或通过装饰材料的绝热、吸声功能,改善使用环境。

二、常见建筑装饰材料的组成、性能与应用

1.石材

我国使用石材作为装饰材料具有悠久的历史,这是因为我国的石材资源丰富、分布面广,可以就地取材,成本低;另外,石材质地密实、坚固耐用,建筑、装饰性能好,可以取得较好的装饰效果,因此一直被广泛地应用。装饰石材分为天然石材和人造石材两大类。

(1)天然石材

目前用作装饰的天然石材主要有花岗岩和大理石等。

①花岗岩。花岗岩是岩浆岩中分布最广的岩石。它由长石、石英和少量云母,以及深色矿物组成。花岗岩质地坚实,耐酸碱,耐风化,色彩鲜明。花岗岩板由花岗岩经开采、锯解、切割、磨光而成,有深青、紫红、浅灰、纯黑等颜色,并有小而均匀的黑点,耐久性和耐磨性都很好。磨光花岗岩板可用于室外墙面及地面,经斩凿加工的可铺设勒脚及阶梯踏步等。

②大理石。大理石属于变质岩类,化学成分主要是碳酸钙,但构造紧密。纯的大理石为白色,称汉白玉。由于在变质过程中掺进了杂质,所以呈现灰、黑、红、黄、绿等颜色,有些岩石还具有美丽的花纹图案。其加工工艺同花岗岩板。由于在室外易风化,故多用于室内墙面、地面、柱面等处。

(2)人造石材

人造石材多指人造花岗石和人造大理石。人造石材具有天然石材的质感。色彩、花纹都可以按照设计要求做,且质量轻、强度高、耐蚀和抗污染性能好,可以制作出曲面、弧形等天然石材难以加工出来的几何形体,钻孔、锯切和施工都较方便,是建筑物墙面、柱面、门套等部位较理想的装饰材料。

根据人造石材所用胶结材料的不同,可将人造石材分为水泥型人造石材、树脂型人造石材和复合型人造石材。

2.建筑陶瓷制品

建筑陶瓷是用于建筑物墙面、地面及卫生设备的陶瓷材料及制品。建筑陶瓷因其坚固耐久、色彩鲜明、防火防水、耐磨耐蚀、易清洗、维修费用低等优点,成为现代建筑工程的主要装饰材料之一。

(1)釉面砖,又称为内墙砖,属于精陶类制品。它是以黏土、石英、长石、助熔剂、颜料及其他矿物原料,经破碎、研磨、筛分、配料等工序加工成含一定水分的生料,再经模具压制成型(坯料)、烘干、素烧、施釉和釉烧而成,或由坯体施釉一次烧成。釉面

砖具有色泽柔和典雅、美观耐用、朴实大方、防火耐酸、易清洁等特点。其主要用于建筑物内部墙面,如厨房、卫生间、浴室、墙裙等的装饰与保护。

近年来,我国釉面砖有了很大的发展。颜色从单一色调发展到彩色图案,还专门烧制成供巨幅画拼装用的彩釉砖。在质感方面,已在表面光平的基础上增加了有凹凸花纹和图案的产品,给人以立体感。釉面砖的使用范围已从室内装饰推广到建筑物的外墙装饰。

(2)墙地砖。墙地砖的生产工艺类似于釉面砖。产品包括内墙砖、外墙砖和地砖三类。墙地砖具有强度高、耐磨、化学性能稳定、不易燃、吸水率低、易清洁、经久不裂等特点。

(3)陶瓷锦砖,俗称马赛克。它是以优质瓷土为主要原料,经压制烧成的片状小瓷砖。陶瓷锦砖具有耐磨、耐火、吸水率低、抗压强度高、易清洁、色泽稳定等特点。广泛使用于建筑物门厅、走廊、卫生间、厨房、化验室等内墙和地面装饰,并可用作建筑物的外墙饰面与保护。施工时,可以用不同花纹、色彩和形状的陶瓷锦砖连拼成多种美丽的图案。用水泥浆将其贴于建筑物表面后,用清水刷除牛皮纸,即可得到良好的装饰效果。

(4)卫生陶瓷。卫生陶瓷为用于浴室、盥洗室、厕所等处的卫生洁具,例如洗面器、浴缸、水槽、便器等。卫生陶瓷结构形式多样,色彩也较丰富,表面光亮,不透水,易于清洁,并耐化学腐蚀。

(5)陶瓷劈离砖,又称劈裂砖、劈开砖或双合砖。它是以黏土为主要原料,经配料、真空挤压成型、烘干、焙烧、劈离等工序制成。产品具有均匀的粗糙表面、古朴高雅的风格、良好的耐久性,广泛用于地面和外墙装饰。

(6)建筑琉璃制品。建筑琉璃制品是我国陶瓷宝库中的古老珍品之一。它以难熔黏土为主要原料烧制而成。颜色有绿、黄、蓝、青等。品种可分为瓦类(板瓦、滴水瓦、筒瓦、沟头)、脊头和饰件类(吻、博古、兽)三种。

琉璃制品色彩绚丽、造型古朴、质坚耐久,用它装饰的建筑物富有我国传统的民族特色。主要用于具有民族色彩的宫殿式房屋和园林中的亭、台、楼阁等。

3. 装饰玻璃制品

玻璃是建筑装饰中应用最广泛的材料之一,常用于门窗、内外墙饰面、隔断等部位,具有透光、隔声、保温、电气绝缘等优点。有些玻璃制品具有特殊的装饰功能。在装饰工程中,利用的是玻璃的透光性和不透气性。在墙面装饰方面,内墙使用的玻璃强调装饰性,外墙使用的玻璃往往更注重其物理性能。近年来,建筑玻璃新品种不断出现。如平板玻璃已由过去单纯作为采光材料,而向控制光线、调节热量、节约能源、控制噪声,以及降低结构自重、改善环境等多种功能方面发展,同时利用着色、磨光、压花等办法提高装饰效果。

（1）装饰平板玻璃。装饰平板玻璃可以用机械方法或化学腐蚀方法将表面处理成均匀毛面的磨砂玻璃,只透光不透视;经压花或喷花处理而成的花纹玻璃;在原料中加颜料或在玻璃表面喷涂色釉后再烘烤而得的彩色玻璃,前者透明而后者不透明。

（2）安全玻璃。安全玻璃经加热骤冷处理,表面产生预加压应力增强的钢化玻璃;用透明塑料膜将多层平板玻璃胶结成夹层玻璃;在生产过程中压入铁丝网得到夹丝玻璃。它们都具有不易破碎以及破碎时碎片不易脱落或碎块无锐利棱角、比较安全的特点。夹丝玻璃还有良好的隔绝火势的作用,又有防火玻璃之称。

（3）特种玻璃。主要包括吸热玻璃、热反射玻璃、中空玻璃、压花玻璃、磨砂玻璃、玻璃空心砖、玻璃马赛克等。

4.装饰砂浆及装饰混凝土

装饰砂浆除具有普通抹面砂浆的作用外,还有装饰的效果。包括在水泥中加有色石渣或白色白云石或大理石渣及颜料,最后磨光上蜡的水磨石;在硬化后表面用斧刃剁毛的剁斧石;在硬化前喷水冲去面层水泥浆,使石渣外露的水刷石等。近年来发展的是在水泥净浆中加适量107胶,再向其表面粘彩色石渣的干粘石;还有用特制模具把表面灰浆拉刮成柱形、弧形或不平整表面的拉条粉刷等。

装饰混凝土的特点是利用水泥和骨料自身的颜色、质感、线条来发挥装饰作用,把构件制作和装饰处理合为一体,目前应用较多的主要有清水装饰混凝土和露骨料装饰混凝土两类。清水装饰混凝土的制作方法是在混凝土墙板浇筑后,表面压轧出各种线条和花饰(称正打);或在模底设衬模再行浇筑(称反打)。如用墙板滑模现浇混凝土,可在升模内侧安置条形衬模,形成直条形饰面。露骨料装饰混凝土制作方法是用水喷刷除掉表面的水泥浆,或用铺砂法,使混凝土中的骨料适当外露,通过骨料的天然色泽和排列组合来获得装饰效果。

5.塑料制品

塑料是以合成树脂为主要成分,再加入化学添加剂,经一定的温度和压力而塑制成型的材料。塑料具有许多优良的性能,在建筑工程中应用的塑料制品,除少数是与其他材料复合用于结构材料外,大多数制品用于非承重的装饰材料,如塑料壁纸、塑料地板、塑料门窗、塑料吊顶材料、塑料管道、塑料灯具、塑料楼梯扶手和塑料卫生洁具等。

（1）塑料地板。塑料地板是聚氯乙烯树脂、增塑剂、填料及着色剂等,混合、搅拌、压延、切割而成的。当以橡胶作为底层时,为双层;若在面层和底层间夹入泡沫塑料,则为三层。塑料地板多为方块形,可用聚氨酯型405胶或氯丁橡胶型202胶粘贴。色彩花纹有很多种,耐磨、有弹性,为既实用又美观的地面材料。

（2）塑料壁纸。装饰工程中应用的塑料壁纸多为聚氯乙烯塑料。它是以纸为基层、以聚氯乙烯塑料为面层,经过压延或涂布以及印刷、压花或发泡制成。塑料壁纸大致可分为三类,即普通壁纸、发泡壁纸和特种壁纸,每一类壁纸都有三四个品种,每个品种中又有若干个花色。塑料壁纸的抗污染性较好,污染后尚可清洗,对水和清洁剂有较强的抵抗力,因而壁纸被广泛地应用于室内墙面、柱面和顶棚的裱糊装饰。

(3)化纤地毯与塑料地毯。化纤地毯是由丙纶、腈纶、锦纶等纤维,用黏结法或针刺黏结法制得的。丙纶(聚丙烯纤维)化纤地毯,强度高,耐腐蚀,但耐光差;腈纶(聚丙烯腈纤维)化纤地毯,强度比羊毛高 2～3 倍,不霉不蛀,耐酸碱;锦纶(尼龙)化纤地毯,强度很高,耐污染,但耐光和耐热性较差。

塑料地毯是由聚氯乙烯树脂、增塑剂和其他助剂经混炼、塑制而成的成卷材料。

化纤地毯和塑料地毯具有保温、吸声、脚感舒适、色彩鲜艳等优点,价格低于羊毛地毯,在实际应用中可以替代羊毛地毯。

(4)塑料装饰板。塑料装饰板材主要有聚氯乙烯塑料装饰板、硬质聚氯乙烯透明板、覆塑装饰板、玻璃钢装饰板和钙塑泡沫装饰吸声板等。塑料贴面装饰板是以印有不同色彩和图案的纸为胎,浸渍三聚氰胺树脂和酚醛树脂,再经过热压而成的可覆于各种基材上的一种贴面材料。这种装饰板材有柔光型和镜面型两种,其特点是具有图案,色调丰富多彩,耐磨,耐潮湿,耐一般酸、碱、油脂及酒精等溶剂的侵蚀,适合于各种建筑物室内和家具的装饰。

塑料装饰板材主要用于护墙板、平顶板和屋面板,特点是质量轻,保温、隔热、隔声性好,装饰效果好。

6. 装饰涂料

涂料旧称油漆,是喷涂于物体表面后能形成连续的坚硬薄膜并赋予物体以色彩、图案、光泽和质感等,且能保护物体,防止各种介质侵蚀,延长其使用寿命的材料。在对建筑物装饰和保护的多种途径中,装饰涂料是最简便、经济和易于维护更新的一种方法。涂料的主要组成材料一般包括成膜材料、颜料、稀释剂和催化剂,有时也加入增塑剂或硬化剂等。涂料按主要成膜材料不同,分为无机涂料和有机涂料。有机涂料又有溶剂型、水乳型和乳胶型三种。用刷涂、滚涂或喷涂等施工工艺,应用于钢结构、木结构表面(多用溶剂型有机涂料),以及外墙、内墙、地面、屋面或吊顶等不同部位。

(1)无机涂料。目前国内常用的有:以碱金属硅酸钾为主要成膜材料,加适量固化剂(缩合磷酸铝)、填料、颜料及分散剂制成的涂料,如 HJ80-1;以胶态氧化硅为主要成膜材料的水溶性涂料,不需另加固化剂,如 HJ80-2,此类涂料具有资源丰富、生产工艺简便、价格低、节省能源、不污染环境等优点,对基材的适应性广,涂层耐水、耐碱、耐冻、耐沾污、耐高温且色彩丰富持久。

(2)丙烯酸涂料。以丙烯酸树脂为主要成膜材料,常制成水乳液。有优异的耐

水、耐碱、耐老化和保色性能,是一种新型的、有前途的涂料。目前国内应用的品种主要有:

①彩砂涂料。其特点是采用着色骨料,即将石英砂加颜料高温烧结成色彩鲜艳而又稳定的骨料,再配以适量的石英砂、白云石粉来调节色彩层次。涂层有天然石材的质感和好的耐久性。

②喷塑涂料。涂层由底油、骨架、面油三部分组成。其特点是通过喷涂、滚压工艺使骨架层形成立体花纹图案,通过加耐晒颜料美化面油层。分有光、平光两种。

③各色有光凹凸乳胶漆。涂层由厚薄两种涂料组成。厚涂料经喷涂、抹轧制成凹凸面层,薄涂料则增色上光。涂层能显示不同底色上的各种图案,或在各种图案上显示不同的色彩,有很好的装饰效果。

④膨胀型防火涂料。在高温时能分解出大量惰性气体,形成蜂窝状炭化泡层。涂刷在易燃材料表面上,有较好的防火效果。

(3)氟碳涂料。氟碳涂料是指以氟树脂为主要成膜物质的涂料,又称氟碳漆、氟涂料、氟树脂涂料等。氟碳涂料由于引入的氟元素电负性大,碳氟键的键能强,不但具有优越的耐候性、耐热性、耐低温性、耐化学药品性等,而且具有独特的不黏性和低摩擦性。目前,建筑用氟碳涂料主要有聚偏二氟乙烯(PVDF)、氟烯烃 - 乙烯基醚共聚物(PEVE)等类型。

(4)聚乙烯醇类及其他涂料。此类涂料目前在国内使用较为普遍。适用于外墙、地面、屋面的有二聚乙烯醇缩丁醛涂料、过氯乙烯涂料和苯乙烯焦油涂料,均属溶剂型。适用于内墙的有二聚乙烯醇缩甲醛涂料(108 胶)、聚乙烯醇水玻璃涂料(106 胶)和聚醋酸乙烯乳液涂料,属水溶型或乳胶型。

7. 木质装饰制品

木质材料在装饰工程中应用十分广泛,常用的木质装饰制品有:木质地板、木花格、木装饰线条、旋切微薄木及各种人造板等。

(1)木质地板。木质地板是由软木树材(如松、杉等)和硬木树材(如水曲柳、柞木、榆木、柚木、枫木及樱桃木等)经加工处理而成的木板面层。木质地板分为拼花木地板、条木地板、软木地板和复合地板等。

(2)木装饰线条。木装饰线条是选用质硬、纹理细腻、材质较好的木材,经过干燥处理后加工而成的。它在室内装饰中起着固定、连接、加强装饰饰面的作用。可作为装饰工程中各平面相接处、相交处、分界面、层次面、对接面的衔接口及交接条等的收边封口材料。

木线条主要用作建筑物室内墙面的墙腰饰线、墙面洞口装饰线、护壁板和勒脚的压条饰线、门框装饰线、顶棚装饰角线、栏杆扶手镶边、门窗及家具的镶边等。建筑物室内采用木线条装饰,可增添古朴、高雅和亲切的美感。

（3）旋切微薄木。旋切微薄木是以色木、桦木或多瘤的树根为原料，经水煮软化后，旋切成厚 0.1 mm 左右的薄片，再用胶黏剂粘贴在坚韧的纸上制成卷材；或采用水曲柳、柳桉等树材，经旋切制成厚 0.2~0.5 mm 的微薄木，再采用先进的胶贴工艺，将微薄木贴在胶合板基材上，制成微薄木贴面板。旋切微薄木花纹清晰美丽，色彩赏心悦目，真实感和立体感强，具有浓厚的自然美。采用树根瘤制成的微薄木具有鸟眼花纹等特点，装饰效果更佳。微薄木主要用于高级建筑的室内墙、门等部位的装饰及家具饰面。

（4）常用人造板。凡以木材或木质碎料等为原料，进行加工处理而制成的板材，称为人造板。人造板可以科学利用木材，提高木材的利用率，同时具有幅面大、质地均匀、变形小及强度大等优点。常用人造板有胶合板、纤维板、刨花板和细木工板等。

第十章　土木工程材料试验

第一节　土木工程材料基本性质试验

依据《建设用卵石、碎石》（GB/T 14685—2011）、《建设用砂》（GB/T 14684—2011）、《普通混凝土用砂、石质量及检验方法标准》（JGJ 52—2006）等进行试验与评定。

一、密度试验（李氏比重瓶法）

1. 主要仪器

（1）李氏比重瓶：形状和尺寸如图 10 - 1 所示。

（2）天平：最大称量 500 g，感量 0.01 g。

（3）烘箱、筛子（孔径 0.02 mm 或 900 孔/平方厘米）、温度计、干燥器等。

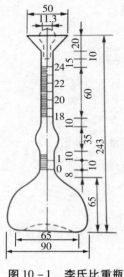

图 10 – 1　李氏比重瓶

2. 试样制备

将石料试样粉碎、研磨、过筛后放入烘箱中,以(105 ± 5)℃的温度烘干至恒重。烘干后的粉料储放在干燥器中冷却至室温,以待取用。

3. 试验步骤

(1)在李氏比重瓶中注入水或煤油至突颈下部的零刻度线以上,静置 1 h(使瓶颈水或煤油滴流至瓶中),记下李氏比重瓶第一次读数 V_0(精确到 0.02 cm^3,下同)。

(2)准确称取 60 ~ 90 g 试样,用小勺小心地将试样徐徐装入李氏比重瓶中;在装样时,应避免在突颈下部形成堵塞,注意勿使石粉黏附于液面以上的瓶颈内壁上。当液面升至 20 cm^3 刻度附近时,停止装入试样,并称量剩下试样,计算装入试样的质量 m。

(3)轻轻摇动李氏比重瓶,使液体中的气泡排出,再放入 20 ℃的水浴中恒温,恒温后读取装入试样后的水或煤油液面刻度值 V_2。

4. 试验结果按下式计算密度 ρ(精确至 0.01 g/ cm^3)

$$\rho = \frac{m}{V_2 - V_1} \tag{10 – 1}$$

式中:m——装入李氏比重瓶中试样质量,g;

　　　V_1——未装试样时水或煤油液面的刻度值,cm^3;

　　　V_2——装入试样后水或煤油液面的刻度值,cm^3。

以两次试样的试验结果的平均值作为测定结果。两次试验结果之差不得大于

$0.02\ \mathrm{g/cm^3}$,否则重新取样进行试验。

二、表观密度试验(蜡封法)

1. 主要仪器

(1)天平:最大称量 500 g,感量 0.01 g。
(2)烘箱、石块、细线、小锅、石蜡、干燥器等。

2. 试样制备

将试样(如石块)洗净,以(105 ± 5)℃的温度烘干至恒重,取出在干燥器中冷却至室温备用。

3. 试验步骤

(1)选取一枚石块,称取试件质量 m。
(2)将试件用细线系好,放入熔融的石蜡中,1 ~ 2 s 后取出,称取涂蜡试件质量 m_1(细线质量可忽略不计)。
(3)试件表面石蜡质量 $m_{蜡} = m_1 - m$,石蜡体积 $V_{蜡} = \dfrac{m_{蜡}}{\rho_{蜡}}$,$\rho_{蜡} = 0.9\ \mathrm{g/cm^3}$。
(4)将试件挂于天平上,称取试件在水中的质量 m_2。
(5)计算试件在水中减重 $m_1 - m_2$,则涂蜡试件总体积为 $V_1 = \dfrac{m_1 - m_2}{\rho_{水}}$。
(6)计算试件表观体积 $V = V_1 - V_{蜡}$。

4. 结果计算

按式(10 - 2)计算出表观密度 ρ_0(精确至 $0.01\ \mathrm{g/cm^3}$)。

$$\rho_0 = \frac{m}{V} \tag{10-2}$$

按式(10 - 3)计算出孔隙率 P(精确至 0.01),ρ 为试验中求得的密度值。

$$P = (1 - \frac{\rho_0}{\rho}) \times 100\% \tag{10-3}$$

三、集料的堆积密度试验

1. 主要仪器

（1）天平：最大称量 10 kg，感量 1 g。
（2）烘箱、砂、量筒等。

2. 试样制备

用搪瓷盘装取试样约 3 L，放在烘箱中于（105±5）℃下烘干至恒重，待试样冷却至室温后，筛除大于 4.75 mm 颗粒，分为大致相等的两份备用。

3. 试验步骤

（1）取砂试样及容量为 $V = 1\ L = 0.001\ m^3$ 的量筒，称取空筒质量 m_1（精确至 1 g）。

（2）用小铲将试样从量筒中心上方 50 mm 处徐徐倒入，让试样以自由落体方式落下，当量筒上部试样呈堆体，且量筒四周满溢为止。自然堆积密度是集料在自然堆积状态下的密度，应保证集料自然堆积即不受重力以外的其他力，所以不可压实或敲打。

4. 称量

用直尺沿筒口中心线向两边刮平，称取量筒加试样总质量 m_2（精确至 1 g）。

5. 结果计算

按式（10-4）计算出堆积密度 ρ_0'（精确至 0.01 g/cm^3）。

$$\rho_0' = \frac{m_2 - m_1}{V} \tag{10-4}$$

按式（10-5）计算出材料空隙率 P_1（精确至 0.01）。

$$P_1 = \left(1 - \frac{\rho_0'}{\rho_0}\right) \times 100\% \tag{10-5}$$

四、粗集料针、片状颗粒含量试验

1. 试验目的

测定粒径小于或等于 37.5 mm 的碎石或卵石中针、片状颗粒的总含量，用以判断该碎石或卵石能否用来配制混凝土。

2.主要仪器

(1)针状规准仪和片状规准仪,如图 10-2 所示。

(2)天平。

(3)台秤。

(4)筛孔位分别为:4.75 mm、9.5 mm、16 mm、19 mm、26.5 mm、31.5 mm、37.5 mm。

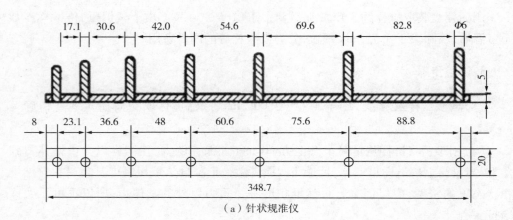

（a）针状规准仪

（b）片状规准仪

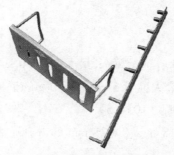

（c）针、片状规准仪实物图

图 10 - 2　针、片状规准仪示意图

3. 试验步骤

（1）将试样在室内风干至表面干燥,并用四分法缩分至规定的数量,称重(精确到 1 g),然后筛分成规定的粒级备用。所需试样的最小质量如表 10 - 1 所示。

（2）按所规定的粒级用规准仪逐粒对试样进行鉴定,凡颗粒长度大于针状规准仪上相应间距者,为针状颗粒;厚度小于片状规准仪上相应孔宽者,为片状颗粒。

（3）称量由各粒级挑出的针状和片状颗粒的总质量(精确到 1 g)。

表 10 - 1　针、片状试验所需试样的最小质量

公称最大粒径 /mm	9.5	16	19	26.5	31.5	37.5
试样最小质量 /kg	0.3	1	2	3	5	10

4. 结果计算

$$Q_C = \frac{G_2}{G_1} \times 100\% \qquad (10 - 6)$$

式中:Q_C——针、片状颗粒含量,%;

　　　G_2——试样中所含针、片状颗粒的总质量,g;

　　　G_1——试样的质量,g。

五、粗集料含泥量和泥块含量试验

1. 试验目的

测定碎石或卵石中小于 0.075 mm 的尘屑、淤泥和黏土的总含量及泥块含量,用

以确定可否直接用来配制混凝土。

2. 主要仪器

(1)台秤:最大称量 20 kg,感量 20 g,最大称量 10 kg,感量 10 g;对最大粒径小于 16 mm 的碎石或卵石,应用最大称量 5 kg、感量 5 g 的天平。

(2)烘箱:能使温度控制在(105 ±5)℃。

(3)标准筛:孔径为 1.18 mm、0.075 mm 的方孔筛各一只;测泥块含量时,则用 2.36 mm 及 4.75 mm 的筛各一只。

(4)容器:容积约 10 L 的桶或其他金属盆。

(5)浅盘、毛刷等。

3. 试验步骤

(1)将试样用四分法缩分至规定的量(注意防止细粉丢失并防止所含黏土块被压碎),置于温度为(105 ±5)℃的烘箱内烘干至恒重,冷却至室温后分两份备用。测定粗集料含泥量及泥块含量所需要的试样最小质量如表 10 - 2 所示。

表 10 - 2 测定粗集料含泥量及泥块含量所需要的试样最小质量

最大粒径/mm	9.5	16	19	26.5	31.5	37.5
每份试样最小质量 /kg	2.0	2.0	6.0	6.0	10.0	10.0

(2)测定含泥量时,称取试样 1 份 m_0 装入容器中,加水至半满,浸泡 24 h,用手在水中淘洗颗粒(或用毛刷洗刷),使尘屑、淤泥和黏土与较粗颗粒分开,并使之悬浮或溶解于水中;缓缓地将混浊液倒入 1.18 mm 及 0.075 mm 的套筛上,滤去小于 0.075 mm 的颗粒;试验前筛子的两面应先用水湿润,在整个试验过程中,应注意避免大于 0.075 mm 的颗粒丢失。

(3)再次加水于容器中,重复上述步骤,直到洗出的水清澈为止。

(4)用水冲洗余留在筛上的细粒,并将 0.075 mm 筛放在水中(使水面略高于筛内颗粒)来回摇动,以充分洗除小于 0.075 mm 的颗粒,而后将两只筛上余留的颗粒和筒中已洗净的试样一并装入浅盘,置于温度为(105 ±5)℃的烘箱中烘干至恒重,取出冷却至室温后,称取试样的质量 m_1。

(5)测定泥块含量时,取试样 1 份 m_0。

(6)称取筛去 4.75 mm 以下颗粒后的试样质量 。

(7)将试样在容器中摊平,加水使水面高出试样表面 24 h 后将水放掉,用手捻压泥块,然后将试样放在 2.36 mm 筛上用水冲洗,直至洗出的水清澈为止。

（8）小心地取出筛上试样，置于温度为(105 ± 5)℃的烘箱中烘干至恒重，取出冷却至室温，称量质量为 m_1。

4. 结果计算

$$含泥量(泥块含量) Q_a = \frac{m_0 - m_1}{m_0} \times 100\% \qquad (10-7)$$

第二节　水泥试验

一、水泥细度试验

采用 0.08 mm 筛对水泥试样进行筛析试验，用筛上所得筛余物的质量占试样原始质量的百分数来表示水泥样品的细度。

细度检验有负压筛法、水筛法和干筛法三种，在检验工作中，如负压筛法与水筛法或干筛法的测定结果有争议时，以负压筛法为准。

（一）负压筛法

1. 主要仪器

（1）负压筛：负压筛由圆形筛框和筛网组成，筛框有效直径为 142 mm，高为 25 mm，方孔边长为 0.08 mm。

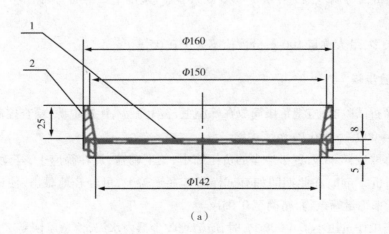

（a）

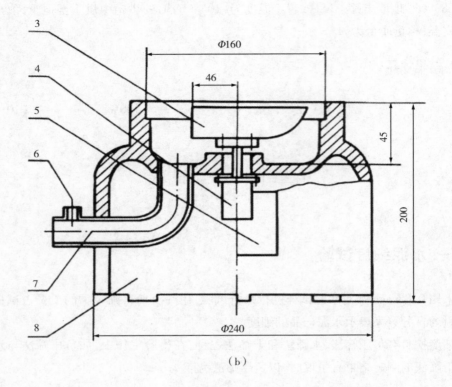

（b）

图 10 - 3　负压筛析仪

1.筛网;2.筛框;3.喷气嘴;4.微电机;5.控制板开口

6.负压表接口;7.负压源及收尘器接口;8.壳体

（2）负压筛析仪:负压筛析仪由筛座、负压筛、负压源及收尘器组成,其中筛座由转速为(30±2)r/min 的喷气嘴、负压表、控制板、微电机及壳体等构成,如图 10 - 3 所示,负压筛析仪可调范围为 4 000 ~ 6 000 Pa,喷气嘴的上口平面与筛网之间的距离为2 ~ 8 mm。

（3）天平:最大称量 100 g,分度值不大于 0.05 g。

2.试验步骤

（1）筛析试验前,应把负压筒放在筛座上,盖上筛盖,接通电源,检查控制系统,调节负压至 4 000 ~ 6 000 Pa 范围内。

（2）称取试样 25 g,置于洁净的负压筛中,盖上筛盖,放在筛座上,开动负压筛析仪,连续筛析 2 min,在此期间如有试样附着在筛盖上,可轻轻地敲击,使试样落下。筛毕,用天平称量筛余物,精确至 0.05 g。

（3）当工作负压小于 4 000 Pa 时,应清理收尘器内水泥,使负压恢复正常。

3. 结果计算

水泥试样筛余百分数按式(10-8)计算(结果计算至0.1%)。

$$F = \frac{m_1}{m} \times 100\% \qquad\qquad (10-8)$$

式中:F——水泥试样的筛余百分数,%

m_1——水泥筛余物的质量,g;

m——水泥试样的质量,g。

(二)水筛法

1. 主要仪器

(1)标准筛:筛布为方孔铜丝网筛布、方孔边长0.080 mm;筛框有效直径125 mm,高80 mm。

(2)筛座:能带动筛子转动,转速为50 r/min。

(3)喷头:直径55 mm,面上均匀分布90个孔,孔径0.5~0.7 mm。

(4)天平:最大称量100 g,分度值不大于0.05 g。

(5)烘箱。

2. 试验步骤

(1)称取水泥试样25 g,倒入筛内,立即用洁净水冲洗至大部分细粉通过,再将筛子置筛座上,用水压(0.05±0.02)MPa的喷头连续冲洗3 min。

(2)筛毕取下,将筛余物冲到一边,用少量水把筛余物全部移至蒸发皿(或烘样盘)中,沉淀后将水倾出,烘干后称量,精确至0.05 g。

3. 结果计算

同负压筛法。

4. 注意事项

(1)筛子应保持洁净,筛孔通畅,使用10次后要进行清洗。金属筛框、铜丝网筛布清洗时应用专门清洗剂,不可用弱酸浸泡。

(2)喷头应防止孔眼堵塞。

（三）手工干筛法

1. 主要仪器

方孔标准筛(0.08 mm)，筛框有效直径150 mm，高50 mm；烘箱、天平等。

2. 试验步骤

称取试样50 g倒入筛内，一手执筛往复摇动，一手拍打，摇动，速度每分钟约120次，每40次向同一方向转动筛子60°，使试样均匀分散在筛上，直至每分钟通过不超过0.05 g为止，称量筛余物精确至0.05 g。

3. 结果计算

同负压筛法。

4. 注意事项

筛子必须经常保持干燥洁净，定期检查校正。

二、水泥标准稠度用水量试验

1. 实验目的

为测定水泥凝结时间及安定性，制备标准稠度的水泥净浆确定加水量。本试验按《水泥标准稠度用水量、凝结时间、安定性检验方法》(GB/T 1346—2011)进行，本试验采用标准稠度用水量调整水量的测定方法。

2. 主要仪器

（1）水泥净浆搅拌机
水泥净浆搅拌机由搅拌锅、搅拌叶片组成，如图10－4所示。
（2）维卡仪
维卡仪如图10－5所示，标准稠度测定用试杆由有效长度(50 ± 1)mm、直径为(10 ± 0.05)mm的圆柱形抗腐蚀金属制成。测定凝结时间时取下试杆，用试针代替试杆。试针由钢制成，其有效长度初凝针(50 ± 1)mm、终凝针(30 ± 1)mm、直径为(1.13 ± 0.05)mm。滑动部分的总质量为(300 ± 1)g。与试杆、试针连接的滑动杆表面应光滑，能靠重力自由下落，不得有紧涩和旷动现象。

图 10 - 4　水泥净浆搅拌机

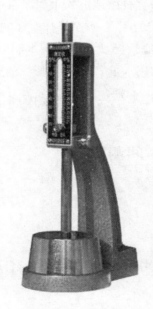

图 10 - 5　维卡仪

（3）量水器

量水器最小刻度为 0.1 mL,精度 1% 。

（4）天平

天平最大称量不小于 1 000 g,分度值不大于 1 g。

（5）水泥净浆试模

盛装水泥的试模应由抗腐蚀的有足够硬度的金属制成,形状为截顶圆锥体,每只试模应配备一块厚度不小于 2.5 mm、大于试模底面的平板玻璃底板。

3. 试验步骤

(1)将维卡仪调整到试杆接触玻璃板时指针对准最下方的读数值。

(2)称取水泥试样 500 g,拌合水量按经验加水。

(3)用湿布将搅拌锅和搅拌叶片润湿,将拌合水倒入搅拌锅内,然后在 5~10 s 内小心将称好的 500 g 水泥加入水中,防止水和水泥溅出。

(4)拌合时,先将锅放到搅拌机的锅座上,升至搅拌位置。启动搅拌机进行搅拌,低速搅拌 120 s,停拌 15 s,同时将叶片和锅壁上的水泥浆刮入锅中,接着高速搅拌 120 s 后停机。

(5)拌合结束后,立即将拌制好的水泥净浆装入已置于玻璃底板上的试模中,用小刀插捣,轻轻振动数次,使气泡排出,刮去多余的净浆,抹平后迅速将试模和底板移到维卡仪上,并将其中心定在试杆下,降低试杆直至与水泥净浆表面接触,拧紧螺丝 1~2 s 后,突然放松,使试杆垂直自由地沉入水泥净浆中,使试杆停止沉入或释放试杆 30 s 时记录试杆距底板之间的距离,整个操作应在搅拌后 1.5 min 内完成。

(6)以试杆沉入净浆并距底板(6±1)mm 的水泥净浆为标准稠度水泥净浆。其拌合水量为该水泥的标准稠度用水量 P,以水泥质量的百分比计,按式(10−9)计算:

$$P = \frac{拌合用水量}{水泥用量} \times 100\% \qquad (10-9)$$

三、水泥净浆凝结时间测定

1. 主要仪器

(1)凝结时间测定仪。

与测定标准稠度用水量所用的测定仪相同,但试杆应换成试针,图 10−6 所示为试针和圆模示意图。

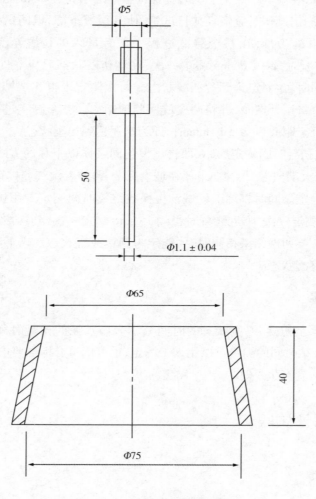

图 10-6　试针与圆模示意图

（2）其他设备与测定标准稠度用水量时所用相同。

2.试验步骤

（1）测定前,将圆模放在玻璃板上,在内侧稍涂上一层机油,调整凝结时间测定仪,使试针接触玻璃板时,指针对准标尺最下方读数。

（2）称取水泥试样 500 g,以标准稠度用水量拌制水泥净浆,并立即将净浆一次装入圆模,振动数次后刮平,然后放入养护箱内,记录开始加水的时间为凝结时间的起始时间。

（3）试件在养护箱中养护至加水后 30 min 时进行第 1 次测定,测定时,从养护箱中取出圆模放到试针下,使试针与净浆表面接触,拧紧螺丝 1～2 s,突然放松,试针垂直自由沉入净浆,观察试针停止下沉时指针读数。之后每 15 min 测定一次。测定时应注意,在最初测定操作时应轻轻扶持试针,使其缓缓下降,以防试针撞弯。但测定结果应以自由下落为准,在整个测试过程中试针贯入的位置至少要距圆模内壁 10 mm。临近初凝时,每隔 5 min 测定一次,到达初凝状态时应立即重复测定一次。当两次结果相同时,才能定为到达初凝状态。每次测定不得让试针落入原针孔。每次测试完成后应将试针擦净,并将圆模放回养护箱内。整个测定过程中要防止圆模受振。当试针沉至距底板(4±1)mm 时,即为水泥达到初凝状态,

(4)在完成初凝时间测定后,立即将试模连同浆体以平移的方式从玻璃板取下,翻转 180°,直径大端向上、小端向下放在玻璃板上,再放入湿气养护箱中继续养护,进行终凝时间的测定。同时将维卡仪试针更换成终凝时间测定专用试针,终凝时间测定每隔 30 min 测定一次,临近终凝时每隔 15 min 测定一次,到达终凝状态时应立即重复测定一次。当两次结果相同时,才能定为到达终凝状态。当下沉不超过 0.5 mm 时为水泥达到终凝状态。

3. 试验结果

由开始加水至初凝、终凝状态的时间分别为该水泥的初凝时间和终凝时间,以 min 为单位。凝结时间的测定可以用人工测定,也可用符合标准要求的自动凝结时间测定仪测定。两者有争议时,以人工测定为准。

四、安定性试验

1. 主要仪器

(1)净浆搅拌机:与标准稠度测定时所用的相同。

(2)沸煮箱:有效容积为 410 mm×240 mm×310 mm,箅板结构应不影响试验结果,箅板与加热器之间的距离大于 50 mm,箱的内层由不易锈蚀的金属材料制成。能在(30±5)min 内将箱内的试验用水由室温升至沸腾,并保持沸腾状态 3 h 以上,整个试验过程中不需补充水。

(3)雷氏夹:由铜质材料制成,其结构如图 10-7 所示。当一根指针的根部先悬挂在一根金属丝或尼龙丝上,另一根指针的根部挂上 300 g 的砝码时,两根指针的针尖距离增加应在(17.5±2.5)mm 范围内,当去掉砝码后针尖的距离能恢复到挂砝码前的状态。

(4)雷氏夹膨胀值测定仪(图 10-8),标尺最小刻度为 1 mm。

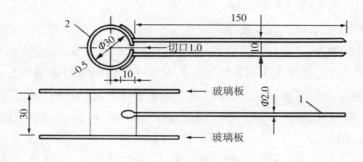

图 10 - 7　雷氏夹

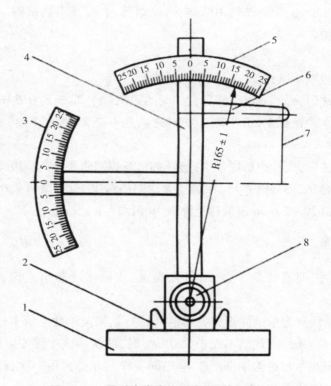

图 10 - 8　雷氏夹膨胀值测定仪（单位：mm）

1. 底座；2. 模子座；3. 测弹性标尺；4. 立柱；5. 测膨胀值标尺；6. 悬臂；7. 悬丝；8. 弹簧顶钮

2. 试验步骤

测定方法可以用雷氏法（标准法），也可以用试饼法（代用法），有争议时以雷氏法为准。试饼法是观察水泥净浆试饼沸煮后的外形变化来检验水泥的体积安定性。雷氏法是测定水泥净浆在雷氏夹中沸煮后的膨胀值。

（1）水泥标准稠度净浆的制备

以标准稠度用水量拌制水泥净浆。

（2）试件的制备

采用雷氏法时,将预先测试合格的雷氏夹放在已稍擦油的玻璃板上,并立刻将已制好的标准稠度净浆装满试模,装模时用手轻轻扶持试模,另一只手用宽约 10 mm 的小刀插捣 15 次左右,然后抹平。盖上稍涂油的玻璃板,接着立刻将试模移至养护箱内养护(24 ± 2)h。

采用试饼法时,将制好的净浆取出一部分,分成两等份,使之呈球形。将其放在预先准备好的玻璃板上,轻轻振动玻璃板,并用湿布擦过的小刀由边缘向中央抹动,做成直径 70 ~ 80 mm,中心厚约 10 mm,边缘渐薄、表面光滑的试饼。接着将试饼放入养护箱内养护(24 ± 2)h。

（3）沸煮

脱下玻璃板取下试件。

采用雷氏法时,先测量试件指针尖端间的距离(A),精确到 0.5 mm,接着将试件放入养护箱的水中篦板上,指针朝上,试件之间互不交叉,然后在(30 ± 5)min 内加热至沸腾,并恒沸 3 h ± 5 min。

采用试饼法时,先检查试饼是否完整(如已开裂翘曲要检查原因,确认无外因时,该试饼已属不合格,不必沸煮)。在试饼无缺陷的情况下,将试饼放在沸煮箱的水中篦板上,然后在(30 + 5)min 内加热至沸腾,并恒沸 3 h ± 5 min,

3. 试验结果

沸煮结束后,即放掉箱中热水,打开箱盖,待箱体冷却至室温,取出试件进行判别。

（1）若为雷氏夹测量试件指针尖端距离(C),结果至小数点后 1 位。当两个试件煮后增加距离 $C - A$ 的平均值不大于 5.0 mm 时,即认为该水泥安定性合格,当两个试件的 $C - A$ 值相差超过 4.0 mm 时,应用同一样品立即重做一次试验。再如此,则认为该水泥为安定性不合格。

（2）若为试饼法,目测未发现裂缝,用直尺检查也没有弯曲的试饼为安定性合格。

五、水泥胶砂强度测定

1. 主要仪器

（1）水泥胶砂搅拌机:应符合《行星式水泥胶砂搅拌机》(JC/T 681—2005)要求。它在工作时搅拌叶片既绕自身轴线自转又沿搅拌锅周边公转。运动轨迹似行星。

（2）水泥胶砂试件成型振实台：应符合《水泥胶砂试件成型振实台》（JC/T 681—2005）要求，它由可以跳动的台盘和使其跳动的凸轮等组成，振实台的振幅为（15±0.3）mm，振动 60 次的时间（60±2）s。

（3）试模：模槽内腔尺寸为 40 mm×40 mm×160 mm。三边互相垂直，可同时成型三条截面为 40 mm×40 mm，长为 160 mm 的试体，其材质和尺寸应符合《水泥净浆搅拌机》（JC/T 729—2005）的要求。

（4）抗折试验机：应符合《水泥胶砂电动抗折试验机》（JC/T 724—2005）要求，为 1:50 的电动抗折试验机，抗折夹具的加荷与支撑圆柱直径应为（10+0.1）mm，两个支撑圆柱中心距离为（100±0.2）mm。

（5）抗压试验机：抗压试验机以 200～300 kN 为宜，在接近 4/5 量程范围内使用时，记录的荷载应有±1%精度，并具有按（2 400±200）N/s 速率加荷的能力。

（6）抗压夹具：应符合《40 mm×40 mm 水泥抗压夹具》（JC/T 683—2005）的要求，受压面积为 40 mm×40 mm，由硬质钢材制成，加压面必须水平。使用中，抗压夹具应满足标准的要求。

2. 试件成型

（1）成型前将试模擦净，四周的模板与底座的接触面上应涂黄油。紧密装配，防止渗浆，内壁均匀刷一薄层机油。

（2）水泥与标准砂的质量比为 1:3，水灰比为 0.5，每成型 3 条试件需要称量水泥（450±2）g，标准砂（1 350±5）g，拌合用水量（225±1）mL。

（3）搅拌时先将水加入锅里，再加入水泥，把锅放在固定架上，上升至固定位置。然后立即开动机器，低速搅拌 30 s 后，在第二个 30 s 开始的同时均匀地将砂子加入。把机器转至高速再拌 30 s，停拌 90 s，在第一个 15 s 内用胶皮刮具将叶片和锅壁上的胶砂刮入锅中。在高速下继续搅拌 60 s。各个搅拌阶段，时间误差应在±1 s 以内。

（4）将试模和模套固定在振实台上。用一个适当的勺子将搅拌好的胶砂直接从搅拌锅里分两层装入试模，装第一层时，每个槽里约放 300 g 胶砂，用大播料器垂直架在模套顶部。沿每个模槽来回一次将料层播平，接着振实 60 次。再装第二层胶砂，用小播料器播平，再振实 60 次。移走模套，从振实台上取下试模，用一金属直尺以近似 90°的角度架在试模模顶的一端，然后沿试模长度方向以横向锯割动作慢慢向另一端移动，一次将超过试模部分的胶砂刮去，并用同一直尺在近乎水平的情况下将试件表面抹平。

（5）在试模上做标记或加字条标明试件编号。

3. 试件养护

（1）将做好标记的试模放入养护箱中养护，养护箱内箅板必须水平。水平放置时刮平面应朝上。一直养护到规定的脱模时间(对于 24 h 龄期的,应在破型试验前 20 min 内脱模,对于 24 h 以上龄期的应在成型后 20 ~ 24 h 之间脱模)时取出脱模,脱模前用防水墨汁或颜料笔对试件进行编号或标记。

(2)将做好编号或标记的试件立即放在(20 ± 1)℃水中养护,水平放置时刮平面应朝上。养护期间试件之间间隔或试件上表面的水深不得小于 5 mm。

4. 强度试验

各龄期的试件必须在下列时间内进行强度试验:24 h ± 15 min,48 h ± 30 min, 72 h ± 45 min,7 d ± 2 h,大于 28 d ± 8 h。试件从水中取出后在强度试验前应用湿布覆盖。

(1)抗折强度试验

将试件侧面放在试验机支撑圆柱上,试件长轴垂直于支撑圆柱,通过加荷,圆柱以(50 ± 10)N/s 的速率均匀地将荷载垂直地加在棱柱体相对侧面上,直至折断。保持两个半截棱柱体处于潮湿状态直至抗压试验。

抗折强度 R_f 按式(10 – 10)计算(精确至 0.1 MPa)。

$$R_f = \frac{1.5F}{b^3} \times L \qquad (10-10)$$

式中:F ——折断时施加于棱柱体中部的破坏荷载,N;

L——支撑圆柱中心距,mm;

b——棱柱体正方形截面的边长,mm。

以 3 个试件测定值的算术平均值为抗折强度的测定结果,计算精确至 0.1 MPa。当 3 个强度值中有超出平均值 ±10% 的,在剔除该值后,再取平均值作为抗折强度试验结果。

(2)抗压强度试验

抗折强度试验后的两个断块应立即进行抗压试验。抗压强度试验须用抗压夹具进行,在整个加荷过程中以(2 400 ± 200)N/s 的速率均匀地加荷直至试件破坏。

抗压强度 R_c 按式(10 – 11)计算(精确至 0.1MPa)。

$$R_c = \frac{F}{A} \qquad (10-11)$$

式中:F ——破坏时的最大荷载,N;

A——受压面积 40 mm × 40 mm。

以一组 3 个棱柱体上得到的 6 个抗压强度测定的算术平均值为试验结果。如 6 个测定值中有一个超出 6 个平均值 ±10%,就应剔除这个结果,而以剩下 5 个的平均值为结果。如果 5 个测定值中再有超过平均值 ±10% 的,则此组结果作废。

第三节　混凝土用集料试验

依据《建设用卵石、碎石》(GB/T 14685—2011)、《建设用砂》(GB/T 14684—2011)、《普通混凝土用砂、石质量及检验方法标准》(JGJ 52—2006)进行试验与评定。

一、取样方法与数量

细集料的取样,应在均匀分布的料堆上的 8 个不同部位,各取大致相等的试样1 份,然后倒于平整、洁净的拌合板上,拌合均匀,用四分法缩取各试验用试样数量。四分法的基本步骤是:拌匀的试样堆成 20 mm 厚的圆饼,于饼上画十字线,将其分成大致相等的四份,除去其中两对角的两份,将余下两份再按上述四分法缩取,直至缩分后的试样质量略大于该项试验所需数量为止,还可以用分料器缩分。

粗集料的取样,自料堆的顶、中、底三个不同高度处,在各个均匀分布的 5 个不同部位取大致相等试样各 1 份,共取 15 份(取样时,应先将取样部位的表层除去,于较深处铲取),并将其倒于平整、洁净的拌板上,拌合均匀,堆成锥体,用四分法缩取各项试验所需试样数量。每一项试验所需数量见表 10 – 3。

表 10 – 3　每一试验项目的最少取样数量与试验所需最少试样量

试验项目	每一试验项目的最少取样数量(kg)/试验所需要最少试样量(kg)								
	砂	碎石或卵石的最大粒径/mm							
		9.5	16.0	19.0	26.5	31.5	37.5	63.0	75.0
筛分析	4.4/0.5	9.5/1.9	16.0/3.2	19.0/3.8	25.0/5.0	31.5/6.3	37.5/7.5	63.0/12.6	80.0/16
表观密度	2.6/0.65	8.0/2.0	8.0/2.0	8.0/2.0	8.0/3.0	12.0/3.0	16.0/4.0	24.0/6.0	24.0/6.0
堆积密度	5.0/5.0	40.0/40.0	40.0/40.0	40.0/40.0	40.0/40.0	80.0/80.0	80.0/80.0	120.0/120.0	120.0/120.0
吸水率	1.0/0.5	2.0/2.0	4.0/2.0	8.0/2.0	12.0/2.0	20.0/3.0	40.0/3.0	40.0/3.0	40.0/4.0
含水率	1.0/0.5	按试验要求的粒级和数量取样							

二、砂的筛分析试验

1. 主要仪器

（1）方孔筛：孔径为 9.50 mm、4.75 mm、2.36 mm、1.18 mm、0.60 mm、0.30 mm、0.15 mm 的方孔筛各 1 个，以及筛盖、筛底各 1 个。

（2）天平：最大称量 1 000 g，感量 1 g。

（3）烘箱：(105 ± 5)℃。

（4）摇筛机。

（5）浅盘、毛刷等。

2. 试样制备

按规定取样，并将试样缩分至约 1 100 g，放在烘箱中于 (105 ± 5)℃ 下烘干至恒重（恒重系指试样在烘干 1~3 h 的情况下，其前后质量之差不大于该项试验所要求的称量精度），待冷却至室温后，筛除大于 9.50 mm 的颗粒，并算出筛余百分率，分为大致相等的两份备用。

3. 试验步骤

（1）精确称取烘干试样 500 g，置于按孔径大小从上到下组合的套筛（即 4.75 mm 方孔筛）上，将套筛装入摇筛机上固定，摇 10 min 左右（如无摇筛机，可采用手筛）。

（2）取下套筛，按孔径大小顺序，在清洁的浅盘上逐个进行手筛，直至每分钟的通过量小于试样总量的 0.1% 时为止。通过的试样并入下一号筛中，并和下一号筛中的试样一起过筛，按此顺序进行，当全部筛分完毕时，各号筛的筛余量均不得超过式 (10 – 12) 的值。

$$G = \frac{A\sqrt{d}}{200} \qquad (10 - 12)$$

式中：G——在一个筛上的筛余量，g；

d——筛孔尺寸，mm；

A——筛面面积，mm^2。

否则，应将该筛余试样分成两份，再次筛分并以筛余量之和作为该号筛的筛余量。

（3）称取各号筛筛余试样的质量（精确至 1 g），所有各号筛的分计筛余量和底盘中剩余量的总和与筛分前试样总量相比，其相差不得超过 1%，否则，重新试验。

3.结果计算

(1)分计筛余百分率:各号筛上的筛余量除以试样总量的百分率,精确至0.1%。

(2)累计筛余百分率:该号筛的分计筛余百分率加上该号筛以上各筛的分计筛余百分率,精确至0.1%。

(3)根据累计筛余百分率,绘制筛分曲线,评定颗粒级配分布情况。

(4)按式(10－13)计算砂的细度模数M_x(精确至0.01)。

$$M_x = \frac{(A_2 + A_3 + A_4 + A_5 + A_6) - 5A_1}{100\% - A_1} \tag{10－13}$$

式中$A_1 \sim A_6$依次为4.75~0.15 mm筛的累计筛余百分率。

(5)筛分试验应采用两组试样平行试验,并以两次试验结果的算术平均值作为检验结果。如两次试验的细度模数之差大于0.20,应重新试验。

第四节　普通混凝土试验

依据《普通混凝土拌合物性能试验方法标准》(GB/T 50080—2016)、《混凝土物理力学性能试验方法标准》(GB/T 50081—2019)、《公路工程水泥及水泥混凝土试验规程》(JTG E30—2005)进行试验与评定。

一、普通混凝土拌合物实验室拌合方法

1.一般规定

(1)拌制混凝土的原材料应符合技术要求,并与施工实际用料相同。在拌合前,材料的温度应与室温保持[(20±5)℃]相同。

(2)拌制混凝土的材料用量以质量计。称量的精确度:集料为±1%,水、水泥、外加剂及掺合料为±0.5%。

2.主要仪器

(1)搅拌机:容量30~100 L,转速为18~22 r/min。

(2)磅秤:最大称量100 kg,感量50 g。

(3)其他用具:天平(最大称量1 kg,感量0.5 g;最大称量10 kg,感量5 g)、量筒(200 cm³、1 000 cm³)、拌铲、拌板(1.5 m×2 m)等。

3. 拌合方法

每盘混凝土拌合物最小拌合量应符合表 10 - 4 的规定。

表 10 - 4　混凝土拌合物最小拌合量

集料最大粒径/mm	拌合量/L
31.5 以下	15
37.5	25

（1）人工拌合

①按所定配合比备料。

②将拌板和拌铲用湿布润湿后,将砂倒在拌板上,然后加入水泥,用拌铲自拌板一端翻拌至另一端,如此重复,直至充分混合,颜色均匀,再加入石子,翻拌至混合均匀为止。

③将干混合物堆成堆,在中间做一凹槽,将已称量好的水,倒一半左右在凹槽中（勿使水流出）,然后仔细翻拌,并徐徐加入剩余的水,继续翻拌,每翻拌一次,用铲在拌合物上切一次,直到拌合均匀为止。

④拌合时力求动作敏捷,拌合时间从加水算起,应大致符合下列规定:

拌合物体积为 30 L 以下时,4 ~ 5 min;

拌合物体积为 30 ~ 50 L 时,5 ~ 9 min;

拌合物体积为 50 ~ 70 L 时,9 ~ 12 min;

⑤拌好后,根据试验要求,立即做坍落度测定或试件成型。从开始加水时算起,全部操作须在 30 min 内完成。

（2）机械搅拌法

①按所规定配合比备料。

②向搅拌机内依次加入石子、砂和水泥,开动搅拌机,干拌均匀,再将水徐徐加入,继续拌合 2 ~ 3 min。

③将拌合物自搅拌机中卸出,倾倒在拌板上,再经人工翻拌 2 次,即可做坍落度测定或试件成型。从开始加水时算起,全部操作必须在 30 min 内完成。

二、普通混凝土的稠度试验

（一）坍落度试验

本方法适用于集料公称最大粒径不大于 31.5 mm、坍落度值大于 10 mm 的混凝土拌合物稠度测定。

1. 主要仪器

（1）坍落度筒是由 1.5 mm 厚的钢板或其他金属制成的圆台形筒（图10 – 9）。底面和顶面应互相平行并与锥体轴线垂直。在筒外 2/3 高度处安装两个把手，下端焊脚踏板。筒的内部尺寸为：底部直径（200 ± 2）mm，顶部直径（100 ± 2）mm，高度（300 ± 2）mm。

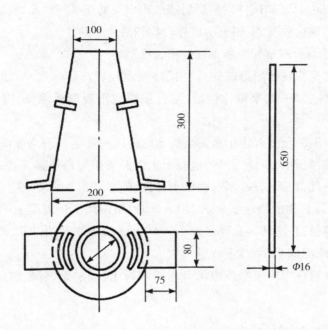

图 10 – 9　坍落度筒及捣棒

（2）捣棒（直径 16 mm、长 650 mm 的钢棒，端部应磨圆）、小铲、木尺、钢尺、拌板、镘刀等。

2. 试验步骤

（1）湿润坍落度筒及其他工具，并把筒放在不吸水的平稳刚性水平底板上，然后用脚踩住两边的脚踏板，使坍落度筒装料时保持位置固定。

（2）把按要求取得的混凝土试样用小铲分三层均匀地装入筒内，使捣实后每层高度为筒高的1/3左右。每层用捣棒插捣25次。插捣应沿螺旋方向由外向中心进行，各次插捣应在截面上均匀分布。插捣筒边混凝土时，捣棒可以稍稍倾斜，插捣底层时，捣棒应贯穿整个深度，插捣第二层和顶层时，捣棒应插透本层至下一层20 ～

30 mm。

浇灌顶层时,混凝土拌合物应灌到高出筒口,插捣过程中,如果混凝土沉落到低于筒口,则应随时添加,顶层插捣完后,刮去多余混凝土并用抹刀抹平。

(3)清除筒边底板上的混凝土后,垂直平稳地提起坍落度筒。坍落度筒的提离过程应在5～10 s内完成。从开始装料到提起坍落度筒的整个过程应不间断地进行,并应在150 s内完成。

(4)提起坍落度筒后,测量筒高与坍落后混凝土试体最高点之间的高度差,即为该混凝土拌合物的坍落度值(以 mm 为单位,精确至1 mm,结果表达修约至5 mm)。

(5)坍落度筒提离后,如试件发生崩坍或一边出现剪切破坏现象则应重新取样测定。如第二次仍出现这种现象,则表示该拌合物和易性不好。

(6)测定坍落度后,观察拌合物下述性质,并记录。

①黏聚性 用捣棒在已坍落的拌合物锥体侧面轻轻击打。此时,如果锥体逐渐下沉,是表示黏聚性良好,如果锥体倒塌、部分崩裂或出现离析现象,则表示黏聚性不好。

②保水性 以混凝土拌合物中水泥浆析出的程度来评定。坍落度筒提起后如有较多的水泥浆从底部析出,锥体部分的混凝土也因失浆而集料外露,则表明此混凝土拌合物的保水性不好,如无这种现象,则保水性良好。

(7)当混凝土拌合物的坍落度大于220 mm时,用钢尺测量混凝土扩展后最终的最大直径与最小直径,在这两个直径之差小于50 mm的条件下,用其算术平均值作为坍落扩展度;否则此次试验无效。

如果发现粗集料在中央集堆或边缘有水泥浆析出,表示该混凝土拌合物抗离析性差。

(二)维勃稠度试验

本方法适用于集料公称最大粒径不大于31.5 mm,维勃时间在5～30 s之间的混凝土拌合物稠度测定。

1. 主要仪器

(1)维勃稠度仪如图10－10所示。

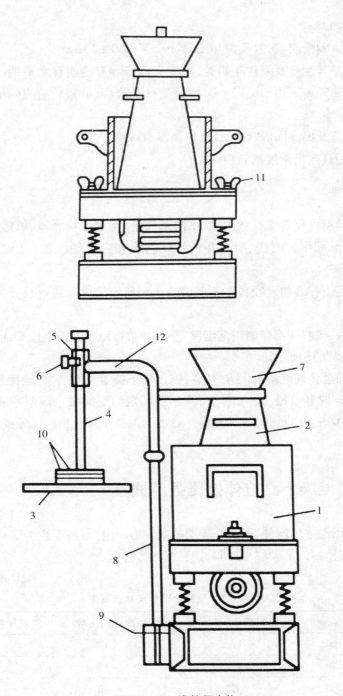

图 10-10　维勃稠度仪

1. 容器；2. 坍落度筒；3. 透明圆盘；4. 测杆；5. 套筒；6. 定位螺栓；

7. 喂料斗；8. 支柱；9. 定位螺栓；10. 荷重；11. 固定螺丝；12. 旋转架

①振动台　台面长 380 mm，宽 260 mm，振动频率(50±3)Hz，装有空容器时台面

振幅(0.5±0.1)mm。

②容器　由钢板制成,内径(240±5)mm,高(200±2)mm。

③旋转架　与测杆及喂料斗相连,测杆下部安装有透明且水平的圆盘。透明圆盘直径为(230±2)mm,厚(10±2)mm。由测杆、圆盘及荷重块组成的滑动部分总质量应为(2 750±50)g

④坍落度筒及捣棒同坍落度试验,但筒没有脚踏板。

(2)其他用具与坍落度试验相同。

2. 试验步骤

(1)将维勃稠度仪放置在坚实、水平的基面上,用湿布将容器、坍落度筒、喂料斗内壁及其他用具润湿。测杆、喂料斗的轴线均应和容器轴线重合。然后拧紧固定螺丝。

(2)将混凝土拌合物经喂料斗分三层装入坍落度筒中。装料及插捣均与坍落度试验相同。

(3)将圆盘、喂料斗都转离坍落度筒,小心并垂直地提起坍落度筒,此时应注意不使混凝土试体产生横向扭动。

(4)再将圆盘转到混凝土上方,放松螺丝,降下圆盘,使它轻轻地接触到混凝土顶面,拧紧螺丝,同时开启振动台和秒表,在透明圆盘的底面被水泥浆布满的瞬间立即关闭振动台和秒表。由秒表读得的时间(s)即为混凝土拌合物的维勃稠度值(精确到1 s)。

三、普通混凝土立方体抗压强度试验

本试验采用立方体试件,以同一龄期的试件为一组,每组至少为3个同条件的试件,试件尺寸按集料的最大粒径选取,如表10-5所示。

表 10-5　混凝土试件尺寸选取表

试件截面尺寸/mm	集料最大粒径/mm	每次插捣次数/次	抗压强度换算系数
100×100×100	31.5	12	0.95
150×150×150	37.5	15	1
200×200×200	63	50	1.05

1. 主要仪器

(1)试验机　精度(示值的相对误差)为±1%,其量程应能使试件的预期破坏荷载值在全量程的 20% ~80% 范围内。试验机应按计量仪表使用规定进行定期检查,以确保试验机工作的准确性。

(2)振动台 频率为(50±3)Hz,空载振幅约为0.5 mm。

(3)试模 由铸铁、铸钢或硬质塑料制成,应具有足够的刚度,并拆装方便。试模内表面应机械加工,其不平度应为每 100 mm 不超过 0.05 mm,组装后各相邻面的不垂直度应不超过 ±0.5°。

(4)捣棒、小铁铲、金属直尺、抹刀等。

2. 试件的制作

(1)每一组试件所用的混凝土拌合物由同一次拌合成的拌合物中取出。

(2)制作前,应将试模擦净并在其内表面涂以一层矿物油。

(3)坍落度大于 25 mm 且小于 70 mm 的混凝土宜用振动振实。将拌合物一次装入试模,并稍有富余,然后将试模放在振动台上。试模应附着或固定在振动台上,振动时试模不得有任何跳动,振动至表面呈现水泥浆时为止。记录振动时间,振动结束后用抹刀沿试模边缘将多余的拌合物刮去,并随即用抹刀将表面抹平。

坍落度大于 70 mm 的混凝土宜采用人工捣实,混凝土分两层装入试模,每层厚度大致相等,插捣按螺旋方向从边缘向中心均匀进行。插捣底层混凝土时,捣棒应达到模底,插捣上层时,捣棒应穿入下层深度 20 ~ 30 mm。插捣时捣棒保持垂直不得倾斜,并用抹刀沿试模内壁插入数次,以防试件产生麻面。每层插捣次数见表 10 - 3,一般每 100 cm² 应不少于 12 次。插捣后应用橡胶锤轻轻敲击试模四周,直至捣棒留下的孔洞消失为止。然后刮去多余混凝土,待混凝土临近初凝时用抹刀抹平。

3. 试件的养护

(1)采用标准养护的试件成型后应覆盖表面,以防止水分蒸发,并应在温度为(20±5)℃下静置一至两昼夜,然后拆模编号。将试件立即放入温度为(20±2)℃,湿度为 95% 以上的养护箱中养护或在温度为(20±2)℃不流动的氢氧化钙饱和溶液中养护。标准养护箱的试件应放在架上,彼此间距为 10 ~ 20 mm,并不得用水直接冲淋试件。

(2)与构件同条件养护的试件成型后,应覆盖表面,试件的拆模时间可与实际构件的拆模时间相同。拆模后,试件仍需保持同条件养护。

4. 抗压强度试验

(1)试件自养护箱中取出后应及时进行试验,将试件表面和上下承压板面擦干净。

(2)将试件放在试验机的下压板上,试件的承压面应与成型时的顶面垂直。试件的中心与试验机下压板中心对准,开动试验机,当上压板与试件接近时,调整球座,使接触均衡。

(3)加载时,应连续而均匀地加荷,其加荷速度为:混凝土强度等级 < C30 时,取 0.3 ~ 0.5 MPa/s;混凝土强度等级≥C30 且 < C60 时,取 0.5 ~ 0.8 MPa/s;混凝土强度等级≥C60,取 0.8 ~ 1.0 MPa/s。当试件接近破坏而开始迅速变形时,停止调整试验机油门。直至试件破坏,并记录破坏荷载。

5. 结果计算

(1)试件的抗压强度,按式(10 - 14)计算(精确至 0.1 MPa)。

$$f_{cu} = \frac{F}{A} \tag{10 - 14}$$

(2)以 3 个试件的算术平均值作为该组试件的抗压强度。

如果 3 个测定值中的最大值或最小值中有一个与中间值的差值超过中间值的 ±15%,则把最大值及最小值一并舍除,取中间值作为该组试件的抗压强度值。如最大值和最小值与中间值的差均超过 ±15%,则此组试验作废。

(3)混凝土的抗压强度是以 150 mm × 150 mm × 150 mm 的立方体试件的抗压强度为标准。其他尺寸试件的测定结果,应换算成标准尺寸立方体试件的抗压强度。

四、混凝土劈裂抗拉强度试验

1. 主要仪器

(1)试验机　同"普通混凝土抗压强度试验"中的规定。

(2)试模　同"普通混凝土抗压强度试验"中的规定。

(3)垫条　顶面为半径为 75 mm 的钢制弧形垫条,垫条长度不应短于试件的边长。

垫条与试件之间应垫以木质三合板垫层,垫层宽 20 mm,厚 3 ~ 4 mm,长度不小于试件长度,垫层不得重复使用。试验装置如图 10 - 11 所示。

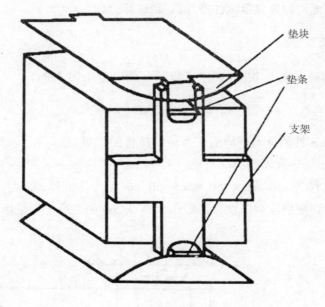

（a）装置示意图

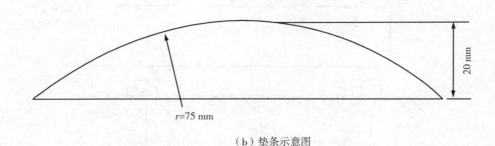

（b）垫条示意图

图 10 – 11　混凝土劈裂抗拉强度试验装置示意图

2. 试验步骤

（1）至试验龄期时,将试件从养护箱中取出后,在试件侧面中部画出劈裂面的位置线,劈裂面与试件成型时的顶面垂直。

（2）量出劈裂面的边长(精确至 1 mm),计算出劈裂面面积 $A(\text{mm}^2)$。

（3）将试件放在球座上,几何对中,放妥垫层垫条,其方向与试件成型时顶面垂直。

（4）加荷时必须连续而均匀进行,其加荷速度为混凝土强度等级 < C30 时,取 0.02 ~ 0.05 MPa/s;混凝土强度等级 ≥ C30 且 < C60 时,取 0.05 ~ 0.08 MPa/s;混凝土强度等级 ≥ C60 时,取 0.08 ~ 0.10 MPa/s。在试件临近破坏开始急速变形时,不得调

整试验机油门,继续加荷直至试件破坏,记录破坏荷载。

3.结果计算

(1)劈裂抗拉强度 f_{ts} 按式(10-15)计算(精确至0.01 MPa)。

$$f_{ts} = \frac{2F}{\pi A} = 0.637 \times \frac{F}{A} \tag{10-15}$$

(2)以3个试件的算术平均值作为该组试件的劈裂抗拉强度。其异常数据的取舍原则与混凝土抗压强度相同。

(3)标准试件为150 mm×150 mm×150 mm立方体试件,如采用边长为100 mm的立方体试件,强度值应乘以换算系数0.85。≥C60的混凝土宜采用标准试件。

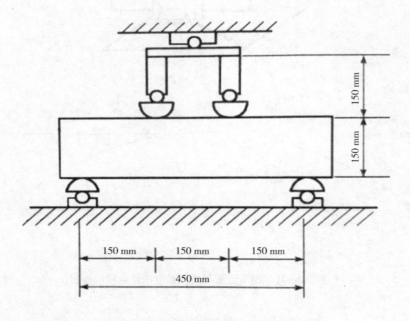

图10-12 水泥混凝土抗折试验装置

五、抗折强度试验

试件在长向中部1/3区段内表面不得有直径超过5 mm、深度超过2 mm的孔洞。试验机应能施加均匀、连续、速度可控的荷载,并带有能使2个相等荷载同时作用在试件跨度3分点处的抗折试验装置,参见图10-12。试件的支座和加荷头应采用直径为20~40 mm、长度不小于(b+10)mm的硬钢圆柱,支座立脚点固定铰支,其他应为滚动支点。

1. 抗折强度试验步骤

（1）试件从养护地取出后应及时进行试验，将试件表面擦干净。

（2）安装尺寸偏差不得大于 1 mm。试件的承压面应为试件成型时的侧面。支座及承压面与圆柱的接触面应平稳、均匀，否则应垫平。

（3）施加荷载应保持均匀、连续。当混凝土强度等级 < C30 时，加荷速度取 0.02 ~ 0.05 MPa/s；当混凝土强度等级 ≥ C30 且 < C60 时，取 0.05 ~ 0.08 MPa/s；当混凝土强度等级 ≥ C60 时，取 0.08 ~ 0.10 MPa/s，至试件接近破坏时，应停止调整试验机油门，直至试件破坏，然后记录破坏荷载及试件下边缘断裂位置。

2. 抗折强度试验结果计算

（1）若试件下边缘断裂位置处于两个集中荷载作用线之间，则试件的抗折强度 f（MPa）可按式（10 - 16）计算（精确至 0.01 MPa）。

$$f = \frac{Fl}{bh^2} \qquad\qquad (10 - 16)$$

抗折强度值的异常数据的取舍原则应与混凝土抗压强度相同。

（2）3 个试件中若有一个折断面位于两个集中荷载之外，则混凝土抗折强度值按另两个试件的试验结果计算。若这两个测值的差值不大于这两个测值的较小值的 15% 时，则该组试件的抗折强度值按这两个测值的平均值计算，否则试验无效；当试件尺寸为 100 mm × 100 mn × 100 mm 非标准试件时，应乘以尺寸换算系数 0.85；当混凝土强度等级 ≥ C60 时，宜采用标准试件。

第五节　砂浆试验

根据《建筑砂浆基本性能试验方法标准》（JGJ/T 70—2009）进行试验与评定。

一、砂浆拌合物的实验室拌合方法

1. 一般规定

（1）试验用原材料应与现场使用材料一致。砂应通过公称粒径为 5 mm 的筛子。

（2）试验用材料应提前 24 h 运入室内，拌合时实验室的温度保持在（20 ± 5）℃。

（3）实验室拌合砂浆，材料用量应以质量计。称量精度：水泥、外加剂和掺合料等为 ±0.5%，砂为 ±1%。

2. 拌合方法

在实验室搅拌砂浆时应采用机械搅拌,将称好的水泥、砂及其他材料装入砂浆搅拌机,开动搅拌机干拌均匀后,再逐渐加入水,待观察到砂浆的和易性符合要求时,停止加水。搅拌时间不宜少于 2 min,掺有掺合料和外加剂的砂浆,搅拌时间不应少于180 s。搅拌量宜为搅拌机容量的 30% ~ 70% 。

二、砂浆稠度试验

1. 主要仪器设备

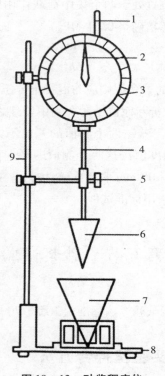

图 10 – 13　砂浆稠度仪

1. 齿条侧杆;2. 指针;3. 刻度盘;4. 滑杆;5. 制动螺栓;6. 试锥;7. 锥形容器;8. 底座;9. 支架

(1)砂浆稠度仪　由试锥、容器和支座三部分组成,如图 10 – 13 所示。试锥高度为 145 mm,锥底直径为 75 mm,试锥连同滑杆的质量为(300 ± 2)g;盛载砂浆的圆锥形容器由钢板制成,筒的高度为 180 mm,锥底内径为 150 mm;支座分底座、支架及刻度显示三个部分,由铸铁、钢及其他金属制成。

（2）捣棒、秒表等。

2. 试验步骤

（1）用湿布将锥形容器内壁和试锥表面擦干净，将砂浆拌合物一次装入容器，使砂浆表面低于容器口 10 mm 左右。用捣棒自中心向边缘均匀插捣 25 次，然后轻轻地将容器摇动或敲击 5～6 下，使砂浆表面平整，将盛有砂浆的锥形容器置于稠度仪的底座上。

（2）拧松制动螺栓，向下移动滑杆，当试锥的锥尖与砂浆的表面刚接触时，拧紧制动螺栓，使齿条侧杆下端与滑杆的上端接触，读出刻度盘上的读数（精确至 1 mm）。然后拧松制动螺栓（同时计时），使试锥自由沉入砂浆中，待 10 s 时立即拧紧螺栓，并使齿条侧杆的下端与滑杆的上端接触，从刻度盘上读出下沉的深度，两次读数的差值即为砂浆的稠度值或沉入度（精确 1 mm）。

（3）砂浆的稠度不符合要求时，应酌情加入水或其他材料，经重新搅拌后再测试，直至满足要求为止。容器内的砂浆只容许测定一次，重复测定时应重新取样。

（4）取两次试验结果的算术平均值作为砂浆的稠度值（精确至 1 mm）。如两次试验的结果之差大于 10 mm，则应重新取样测定。

三、砂浆的分层度试验

1. 主要仪器

（1）砂浆分层度筒 为圆形筒，内径为 150 mm，上节的高度为 200 mm，下节带底净高度为 100 mm，上、下层连接处需加宽到 3～5 mm，并设有橡胶垫圈，如图 10－14 所示。

（2）振动台、砂浆稠度仪、搅拌锅、锤子、抹刀等。

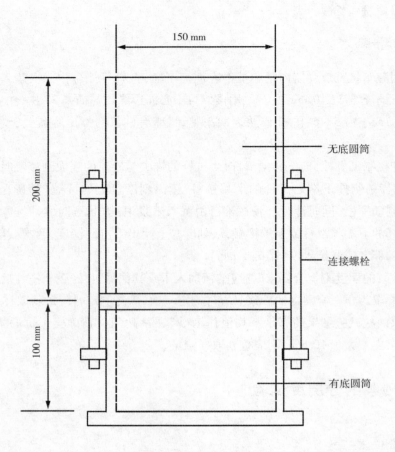

150 mm

200 mm

100 mm

无底圆筒

连接螺栓

有底圆筒

图 10－14　试验装置

2. 试验步骤

（1）按砂浆稠度试验方法测定砂浆的稠度值 K_1。

（2）首先将砂浆拌合物一次装入分层度筒内，待装满后用锤子在容器周围大致相等的四个不同部位轻轻敲击 1～2 下，如砂浆沉落到低于筒口，则应随时添加，然后刮去多余的砂浆并用抹刀抹平。

（3）静置 30 min 后，去掉上节 200 mm 的砂浆，将下节的 100 mm 的砂浆倒出放在搅拌锅内搅拌 2 min，再按砂浆稠度试验方法测定砂浆的稠度值 K_2。

（4）两次测定的稠度之差（$K_2 - K_1$），即为砂浆的分层度值（精确至 1 mm）。

（5）取两次试验结果的算术平均值作为该砂浆的分层度值。如两次的试验之差大于 10 mm 应重新取样测定。

注意：也可采用快速法测定分层度，步骤如下所示。

①首先测定砂浆的稠度值 K_1；

②将分层度筒预先固定在振动台上，将砂浆一次装入分层度筒内，振动 20 s；

③然后去掉上节 200 mm 砂浆，将下节 100 mm 砂浆倒入拌合锅内拌 2 min，再测定其稠度值 K_2；

④两次稠度值之差（$K_2 - K_1$），即为该砂浆分层度值。如有争议时，以标准法为准。

四、砂浆的抗压强度试验

1. 主要仪器

（1）试模　尺寸为 70.7 mm × 70.7 mm × 70.7 mm 的立方体带底模。

（2）压力试验机　精度为 1%，试件破坏荷载应为压力试验机量程的 20% ~ 80%。

（3）振实台　空载台面的垂直振幅应为（0.5 ± 0.05）mm，空载频率应为（50 ± 3）Hz，空载台面振幅均匀度不大于 10%，一次试验至少能固定（或用磁力吸盘）三个试模。

（4）捣棒、抹刀等。

2. 试验步骤

（1）采用立方体试件，每组试件 3 个。用黄油等密封材料涂抹试模的外接缝，试模内涂刷薄层机油或脱模剂，将拌制好的砂浆一次性装满砂浆试模，成型方法根据稠度而定。当稠度值 ≥50 mm 时采用人工振捣成型，当稠度值 <50 mm 时采用振动台振实成型。

①人工振捣：用捣棒均匀地由边缘向中心按螺旋方式插 25 次，插捣过程中如砂浆沉落低于试模口，应随时添加砂浆，可用油灰刀插捣数次，并用手将试模一边抬高 5 ~ 10 mm，各振动 5 次，使砂浆高出试模顶面 6 ~ 8 mm。

②机械振动：将砂浆一次装满试模，放置到振动台上，振动时试模不得跳动，振动 5 ~ 10 s 或持续到表面出浆为止（不得过振）。

（2）待表面水分稍干后，将高出试模部分的浆沿试模顶面刮去并抹平。

（3）试件制作后应在室温为（20 ± 5）℃的环境下静置（24 ± 2）h，当气温较低时，可适当延长时间，但不应超过两昼夜，然后对试件进行编号、拆模。试件拆模后应立即放入温度为（20 ± 2）℃，相对湿度为 90% 以上的标准养护箱中养护。养护期间，试件彼此间隔不小于 10 m，混合砂浆试件上面应覆盖，以防有水滴在试件上。

（4）将试件从养护箱取出后应及时进行试验。试验前应擦干表面，测量尺寸（精确至 1 mm），并检查其外观。据此计算试件的承压面积 A。

(5)将试件安放在试验机的下压板(或下垫板)上,试件的承压面应与成型时的顶面垂直,试件中心应与试验机下压板(或下垫板)中心对准。开动试验机,当上压板与试件(或上压板)接近时,调整球座,使接触面均衡受压。承压试验应连续而均匀地加荷,加荷速度应为每秒钟 0.25 kN~1.5 kN(砂浆强度不大于 5 MPa 时,宜取下限,砂浆强度大于 5 MPa 时,宜取上限),当试件接近破坏而开始迅速变形时,停止调整试验机油门,直至试件破坏,然后记录破坏荷载。

3.砂浆抗压强度计算

砂浆抗压强度按式(10−17)计算(精确至 0.1 MPa)。

$$f = \frac{F}{A} \tag{10−17}$$

以三个试件测定值的算术平均值的 1.3 倍作为该组试件的砂浆立方体试件抗压强度平均值(精确至 0.1 MPa)。当三个测定值的最大值或最小值中有一个与中间值的差值超过中间值的 15% 时,则把最大值及最小值一并舍除,取中间值作为该组试件的抗压强度值;如有两个测定值与中间值的差值均超过中间值的 15% 时,则该组试件的试验结果无效。

第六节　钢材试验

依据《金属材料　拉伸试验 第 1 部分:室温试验方法》(GB/T 228.1—2010)、《金属材料　弯曲试验方法》(GB/T 232—2010)等进行试验。

一、一般规定

(1)同一截面尺寸和同一炉罐号组成的钢筋分批验收时,每批质量不大于 60 t。如炉罐号不同时,应按《钢筋混凝土用钢 第 2 部分:热轧带肋钢筋》(GB 1499.2—2007)规定验收。

(2)钢筋应有出厂证明书或试验报告单。验收时应抽样做机械性能试验,包括拉力试验和冷弯试验两个项目。两个项目中如有一个项目不合格,则该批钢筋即为不合格品。

(3)钢筋在使用中如有脆断、焊接性能不良或机械性能显著不正常时,尚应进行化学成分分析。

(4)取样方法和结果评定规定。自每批钢筋中任意抽取两根,于每根距端部50 mm 处各取一套试样(两根试件)。在每套试样中取一根做拉力试验,另一根做冷弯试验。在拉力试验的两根试件中,如其中一根试件的屈服点、抗拉强度和伸长率三个指标中有一个指标达不到标准中规定的数值,应再抽取双倍(4 根)钢筋,制取双倍(4 根)试件重新做试验,如仍有一根试件的一个指标达不到标准要求,则不论这个指标在第一次试验中是否达到标准要求,拉力试验项目都认为不合格。在冷弯试验中,如有一根试件不符合标准要求,应同样抽取双倍钢筋,制成双倍试件重新试验,如仍有一根试件不符合标准要求,冷弯试验项目即为不合格。

(5)除非另有规定,试验一般在室温 10 ~ 35 ℃ 范围内进行。对温度要求严格的试验,试验温度应为(23 ± 5)℃,如试验温度超出这一范围,应在试验记录和报告中注明。

二、低碳钢拉伸试验

1. 试验目的

钢筋拉伸试验是测定钢筋在拉伸过程中应力和应变之间的关系曲线,以及屈服强度、抗拉强度和伸长率三个重要指标,用以评定钢材的质量。

2. 主要仪器

(1)万能试验机:测力示值误差不大于 1%,为保证机器安全和试验准确,测量值应在试验机所选量程的 20% ~80% 。

(2)其他:游标卡尺、钢筋打点器等。

3. 试件制备

钢筋试件不经车削,其形状尺寸应满足图 10 – 15 的要求。根据钢筋公称直径确定试件的标距长度。原始标距 $L_0 = 5d_0$。如钢筋的平行长度(夹具间非夹持部分的长度)比原始标距长许多,可在平行长度范围内用小标记均匀划分 5 ~ 10 mm 的等间距标记,标记一系列套叠的原始标距,便于在拉伸试验后根据钢筋断裂位置选择合适的原始标记。

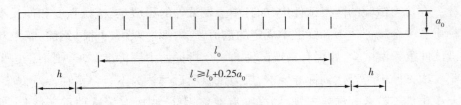

图 10－15　钢筋试样

l_0. 标距；l_c. 平行长度；a_0. 钢筋直径；h. 夹头长度

4. 试验步骤

（1）启动试验机，指示系统调零。

（2）夹紧被测钢筋，应确保试样受轴向拉力的作用。

（3）开动机器按要求控制拉伸速度，直至钢筋被拉断。

拉伸速率要求［应力速率控制的试验速率方法（方法 B）］：上屈服强度，在弹性范围和直至上屈服强度，试验机夹头的分离速率应尽可能保持恒定并且应力增加速率需在 6~60 MPa/s 范围内；下屈服强度，若仅测定下屈服强度，在试样平行长度的屈服期间应变速率应在 0.000 25~0.002 5 MPa/s 之间。平行长度内的应变速率应尽可能保持恒定。如不能直接调节这一应变速率，应通过调节屈服即将开始前的应力速率来调整，在屈服完成之前不再调节试验机的控制。在任何情况下，弹性范围内的应变速率不得超过 60 MPa/s。如在同一试验中测定上屈服强度和下屈服强度，测定下屈服强度的条件也应符合上述要求。

（4）拉伸中，测力度盘的指针停止转动时的恒定荷载，或第一次回转时的最小荷载，即为所求的屈服点荷载 F_s。

（5）试件继续加荷直至拉断，读出最大荷载 F_b。

（6）测定拉断后标距部分长度。

①将已拉断试件的两端在断裂处对接，尽量使其轴线位于一条直线上。如拉断处形成缝隙，则此缝隙应计入试件拉断后的标距内。

②如拉断处到邻近的标距端点的距离大于 $\frac{1}{3}L_0$ 时，用卡尺直接量出拉断后标距长度 L_1。

③如拉断处到邻近的标距端点的距离小于或等于 $\frac{1}{3}L_0$ 时，L_1 在长段上从拉断处 O 点取基本等于短段格数，得 B 点，接着取等于长段所余格数（偶数）的一半，得 C 点；或者取所余格数（奇数）分别加 1 与减 1 的一半，得 C 与 C_1 点。移位后的 L_1 分别为 $AO + OB + 2BC$（偶数）或者 $AO + OB + BC + BC_1$（奇数）。

5. 计算

（1）屈服点强度

$$\sigma_s = \frac{F_s}{A} \qquad\qquad (10-18)$$

式中：σ_s——屈服点强度，MPa；

$\quad\quad F_s$——屈服点荷载，N；

$\quad\quad A$——试件的公称横截面面积，mm。

当 $\sigma_s > 1\,000$ MPa 时，应修约至 10 MPa；σ_s 为 200 ~ 1 000 MPa 时，修约至 5 MPa；$\sigma_s \leqslant 200$ MPa 时，修约至 1 MPa。小数点数字按四舍五入、奇进偶不进处理。

（2）抗拉强度

$$\sigma_b = \frac{F_b}{A} \qquad\qquad (10-19)$$

式中：σ_b——抗拉强度，MPa；

$\quad\quad F_b$——最大荷载，N；

$\quad\quad A$——试件的公称横截面面积，mm^2。

计算精度的要求同上。

（3）伸长率

$$\delta_{10} \text{ 或 } \delta_5 = \frac{L_1 - L_0}{L_0} \times 100\% \qquad\qquad (10-20)$$

式中：δ_{10}, δ_5——分别表示 $L_0 = 10\,d$ 或 $L_0 = 5\,d$（d 为钢筋直径）时的伸长率，%；

$\quad\quad L_0$——试件原始标距长度 $10\,d$ 或 $5\,d$，mm；

$\quad\quad L_1$——试件拉断后测定标距长度。

注：若试件在标距端点上或标距处断裂，则试验结果无效，应重新试验。

三、冷弯试验

1. 试验目的

检定钢筋承受规定弯曲条件下的变形性能，并显示其缺陷。

2. 主要仪器

压力机；具有不同直径的弯曲装置、支承辊等。

3.试验步骤

（1）检查试件尺寸是否合格

试样长度：$L \approx 5\,a + 150(\text{mm})$，$a$ 为试件原始直径。

（2）半导向弯曲

试样一端固定，绕弯心直径进行弯曲，将试样弯曲至规定的弯曲度。

（3）导向弯曲

①试样放置于两个支点上，将一定直径的弯心在试样两个支点中间施加压力，使到规定的角度或出现裂纹、裂缝断裂为止。

②试样在两个支点上按一定弯心直径弯曲至两臂平行时，可一次完成试验，亦可先将试样进行初步弯曲（弯曲角度应尽可能大），然后放置在试验机平板之间继续施加压力，压至试样两臂平行，此时可以加与弯心直径相同尺寸的衬垫进行试验。

注：试验应在平稳压力的作用下，缓慢施加试验压力。两支辊间距离为 $(d + 2.5\,a) \pm 0.5\,a$，且在试验过程中不允许有变化。

钢筋冷弯试件不得进行车削加工。

4.结果评定

弯曲后，按有关规定检查试样弯曲外表面，进行结果评定。若无裂纹、裂缝或断裂，则评定试样合格。弯曲装置示意图如图 10 – 16 所示。弯曲试验示意图如图 10 – 17 所示。

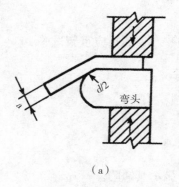
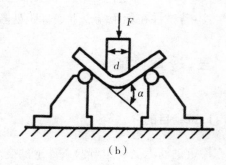

图 10 – 16　弯曲装置示意图

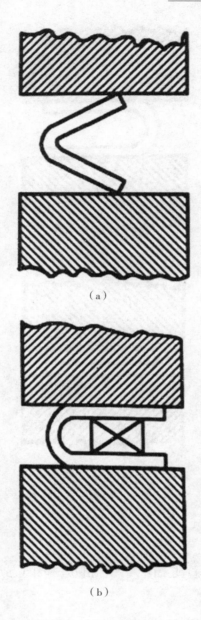

（a）

（b）

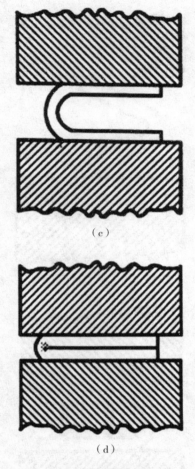

（c）

（d）

图 10-17　弯曲试验示意图

第七节　石油沥青试验

依据《沥青针入度测定法》（GB/T 4509—2010）、《沥青延度测定法》（GB/T 4508—2010）、《沥青软化点测定法　环球法》（GB/T 4507—2014）进行试验。

一、热沥青试样制备

1. 将装有试样的盛样器带盖放入恒温烘箱中，当石油沥青试样中含有水分时，烘箱温度 80 ℃左右，加热至沥青全部熔化后供脱水用。当石油沥青中无水分时，烘箱温度宜为软化点温度以上 90 ℃，通常为 135 ℃左右。对取来的沥青试样不得直接采用电炉或燃气炉明火加热。

2. 当石油沥青试样中含有水分时,将盛样器放在可控温的砂浴、油浴、电热套上加热脱水,不得已采用电炉、燃气炉加热脱水时必须加放石棉垫。加热时间不超过 30 min,并用玻璃棒轻轻搅拌,防止局部过热。在沥青温度不超过 100 ℃ 的条件下,仔细脱水至无泡沫为止,最后的加热温度不宜超过软化点以上 100 ℃(石油沥青)。

3. 将盛样器中的沥青通过 0.6 mm 的滤筛过滤,不等冷却立即一次性灌入各项试验的模具中。当温度下降太多时,宜适当加热再灌模。根据需要也可将试样分装入擦拭干净并干燥的一个或数个沥青盛样器中,数量应满足一批试验项目所需的沥青样品。

4. 在沥青灌模过程中,如温度下降可放入烘箱中适当加热,试样冷却后反复加热的次数不得超过两次,以防沥青老化影响试验结果。为避免混进气泡,在沥青灌模时不得反复搅动沥青。

5. 灌模剩余的沥青应立即清洗干净,不得重复使用。

二、针入度测定

1. 主要仪器

(1)针入度仪(图 10 - 18)。针和针连杆的质量为(50 ± 0.05)g,另附(50 ± 0.05)g 砝码一个,试验时总质量为(100 ± 0.05)g。仪器有放置平底玻璃保温皿的平台,有调节水平装置,针连杆与平台互相垂直。有可自由转动与调节距离的悬臂,端部灯泡可用于辅助观察针尖与试样表面接触情况。

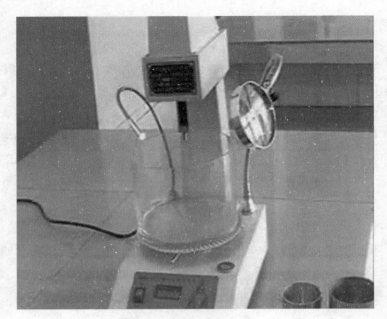

图 10 – 18 针入度仪

(2) 盛样皿。金属制的圆柱形平底皿,尺寸为:当针入度 < 200 时,内径为 55 mm,深 35 mm;当针入度为 200 ~ 350(1/10 mm)时,内径为 70 mm,深 45 mm;当针入度大于 350(1/10 mm)时,需使用特殊盛样皿,深度不小于 60 mm,容积不小于 125 mL。

(3) 恒温水槽。容量不小于 10 L,深度不小于 80 mm。

保持温度在 ±0.1 ℃ 范围内。

(4) 温度计,0 ~ 50 ℃,分度 0.1 ℃。

(5) 金属皿或瓷皿。熔化试样用。

2. 试验准备

按上述热沥青试样制备方法准备沥青试样,并将试样倒入盛样皿中,试样高度应超过预计针入度值 10 mm,并盖上盛样皿以防落入灰尘,盛样皿在 15 ~ 30 ℃ 的室温中冷却不少于 1.5 h(小盛样皿),然后将盛样皿浸入规定试验温度(25 ±0.5)℃ 的水浴中,恒温不少于 1.5 h(小盛样皿),水浴中水面应高于试样表面 10 mm。

3. 试验步骤

(1) 调节针入度仪水平。检查针连杆和导轨。用三氯乙烯或其他溶剂清洗标准针,并擦干,将标准针插入针连杆,固定。

(2) 将已恒温的盛样皿取出,放入水温控制在试验温度 ±0.1 ℃ 的平底玻璃皿中的三角支架上,试样表面以上的水层深度应不小于 10 mm,将玻璃皿放于针入度仪的平台上,调整标准针,使针尖与试样表面恰好接触,将位移计或位移复位为零。

（3）开始试验,按下释放键,使标准针自由穿入沥青中 5 s 时自动停止。

（4）位移传感器自动测量贯入深度并显示,读取该读数(单位0.1 mm)。

（5）同一试样至少平行试验 3 次,各测定点之间及与盛样皿边缘的距离不小于 10 mm。每次测定后应将平底玻璃皿放入恒温水浴中,使其保持试验温度。每次测定后应更换干净标准针或将标准针取下,用蘸有三氯乙烯溶剂的棉花或布擦净擦干。

4. 结果评定

平行测定的 3 个值的最大值与最小值之差满足表 10 - 6 中的允许误差范围时,计算 3 次试验结果的平均值,取整数作为针入度试验结果,以 0.1 mm 为单位。

表 10 - 6　针入度测定允许最大差值(JTG/T 0604—2000)

针入度	0 ~ 49	50 ~ 149	150 ~ 249	250 ~ 500
允许误差	2	4	12	20

三、延度测定

1. 主要仪器

（1）延度仪。应有自动控温、控速系统,可满足拉伸速度为(5 ±0. 25) cm/min。

（2）试模。黄铜制成,由两个端模和两个侧模组成,其形状尺寸如图 10 - 19 所示。

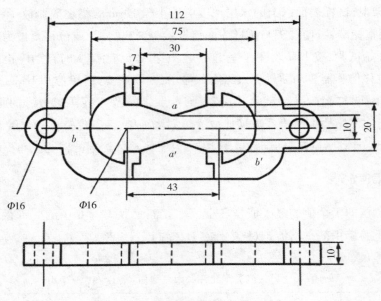

图 10 – 19　延度仪试模(单位:mm)

(3)温度计。0 ~ 50 ℃,分度0.1 ℃。

(4)恒温水槽。容量不少于 10 L,保持试验温度准确度为 0.1 ℃,水槽中设有带孔搁架,搁架距水槽底不得少于 50 mm。试件浸入水中深度不小于 100 mm。

(5)金属皿或瓷皿。熔化沥青用。

(6)甘油、滑石粉隔离剂(甘油与滑石粉质量比 2:1)。

(7)其他:平刮刀、石棉网、酒精、食盐等。

2. 试验准备

(1)组装模具于金属板上,在底板和侧模的内侧面涂隔离剂。

(2)按上述热沥青试样制备方法准备沥青试样,然后将沥青试样自模的一端至另一端往返倒入,使试样略高于试模,灌模时不得使气泡混入。

(3)试件在室温中冷却不少于 1.5 h,然后用热刮刀刮除高出试模的沥青,使沥青面与试模面齐平。沥青的刮除应自试模的中间刮向两端,且表面应刮得平滑。将试模连同底板放入规定温度的水槽中保温 1.5 h。

3. 试验步骤

(1)将保温后的试件连同底板移入延度仪的水槽中,然后将盛有试样的试模自玻璃板或不锈钢板上取下,将试模两端的孔分别套在滑板及槽端固定板的金属柱上,并取下侧模。水面距试件表面应不小于 25 mm。

(2)开动延度仪,并注意观察试样的延伸情况。此时应注意,在试验过程中水温应始终保持在试验温度规定范围内,且仪器不得有振动,水面不得有晃动,当水槽采用循环水时,应暂时中断循环,停止水流。在试验中,当发现沥青细丝浮于水面或沉入槽底时,应在水中加入酒精或食盐,调整水的密度至与试样相近后,重新试验。

(3)试件拉断时,读取指针所指标尺上的读数,以 cm 计。在正常情况下,试件延伸时应呈锥尖状,拉断时实际断面接近于零。如不能得到这种结果,则应在报告中注明。

4. 结果评定

同一样品,每次平行试验不少于 3 个,如 3 个测定结果均大于 100 cm,试验结果记作"＞100 cm";特殊需要也可分别记录实测值。3 个测定结果中,当有一个以上的测定值小于 100 cm 时,若最大值或最小值与平均值之差满足重复性试验要求,则取 3 个测定结果的平均值的整数作为延度试验结果,若平均值大于 100 cm,记作"＞100 cm";若最大值或最小值与平均值之差不符合重复性试验要求,试验应重新进行。

5. 允许误差

当试验结果小于 100 cm 时,重复性试验的允许误差为平均值的 20%,再现性试验的允许误差为平均值的 30%。

四、软化点测定

1. 主要仪器

(1)软化点测定仪。如图 10－20(a)所示,钢球直径为 9.53 mm,质量为(3.50 ± 0.05)g;试样环为铜或不锈钢制成,尺寸如图 10－20(b)所示。

（a）软化点测定仪

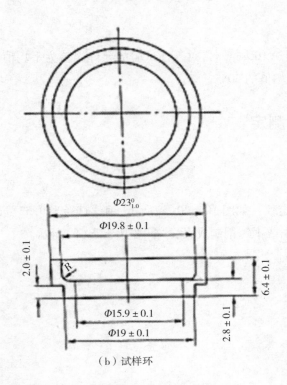

（b）试样环

图 10 - 20　环球法与软化点测定仪（单位:mm）

（2）金属支架:由两个主杆和三层平行的金属板组成。上层为一圆盘,直径略大于烧杯直径,中间有一圆孔,用以插放温度计。中层板上有两个孔,各放置金属环,中间有一小孔可支持温度计的测温端部。一侧立杆距环上面51 mm 处刻有水高标记。

环下面距下底板为 25.4 mm,而下底板距烧杯底不小于 12.7 mm,也不得大于 19 mm。三层金属板和两个主杆由两螺母固定在一起。

（3）其他:电炉或加热器、金属板或玻璃板、刮刀、甘油、滑石粉隔离剂（甘油与滑石粉的质量比为 2∶1）、新煮沸的蒸馏水、温度计（0 ~ 100 ℃,分度值 0.5 ℃）。

2. 试验准备

将试样环置于涂有甘油、滑石粉隔离剂的试样底板上,按上述热沥青试样制备方法准备沥青试样,将试样徐徐注入试样环内至略高出环面为止。试样在室温冷却 30 min 后,用热刮刀刮除环面上的试样,应使其与环面齐平。

3. 试验步骤

（1）试样软化点在 80 ℃ 以下者

①将装有试样的试样环连同试样底板置于装有（5 ± 0.5）℃ 水的恒温水槽中至少 15 min;同时将金属支架、钢球、钢球定位环等置于相同水槽中。

②烧杯内注入新煮沸并冷却至 5 ℃ 的蒸馏水或纯净水,水面略低于立杆上的深度标记。

③从恒温水槽中取出盛有试样的试样环放置在支架中层板的圆孔中,套上定位环;然后将整个环架放入烧杯中,调整水面至深度标记,并保持水温为（5 ± 0.5）℃。环架上任何部分不得附有气泡。将 0 ~ 100 ℃ 的温度计由上层板中心孔垂直插入,使端部测温头底部与试样环下面齐平。

④将盛有水和环架的烧杯移至放有石棉网的加热炉具上,然后将钢球放在定位环中间的试样中央,立即开动电磁振荡搅拌器,使水微微振荡,并开始加热,使杯中水温在 3 min 内调节至维持每分钟上升（5 ± 0.5）℃。在加热过程中,应记录每分钟上升的温度值,如温度上升速度超出此范围,则试验应重做。

⑤试样受热软化逐渐下坠,至与下底板表面接触时,立即读取温度,准确至 0.5 ℃。

（2）试样软化点在 80℃ 以上者

①将装有试样的试样环连同试样底板置于装有（32 ± 1）℃ 甘油的恒温槽中至少 15 min;同时将金属支架、钢球、钢球定位环等置于甘油中。

②在烧杯内注入预先加热至 32 ℃ 的甘油,其液面略低于立杆上的深度标记。

③从恒温水槽中取出装有试样的试样环,按上述（1）的方法进行测定,准确至 1 ℃。

4. 报告

同一试样平行试验两次,当两次测定值的差值符合重复性试验允许误差要求时,取其平均值作为测定结果,准确至 0.5 ℃。

5. 允许误差

(1)当软化点小于 80 ℃时,重复性试验的允许误差为 1 ℃,再现性试验的允许误差为 4 ℃。

(2)当软化点大于或等于 80 ℃时,重复性试验的允许误差为 2 ℃,再现性试验的允许误差为 8 ℃。

第八节　沥青混合料试验

依据《公路工程沥青及沥青混合料试验规程》(JTG E20—2011)进行试验与评定。

一、沥青混合料试件制备(击实法)

1. 仪器设备

(1)标准、自动击实仪:用机械将压实锤提升至击实高度(457.2 ± 1.5)mm,标准击实锤质量(4 536 ± 9)g,自动击实仪的击实速度为(60 ± 5)次/分。

(2)实验室用沥青混合料拌合机:能保证拌合温度并充分拌合均匀,可控制拌合时间,容量不小于 10 L。搅拌叶自转速度 70 ~ 80 r/min,公转速度 40 ~ 50 r/min。

(3)脱模器:电动或手动,应能无破损地推出圆柱体试件,备有标准试件的推出环。

(4)试模:由高碳钢或工具钢制成,包括圆柱形金属筒[内径(101.6 ± 0.2)mm,高 87 mm]、底座(直径约 120.6 mm)和套筒(内径 104.8 mm,高 70 mm)各一个。

(5)烘箱:控温精度 1 ℃,温度可调节、可设定。

(6)电子天平:用于称量沥青的,感量不大于 0.1 g;用于称量矿料的,感量不大于 0.5 g。

(7)温度计:测量范围 0 ~ 300 ℃,最小刻度 1 ℃。宜采用有金属插杆的插入式数显温度计,金属插杆长度不小于 150 mm。

(8)插刀、大螺丝刀、电炉、拌合铲、标准筛、滤纸或普通纸、卡尺、秒表、粉笔等。

2. 试验准备

标准击实法适用于马歇尔试验所使用的 Φ101.6 mm × 63.5 mm 圆柱体试件的成

型,集料公称最大粒径不大于 26.5 mm,一组试件数量不少于 4 个。

3. 确定制作沥青混合料试件的拌合及压实温度

拌合及压实温度如表 10 - 7 所示。

表 10 - 7　沥青混合料拌合及压实温度参考表

沥青结合料种类	拌合温度/℃	压实温度/℃
石油沥青	140 ~ 160	120 ~ 150
改性沥青	160 ~ 175	140 ~ 170

4. 材料准备应按下列步骤进行

(1)将各种规格的矿料置(105 ± 5)℃ 的烘箱中烘干至恒重(一般不少于 4 ~ 6 h)。

(2)按规定试验方法分别测定不同粒径规格的粗、细集料及填料的各种密度,并测定沥青的密度。

(3)将烘干的粗、细集料进行筛分,按筛分结果进行各矿料的比例设计(矿粉含量一般不大于 6%),使其达到设计级配要求范围。按每个试件 1 300 g 计算各矿料的质量,在一金属盘中混合均匀,矿粉单独放入小盆里,置烘箱中加热至沥青拌合温度以上约 15 ℃(采用石油沥青时通常为 163 ℃,采用改性沥青时通常为 180 ℃),备用。一般按一组试件(4 ~ 6 个)备料,但进行配合比设计时宜对每个试件分别备料。

(4)将沥青试样用恒温烘箱加热至规定的沥青混合料拌合的温度备用,但不得超过 175 ℃。当不得已采用燃气炉或电炉直接加热进行脱水时,必须使用石棉垫隔开。

(5)用蘸有少许黄油的棉纱擦净试模、套筒及击实座等,置于 100 ℃ 左右烘箱中加热 1 h 备用。

5. 拌制沥青混合料

(1)将沥青混合料拌合机预热至拌合温度以上 10 ℃ 左右,备用。

(2)将每个试件预热的粗、细集料置于拌合机中,用小铲子适当混合,然后再加入需要数量的沥青(根据油石比计算沥青需用量,即矿料总重 × 油石比,如沥青已称量在一专用容器内时,可在倒掉沥青后用一部分热矿粉将粘在容器壁上的沥青擦拭掉,并一起倒入拌合锅中),开动拌合机一边搅拌一边将拌合叶片插入混合料中拌合 1 ~ 1.5 min,然后暂停拌合,加入单独加热的矿粉,继续拌合至均匀为止,并使沥青混合料保持在要求的拌合温度范围内。标准的总拌合时间为 3 min。

二、沥青混合料击实成型

1. 将拌好的沥青混合料,用小铲适当拌合均匀,称取一个试件所需的用量(标准马歇尔试件约为 1 200 g)。当已知沥青混合料的密度时,可根据试件的标准尺寸计算并乘以 1.03 得到要求的混合料数量。当一次拌合几个试件时,宜将其倒入经预热的金属盘中,用小铲适当拌合均匀分成几份,分别取用。在试件制作过程中,为防止混合料的温度下降,应连盘放在烘箱中保温。

2. 从烘箱中取出预热的试模及套筒,用蘸有少许黄油的棉纱擦拭套筒、底座及击实锤底面。将试模装在底座上,放一张圆形的吸油性小的纸,用小铲将混合料铲入试模中,用插刀或大螺丝刀沿周边插捣 15 次,中间 10 次。插捣后将沥青混合料表面整平。

3. 插入温度计至混合料中心附近,检查混合料的温度。

4. 待混合料温度符合要求的压实温度后,将试模连同底座一起放在击实台上固定。在装好的混合料上面垫一张吸油性小的圆纸,再将装有击实锤及导向棒的压实头放入试模中。开启电机,击实锤从 457 mm 的高度自由下落到击实规定的次数(75 次)。

5. 试件击实一面后,取下套筒,将试模翻面,装上套筒,然后以同样的方法和次数击实另一面。

6. 试件击实结束后,立即用镊子取掉上下面的纸,用卡尺量取试件离试模上口的高度,并由此计算试件高度。如高度不符合要求时,试件应作废,并按式(10 – 21)调整试件的混合料质量,以保证高度符合(63.5 ± 1.3)mm(标准试件)的要求。

$$调整后混合料质量 = \frac{要求试件高度 × 原用混合料质量}{所得试件的高度} \qquad (10 – 21)$$

7. 卸去套筒和底座,将装有试件的试模横向放置冷却至室温后(不少于 12 h),置于脱模机上脱出试件。并对脱出的试件做出标识,以备用。在施工质量检验过程中如急需做马歇尔指标试验,允许采用电风扇吹冷 1 h 或浸水冷却 3 min 以上的方法脱模,但浸水脱模法不能用于测定密度、空隙率等各项物理指标。

8. 将试件仔细置于干燥洁净的平面上,供试验用。

三、沥青混合料马歇尔稳定度试验

1. 目的与适用范围

沥青混合料稳定度试验是将沥青混合料制成直径 101.6 mm、高 63.5 mm 的圆柱体试件,在稳定度仪上测定其稳定度和流值,用来表征其高温时的稳定性和抗变形能力。

2. 主要仪器

(1)沥青混合料马歇尔试验仪:分为自动式和手动式。自动马歇尔试验仪应具备控制装置,记录荷载－位移曲线,自动测定荷载与试件的垂直变形,能自动显示和存储或打印试验结果等功能。

标准马歇尔试验仪最大荷载不小于 25 kN,读数准确至 0.1 kN,加载速率应保持为(50 ±5)mm/min,并附有测定荷载与试件变形的压力环(或传感器)、流值计(或位移计)、钢球[直径(16 ±0.05)mm]和上下压头[曲率半径为(50.8 ±0.08)mm]等组成。

(2)恒温水槽:控温准确至 1 ℃,深度不小于 150 mm。

(3)真空饱水容器:由真空泵和真空干燥器组成。

(4)其他:烘箱、天平(分度值不大于 0.1 g)、温度计(分度值 1 ℃)、卡尺、棉纱、黄油等。

3. 试验步骤

(1)用卡尺测量试件中部直径,用马歇尔试件高度测定器或用卡尺在十字对称的 4 个方向测量离试件边缘 10 mm 处的高度,准确至 0.1 mm,并以其平均值作为试件的高度。如试件高度不符合(63.5 ±1.3)mm 要求或两侧高度差大于 2 mm 时,此试件应作废。

(2)按规定方法测定试件的密度,并计算空隙率、沥青体积百分率、沥青饱和度、矿料间隙率等体积指标。

(3)将恒温水槽调节至要求的试验温度,对黏稠石油沥青混合料为 (60 ±1)℃。将试件置于已达规定温度的恒温水槽中保温 30 ~ 40 min。试件之间应有间隔,底下应垫起,距水槽底部不小于 5 cm。

(4)将马歇尔试验仪的上下压头放入水槽或烘箱中达到同样温度。将上下压头从水槽或烘箱中取出,擦拭干净内面。为使上下压头滑动自如,可在下压头的导棒上涂少量黄油。再将试件取出置于下压头上,盖上上压头,然后装在加载设备上。

（5）将流值测定装置安装在导棒上，使导向套管轻轻地压住上压头，同时将流值计读数调零。在上压头的球座上放妥钢球，并对准荷载测定装置（应力环或传感器）的压头，然后调整应力环中百分表对准零或将荷载传感器的读数复位为零。

（6）启动加载设备，使试件承受荷载，加载速率为（50±5）mm/min。当试验荷载达到最大值的瞬间，取下流值计，同时读取应力环中百分表（或荷载传感器）的读数和流值计的流值读数（从恒温水槽中取出试件至测出最大荷载值的时间不应超过30 s）。

4. 结果计算

（1）稳定度及流值

①由荷载测定装置读取的最大值即试样的稳定度。当用应力环百分表测定时，根据应力环测定曲线，将应力环百分表的读数换算为荷载值，即试件的稳定度（MS），以 kN 计，准确至 0.01 kN。

②由流值计或位移传感器测定装置读取的试件垂直变形，即为试件的流值（FL），以 mm 计，准确至 0.1 mm。

（2）马歇尔模数

试件的马歇尔模数按式（10-22）计算。

$$T = \frac{MS}{FL} \tag{10-22}$$

式中：T——试件的马歇尔模数，kN/mm；

MS——试件的稳定度，kN；

FL——试件的流值，mm。

当一组测定值中某个测定值与平均值之差大于标准差的 k 倍时，该测定值应予舍弃，并以其余测定值的平均值作为试验结果。当试验数目 n 为 3、4、5、6 个时，k 值分别为 1.15、1.46、1.67、1.82。

报告中需列出马歇尔稳定度、流值、马歇尔模数，以及试件尺寸、试件的密度、空隙率、沥青用量、沥青体积百分率、沥青饱和度、矿料间隙率等各项物理指标。

参考文献

[1] 吕平,赵亚丁. 土木工程材料[M]. 2 版. 大连:大连理工大学出版社,2018.

[2] 吕丽华. 土木工程材料[M]. 北京:化学工业出版社,2013.

[3] 祝云华. 土木工程材料[M]. 天津:天津大学出版社,2017.

[4] 常婧莹,商宇. 建筑材料[M]. 北京:中国建材工业出版社,2012.

[5] 高琼英. 建筑材料[M]. 4 版. 武汉:武汉理工大学出版社,2012.

[6] 申爱琴. 道路工程材料[M]. 2 版. 北京:人民交通出版社股份有限公司,2016.

[7] 张光碧. 建筑材料[M]. 2 版. 北京:中国电力出版社,2016.

[8] 葛勇. 土木工程材料学[M]. 北京:中国建材工业出版社,2007.

[9] 王明玉,刘小华. 建筑材料项目化教程[M]. 北京:中国电力出版社,2017.

[10] 魏鸿汉. 建筑材料[M]. 5 版. 北京:中国建筑工业出版社,2017.

[11] 赵丽萍,何文敏. 土木工程材料[M]. 3 版. 北京:人民交通出版社股份有限公司,2020.

[12] 程云虹,陈四利. 土木工程材料.[M]. 2 版. 北京:化学工业出版社,2017.

[13] 伍勇华,高琼英. 土木工程材料[M]. 武汉:武汉理工大学出版社,2016.

[14] 李九苏,唐旭光. 土木工程材料[M]. 长沙:中南大学出版社,2009.

[15] 中华人民共和国国家标准. GB/T 14684—2011 建筑用砂[S]. 北京:中国标准出版社,2011.

[16] 中华人民共和国国家标准. GB/T 14685—2011 建筑用卵石、碎石[S]. 北京:中国标准出版社,2011.

[17] 中华人民共和国国家标准. GB 175—2007 通用硅酸盐水泥[S]. 北京:中国标准出版社,2011.

[18] 中华人民共和国国家标准. GB/T 50081—2019 混凝土物理力学性能试验方法标准[S]. 北京:中国建筑工业出版社,2019.

[19] 中华人民共和国国家标准. GB 50010—2010 混凝土结构设计规范[S]. 北京:中国建筑工业出版社,2011.

[20] 中华人民共和国国家标准. GB/T 50107—2010 混凝土强度检验评定标准[S]. 北京:中国建筑工业出版社,2010.

[21] 中华人民共和国国家标准. GB/T 700—2006 碳素结构钢[S]. 北京:中国标准出版社,2006.

[22] 中华人民共和国国家标准. GB 50204—2015 混凝土结构工程施工质量验收规范[S]. 北京:中国建筑工业出版社,2014.

[23] 中华人民共和国行业标准. JTG E30—2005 公路工程水泥及水泥混凝土试验规程[S]. 北京:人民交通出版社,2005.

[24] 中华人民共和国行业标准. JTG E20－2011 公路工程沥青及沥青混合料试验规程[S]. 北京:人民交通出版社,2011.

[25] 中华人民共和国行业标准. JTG F40—2004 公路沥青路面施工技术规范[S]. 北京:人民交通出版社,2004.